铭记与展望：

广东海防遗址公园（东莞段）规划设计作品集

2022

主　编　漆　平　赵　炜　陈　桔

副主编　骆尔提　周志仪　王量量

赵渺希　赵　逵　陈伟劲

西南交通大学出版社

·成　都·

图书在版编目（CIP）数据

铭记与展望：广东海防遗址公园（东莞段）规划设计作品集 / 漆平，赵炜，陈桔主编. —成都：西南交通大学出版社，2023.2
ISBN 978-7-5643-9188-1

Ⅰ. ①铭… Ⅱ. ①漆… ②赵… ③陈… Ⅲ. ①公园－园林设计－作品集－中国－现代 Ⅳ. ①TU986.2

中国国家版本馆 CIP 数据核字（2023）第 038340 号

Mingji yu Zhanwang：
Guangdong Haifang Yizhi Gongyuan（Dongguan Duan）Guihua Sheji Zuopinji

铭记与展望：
广东海防遗址公园（东莞段）规划设计作品集

主编 漆 平 赵 炜 陈 桔

责任编辑	杨 勇
封面设计	漆 平
出版发行	西南交通大学出版社（四川省成都市金牛区二环路北一段 111 号 西南交通大学创新大厦 21 楼）
发行部电话	028-87600564 028-87600533
邮政编码	610031
网 址	http://www.xnjdcbs.com
印 刷	四川玖艺呈现印刷有限公司
成品尺寸	250 mm × 250 mm
印 张	13
字 数	242 千
版 次	2023 年 2 月第 1 版
印 次	2023 年 2 月第 1 次
书 号	ISBN 978-7-5643-9188-1
定 价	130.00 元

序　言

广东省城乡规划设计研究院有限责任公司（下称“省城规院”）作为改革开放前沿、大湾区腹地的省级规划大院，一直以来高度重视搭建产学研一体化平台，连续多年出资支持联合毕业设计竞赛活动，累计吸引了超过500名毕业生参与活动。该活动不仅成为省城规院“南粤杯”系列品牌学术活动的主要内容，更是我们鼓励技术创新、推动人才培养的重要抓手。

十年磨一剑。2022年是省城规院“南粤杯”联合毕业设计竞赛活动的第十年。来自广州大学、昆明理工大学、南昌大学、厦门大学、四川大学、华南理工大学、华中科技大学（按先后加入顺序）共7所学校的18名指导老师和42名学生组成7支队伍参与活动。今年的选题非常有价值：鸦片战争海防遗址公园（东莞段）核心地区规划设计。这个选题位于粤港澳大湾区核心地区和国家级历史文化资源所在地，既具有代表性，又具有综合性和复杂性。在这个选题背后，除了常规的空间设计，更重要的是“历史要素的提炼与利用、海陆生态环境的保护、滨海岸线的空间特色、方案的国际视野和时代性”等一系列设计要点需要深入研究和取得平衡。因而，妥善把握这个题目，融会贯通地运用本科阶段专业学习的知识特别重要。这次的联合毕业设计不仅是对同学们在校期间所学基础知识和专业知识的一次全面检阅，也是同学们接触实际项目，提高实践能力的过程。

本次联合毕业设计历时近半年，经历现场调研、动员会、启动大会、工作营开营、中期成果汇报、终期答辩与评奖等阶段。受疫情影响，竞赛活动采取了线上线下相结合的模式，得益于七所高校领导的高度重视，专家和老师们的悉心指导，同学们的努力投入，确保了各项流程的完美运行、最终成果的充实丰硕，并于今日编纂出版成果作品集。

借此机会，祝贺省城规院第十届“南粤杯”联合毕业设计作品集出版。祝愿同学们在今后的人生道路上不负韶华、砥砺前行，为城乡规划建设事业和经济社会发展贡献更多力量！

是为序。

广东省城乡规划设计研究院有限责任公司
董事长

前 言

联合毕业设计创办的目的之一是促进参与高校的教师与学生之间的交流，今年的情况非常特殊，在开题调研、中期工作营、终期答辩三个主要环节都遇到了疫情的干扰和影响，线下交流成为难以实现的奢望。教学团队不断调整工作计划，并通过视频会议、各自线下辅导、部分高校师生线下汇报的方式开展教学活动，在教学团队和全体学生的共同努力下，整个教学环节和工作计划得以顺利进行，教学成果的质量得到了保证，各小组提交了令人满意的作品。

今年的题目是《铭记·重生·展望——鸦片战争海防遗址公园（东莞段）核心地区规划设计》，项目位于东莞市虎门镇滨海新区，背山面海，周边有文保单位、生态山林、传统村落、海洋资源和产业集聚区，涉及保护与开发、生态与人居、产业与发展等问题。各小组同学克服了对现场情况未考察，教学交流不顺畅，部分教学环节缺失等困难，保持了高昂的热情。教学团队通过线上方式进行交流和指导，许多教师和学生始终没有线下见面是本次活动最大的遗憾。

求同存异是教学团队一直以来的追求，老师们非常珍惜各小组的特色，并鼓励将其提炼和完善。如华中科大组的以历史发展历程为主题的叙事性城市空间，昆明理工组的土地和产业研究，广州大学组的以“海”为主题的历史脉络和生态保护研究，四川大学组围绕着人的情感演绎规划的逻辑和混合开发的理念，南昌大学组以文化为导向的空间、自然、产业研究，厦门大学组的弹性生长理念，华南理工组的生境营造等，都给大家留下了深刻印象。

华南理工组同学抓住了疫情窗口期，在开始提前进行了现场调研工作，是唯一进行过现场调研的小组。他们分享了调研成果，并分头加入其他小组，为整个团队对现场的了解提供了宝贵的素材和帮助，感谢华南理工教师的精心组织和小组同学们的无私奉献。

终期答辩在四川大学举行，教学团队部分成员和川大同学线下，其他师生线上参加。非常时期的线下活动难度很大，感谢川大师生细致周到的准备，为答辩活动顺利开展提供了保障。

感谢广东省规划院罗勇总规划师、四川大学赵炜老师、厦门大学王量量老师的精彩讲座。感谢广州市规委会彭高峰副主任、贵州省建筑设计研究院董明总建筑师、广东省规划院马向明总工程师和王磊副院长等特邀嘉宾的精彩点评和指导。感谢广东省规划院陈伟劲、王飞、陈世炜等专家的全程指导。

感谢广东省规划院、广东省国土空间规划协会的大力支持。

感谢七校42位同学和18位指导教师的努力。

祝“南粤杯”高校联合毕业设计在明年十周年之际迎来更精彩的时刻。

广州大学建筑与城市规划学院

2022年6月21日

广东海防遗址公园（东莞段）规划设计

近年来国家高度重视文化建设工作，建设国家文化公园成为文化传承的新载体。《粤港澳大湾区发展规划纲要》中提出：“要建设具有重要影响力的国际文化交往中心，进一步发挥粤港澳地域相近、文脉相亲的优势，联合开展重大文化遗产保护，增强大湾区文化软实力……”广东省委省政府高度重视，积极谋划统筹珠江口两岸的虎门炮台群、林则徐销烟池、海战博物馆、鸦片战争博物馆等历史文化资源，打造鸦片战争海防遗址公园。

东莞滨海湾新区地处粤港澳大湾区内湾的几何中心，毗邻穗深，紧连港澳，与前海、南沙等国家自贸片区紧密连接（图1）。围绕东莞市委提出的“湾区都市、品质东莞”的战略任务和价值追求，新区明确了“粤港澳大湾区协同发展特色平台、珠三角核心地区融合发展战略节点、东莞高质量发展创新引擎、滨海生态宜居智慧新城”的战略定位。威远岛板块作为滨海湾新区的三大板块之一，规划发展战略性新兴产业，同时发挥威远岛南部生态环境和历史文化资源叠加优势，建设具有世界一流水准的国际会议中心及配套设施，谋划重大国际交流合作活动，提升大湾区的文化影响力和软实力。

鸦片战争海防遗址公园（东莞段）核心地区位于威远岛板块南侧，面朝珠江口，在《东莞市滨海湾新区城市总体规划（2018–2035年）》中定位为科创智慧区。设计场地西侧为纪念鸦片战争的海战博物馆及其配套服务设施的预留发展用地，紧邻我国保留得最完整、最有规模的古炮台之一的威远炮台群，历史资源丰富。设计场地东侧现状主要为水塘、农田等非建设用地，此外东北侧为上下围涌，有红树林分布，生态条件优越。

本次设计希望以前瞻性的视野，高水平进行规划设计，使其成为具有国家纪念意义的海防文化中心、湾区领先的科创智慧区、东莞最具时代特色的滨海门户。主要关注以下几点内容：

（1）关注历史要素的提炼和利用

一是在衔接文保单位的管控要求的同时，提出海战博物馆周边空置地块的开发利用，二是以海防文化为主题的文化公园节点在空间脉络上的延续，如何形成关联较强的功能布局和景观风貌序列。

（2）关注海陆生态环境的保护

上下围涌具有部分红树林，河涌周边现状为相对低洼农田，如何基于生态本底进行开发建设；在生态保护优先的前提下，在适宜建设区域进行开发，实现自然环境与城市经济的同步发展。

（3）关注滨海岸线的空间特色

滨海湾新区提出滨海沿线打造滨海景观活力长廊，如何考虑滨海沿岸地区的景观改造提升、空间形态塑造、城市功能谋划。

（4）关注方案的国际视野和时代性

海战馆路东侧部分地块将规划为威远岛的“岛中岛”（水系和海岸包围），将是威远岛最重要的城市开发地段；规划设计理念及方案构想应具有国际视野和时代远见，能把握当下滨海新区的发展态势，作出准确的发展判断和体现时代特色的规划设计成果。

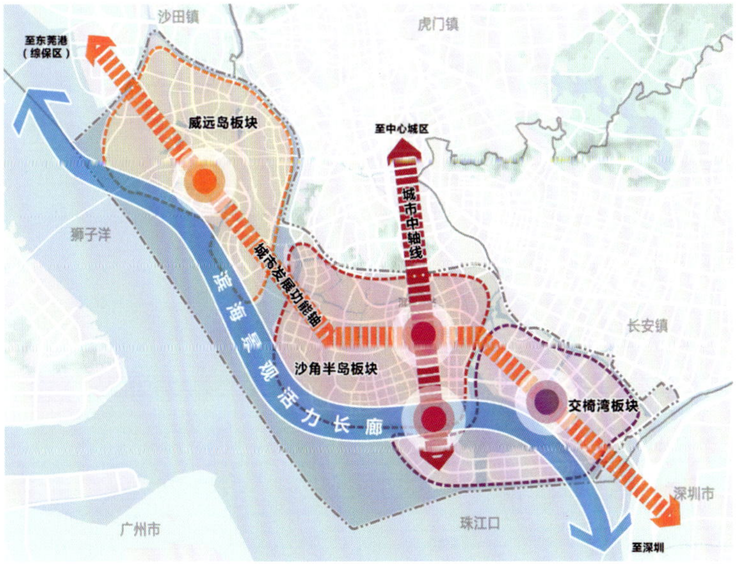

图1 滨海湾新区空间结构图

开启：2022年1月15日、2月26日

线上·竞赛开题

广州大学师生

四川大学师生

昆明理工大学师生

01.15 鉴于课题所在地东莞的疫情形势，七所高校师生于2022年1月15日开启网络动员会，为下一步召开联合毕业设计开题会做好预热。

02.26 时在中春，阳和方起。

“南粤杯”联合毕业设计竞赛启动大会如期而至。会议由广州大学漆平老师主持，来自七个高校的18名老师和42名学生参与本次毕设；很遗憾由于疫情师生们不能到达以威远炮台、虎门大桥为标志的现场调研，但是大家都对此次毕业设计教学活动保持了高度的热情。七个学校的同学们分别以视频的形式进行了自我介绍，展现了满满的青春和活力。

广东省城乡规划设计研究院有限责任公司（以下简称粤规院）三所陈伟劲做“鸦片战争海防遗址公园（东莞段）核心地区规划设计”的开题介绍，同时由华南理工大学的同学们向各校师生分享前期实地调研情况，七校师生与场地初见。粤规院的罗勇总规划师，以《生态文明背景下的国土空间总体规划编制核心要义》为题作专题分享。

今年是联合毕设的第十年，意义非凡。期待中期……

南昌大学师生

厦门大学师生

华南理工大学学生

华中科技大学学生

中期开营：2022年3月21日　　线上·中期工作营

03.21 春风化雨桃李艳，百花竞放春满园

联合毕业设计两周集中的工作营教学是本联合毕设的重要组成部分，原计划在昆明理工大学举办，但在疫情波动的形势下，本阶段教学活动改为线上，各校原地组织教学。

教学团队19人和同学42人共61人参会。开营仪式由昆明理工大学陈桔老师和厦门大学王量量老师主持，各校同学对前期现状分析工作内容进行了汇报，广东省规划院专家与各校指导教师对汇报内容进行了点评。

学术讲座主讲人

赵炜　教授

王量量　副教授

04.15 两场实践内容丰富的专题学术讲座：

《街头魅力：成都城市社区更新中的公共空间营造之道》四川大学赵炜教授 主讲

《闽南传统聚落——营造智慧之空间防御篇》厦门大学王量量教授 主讲

中期汇报：2022年4月16日

4.16 中期工作营如期举办线上汇报会

两位行业经验丰富的特邀嘉宾：

- 彭高峰 广州市规划委员会 副主任，原广州市规划与自然资源局 局长
- 马向明 广东省城乡规划设计研究院有限责任公司 总工

虽然无法面对面沟通，但是网络不减热情，嘉宾教师们点评中肯休现治学严谨，同学们朝气昂扬展现青春风采。七所高校的同学们就《鸦片战争海防遗址公园（东莞段）核心地区规划设计》课题线上中期成果汇报，策略构思与艺术装置充分展现了各组方案特色。大家珍惜每一次互动的机会，在沟通交流中碰撞思想火花。

特邀嘉宾

彭高峰 副主任

马向明 总工

部分艺术装置展示

老根 新树——南昌大学

一个盒子——四川大学

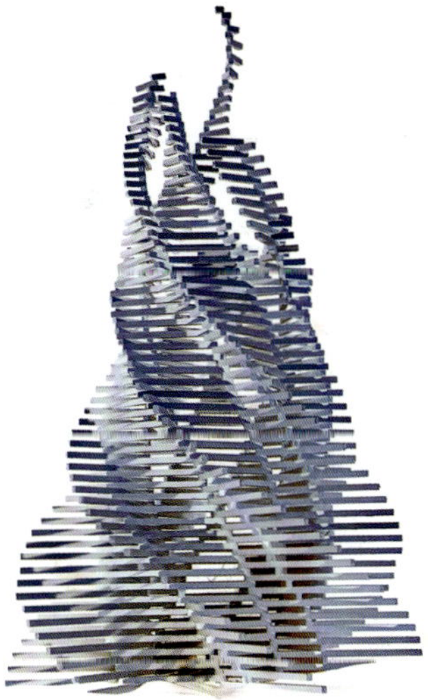
弹性生长——厦门大学

仰望——昆明理工大学

上下之间——华中科技大学

终期答辩：2022年5月21日

四川大学·毕业设计答辩

特邀嘉宾〉

王磊
广东省城乡规划设计研究院 副院长

董明 贵州省建筑设计研究院 总建筑师
贵州省勘察设计大师

答辩小组

漆平 活动总策划 广州大学 | 骆尔提 广州大学 | 李希琳 广州大学 | 赵炜 四川大学 | 王超深 四川大学 | 陈桔 昆明理工大学 | 项振海 昆明理工大学 | 赵逵 华中科技大学 | 万谦 华中科技大学

陈伟劲 粤规院 | 周志仪 南昌大学 | 梁步青 南昌大学 | 王量量 厦门大学 | 郁珊珊 厦门大学 | 沈洁 厦门大学 | 赵渺希 华南理工大学 | 李昕 华南理工大学 | 刘明欣 华南理工大学 | 车乐 华南理工大学

05.21 联合毕业设计终期答辩在四川大学建筑与环境学院正式举办，采取线上线下同时进行的方式。

特邀嘉宾、部分高校老师及四川大学同学在四川大学现场，其余师生在线上参与。特邀嘉宾、粤规院专家和高校老师组成评分小组，观摩了七校同学的精彩汇报，并对同学们各具特色的终期成果进行了点评。

答辩最后举行颁奖仪式，评选出了一、二、三等奖与最佳创意奖；四川大学组获得一等奖，华南理工大学组获得最佳创意奖。

…… 期待明年的“南粤杯”联合毕业设计在十周年之际，呈现出更加丰硕的成果！

四川大学现场的学生代表发表感言

线上参与终期答辩的部分同学

线下答辩的同学与老师专家们合影

目 录

广州大学

Guangzhou University

广州大学 建筑与城市规划学院

——基于历史和生态保护的多维栖息地——

指导老师：骆尔提　李希琳

小组成员：杨灿林　陈　斌　潘启烨　高家慧　陈钰莹　孔福雯

杨灿林 时光匆匆，不经意间毕业设计就结束了，仍能记得我们怀着做好本科最后一个作品的初心，开始了毕业设计这项工作。在毕设的过程中收获了许多，关于城市设计进一步的思想，关于大湾区未来发展的设想，最重要的是能和七校的同是规划学生们的一次交流，这一段经历打开了自己的眼界，也见识到了专业同龄人的能力，进一步深知自己的不足。非常感激大家的相遇，祝愿各位都能实现自己的理想，加油！

陈钰莹 有幸参与“南粤杯”，虽然因疫情受阻，但通过“南粤杯”的平台，也能够较为充分地和其他学校交流学习，收获很多。借助这样的机会，我能够与规划专业的同学共同合作完成毕设，这也是我大学期间第一次接触规划专业，专业间的碰撞与融合充实整个毕设，期间充满欢乐与收获。虽中期设计小组出现比较严重的问题，比如疫情、进度等等，感谢骆老师和李老师陪我们一次一次攻克设计过程中遇到的一道又一道的难题，最后也是比较满意地完成了整个毕业设计，给本科阶段画上圆满的句号。愿接下来的征程，大家也能遇上同舟共济的战友与导师，闯南走北。

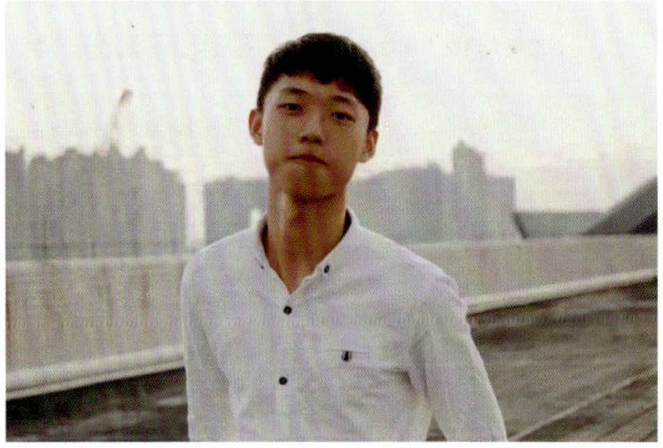

陈　斌 通过这次毕业设计，我收获颇多。首先，这次毕业设计的过程非常艰难，受疫情影响，我们一些组员不能返校，甚至曾经在宿舍被隔离，对我们的团队合作提出了非常大的挑战。其次，本次毕业设计的题目，说难也不难，说简单也不简单，我们的地块虽然没太多的现状建设，但是有非常多的文化、生态要素需要考虑，这都是我们所不擅长的。因此，在方案的初期阶段，我们反复修改方案都无法满意，以至于中期汇报时还未拿出一版较为完善的方案，这是我们需要提高改进的地方。最后，非常感谢联合毕设这个平台，让我们认识了这么多优秀的同学，接受了各位优秀老师的指点。我相信这次毕业设计中积累这些经验在以后的工作中一定能给我们带来非常大的帮助。感恩！

高家慧 毕业设计一方面检验了大学五年的学习成果，另一方面，我也在整个毕设完成的过程中，收获了很多。和老师组员们一同完成一份作品的集体感，解决任务中的种种疑虑和困难的获得感，如期完成任务交付成果的满足感，感谢这次毕设“旅程”让“南粤杯”的大家相遇至此，终点已达，祝愿所有人都能在新起点上闪闪发光。

潘启烨 毕业设计是我在大学学习中做的最后一个项目，非常荣幸能参与到联合毕业设计的活动中。毕业设计的选题非常有深度，探讨了城市发展与文化弘扬如何兼顾，这样的一个背景使我的毕业设计更有意义。联合毕设这个平台给了我们表现自我及交流互动的机会。我们的项目进行得并不算非常顺利，在初期调研时，由于疫情的影响，我们无法到现场调研，只能通过上网查阅资料。在中期汇报时，我们小组出现了进度较慢，成果深度不够的问题，但在我们小组后期努力追赶下，最终也交出了满意的成果。非常感谢我们小组的成员，正是大家坚持不懈的努力，我们才能在如此艰巨的条件下克服困难，完成了一个出色的毕业设计。此外，也非常感谢联合毕设这个平台，带给我们许多交流合作的机会，见识到不同学校之间的方案特色，看到了大家对设计的不同理解。能通过如此精彩的毕业设计为我的大学学习生涯画上一个圆满的句号是十分有意义的。

孔福雯 感谢“南粤杯”给我机会与规划专业的同学共同完成毕设，虽说之前上过规划相关课程，但是初次参与规划与景观的合作设计还是新鲜感满满，大家的思路碰撞也充满趣味。尽管遇到了种种与预期不符的情况，最后也还是在老师的指导下披荆斩棘、披星戴月地完成了整个毕业设计，给我们的本科学习画上了句号。本次合作圆满，也愿小组的各位日后前途似锦。

研究层次

本次规划的威远岛海防遗址公园片区是东莞市滨海湾新区的重要组成部分，有着独特的历史文化意义。在我国大力推进国家公园建设工作的背景下迎来了改造升级的契机。

规划片区位于威远岛山南片区，面朝伶仃洋，背靠自然山体。历史底蕴丰厚，包括了海战博物馆，其管理的林则徐销烟池与虎门炮台旧址皆为全国重点文物保护单位。

本次城市设计的编制范围约为102.69ha。

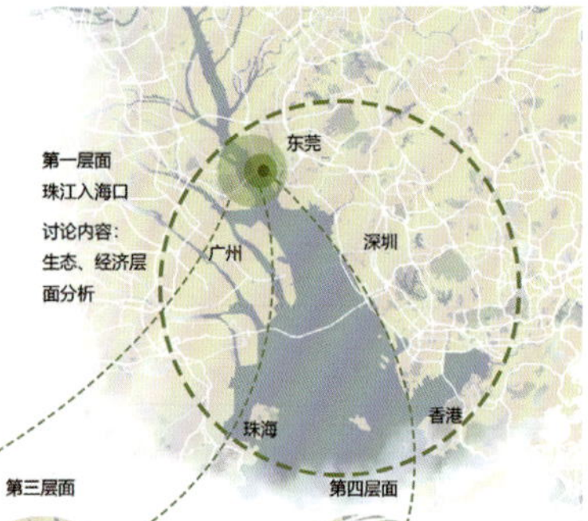

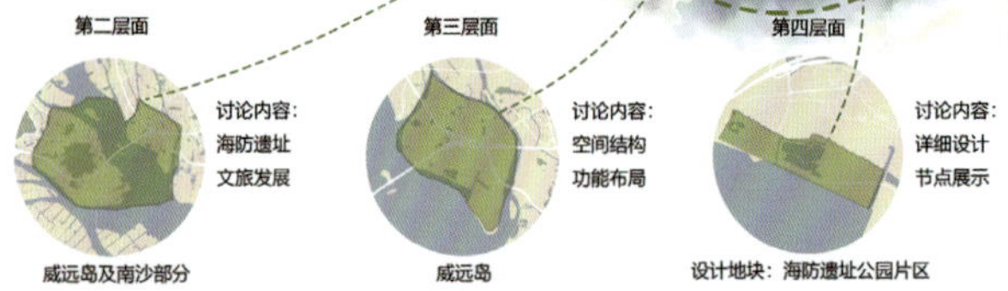

区位解读

国家层面

爱国主义教育	虎门炮台被列为国家级重点文物保护单位，具有独特的历史文化全国影响力。

机遇

➤ 生态低碳城市建设机遇
鸦片战争文化产业机遇
湾区经济发展机遇

粤港澳大湾区层面

粤港澳资源联动	威远岛可与穗、港、澳联动，成为区域交流合作的重要平台

① 珠江入海口

威远岛处于粤港澳大湾区合作格局的几何重心，处于穗深港经济走廊的黄金地段，是连接珠江东西两岸的交通枢纽。

② 穗莞融合发展

威远岛与南沙隔江相望，共享其景观和旅游资源，威远岛有条件促进穗、莞旅游联动。

东莞层面

出海口优势区位	虎门是东莞西部重要的出海口与珠江西岸的广州南沙相望，区位条件优越。

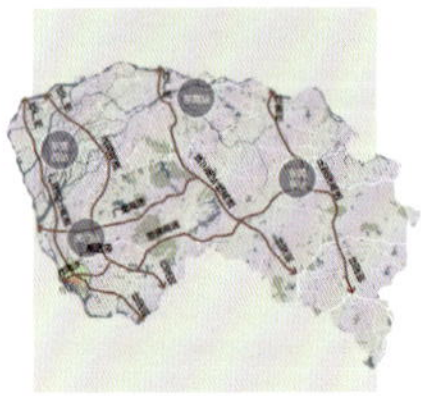

山海环抱的生态优势	东莞的森林资源丰富，威远岛作为东莞市总规确定的六个生态特别保护区之一，应突出生态建设。

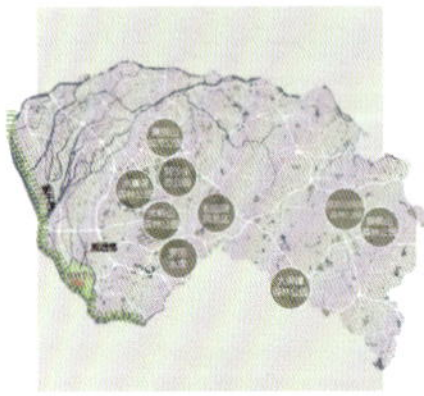

新型经济增长点	东莞的产业发展为三条轴带布局，威远岛东面的虎门镇区正是沿海产业带的四个功能分区之一。

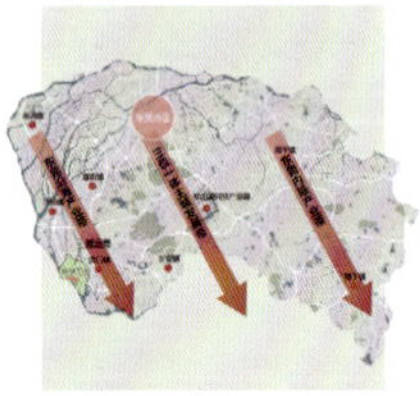

上位规划

《粤港澳大湾区发展规划纲要》
推进"蓝色海湾"整治行动、保护沿海红树林，建设沿海生态带。加强粤港澳生态环境保护合作，共同改善生态环境系统。

《广东省海岸带综合保护与利用总体规划》
结合"南红北柳"工程，开展红树林、珊瑚礁、海草床等典型海洋生态系统恢复工程；结合蓝色海湾工程，开展海岸修复养护工程。

《广东省文化和旅游发展十四五规划》
促进海防文化遗产旅游发展，培育一批海防文化景点，推动广州、东莞联合构建南沙一虎门"金锁铜关"文化遗产游径。

《东莞市国民经济和社会发展第十四个五年规划和2035年远景目标纲要》
优化提升水乡经济区、东莞港、滨海湾新区、狮子洋河口等沿海区域的生态品质，依托湿地、海岛、岸线等自然生态资源，打造集生态、景观、文化、公共服务、娱乐休闲于一体的滨海活力长廊。

《东莞滨海湾新区发展总体规划》
打造滨海湾站城市活力主中心及多个活力次中心，建设威远岛南部滨海魅力极，结合海岸线、河涌水系、自然山体和城市生态廊道，构建滨水绿道、城市绿道、登山步道共同组成的城市慢行休闲网络。

《粤港澳大湾区发展规划纲要》

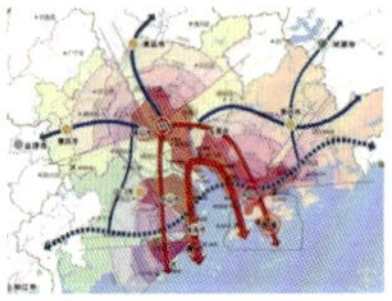
《粤港澳大湾区发展规划纲要》

《东莞市国民经济和社会发展第十四个五年规划和2035年远景目标纲要》

《东莞市国民经济和社会发展第十四个五年规划和2035年远景目标纲要》

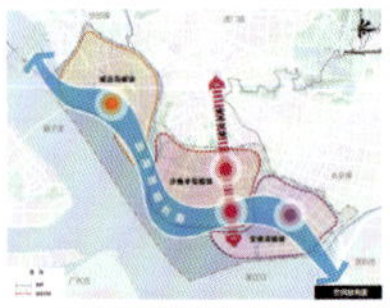
《东莞滨海湾新区发展总体规划》

《鸦片战争海防遗址公园（东莞段）建设保护规划》

现状分析

生态保护修复急迫性——珠江入海口

粤港澳大湾区海岸自然　以"向海围填"为代表的"先开发后保护"重眼前后未来的老路造成当前生态安全严峻

1992年以前

低人工干预的三角洲	由于珠江口两岸的滩涂并不适合建设开发，因此多以点状开发为主，对生态的影响有限。

1992—1997

城区蔓延，阻断山海通道	自然生态基底被建筑和道路切割，萎缩。人工建设区域不断逼近海岸线，东岸地区的山海之间生态过度带、农林过渡带和生态廊道被人为破坏，区域生态格局趋于破碎化。

1997—2002

沿江开发，填海造陆	建设空间的不足促使人工填海活动快速增加，珠江主航道及各支流河漫滩以及水面有一定程度的萎缩，河流缩窄。

2002—2007

全面建设，生境破坏	城市建设活动的的大规模展开和填海工程的建设，珠江口水域面积被大大压缩，也使湾区一线城市面临珠江口水环境恶化和防洪防潮的双重挑战。

2007—2013

整体稳定，局部修复	各城市纷纷加大生态治理投入。深圳等城市开展滨海红树林生态湿地修复，吸引了大量候鸟重回城市，取得较好的生态、社会和经济效益。

2013—2018

生态保护，工程防御	环珠江口两岸基本停止大规模的填海造陆工程。打造超级堤，兼顾生态安全和景观休闲。建设红树林湿地公园等成为主要的生态修复手段。

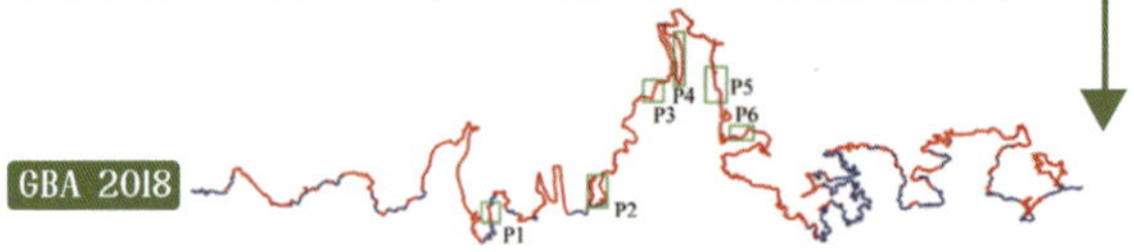

人类不断向海围填，侵占了红树林及各类生物的生存空间，生态系统衰

自然岸线保有率仅11%　海岸带工业开发及滩涂围垦造成沿海防护的天然红树林面积锐减。目前滨海湾新区的原生红树林仅保留于交椅湾苗涌、龙涌等河涌入海口

潮间带植物种类仅4种　当前东莞滨海湾新区原生自然岸线多被硬化，自然岸线仅分布于沙角半岛部分岸段，威远岛南部及交椅湾岸线由围填形成。

原生红树林面积仅20ha　据调查，沙角以东海域浮游植物、浮游动物的生物数量稀少，海域潮间带维管束植物种类从10种减少为4种，海域鱼、虾、蟹类资源锐减，定居性鱼类种类减少。

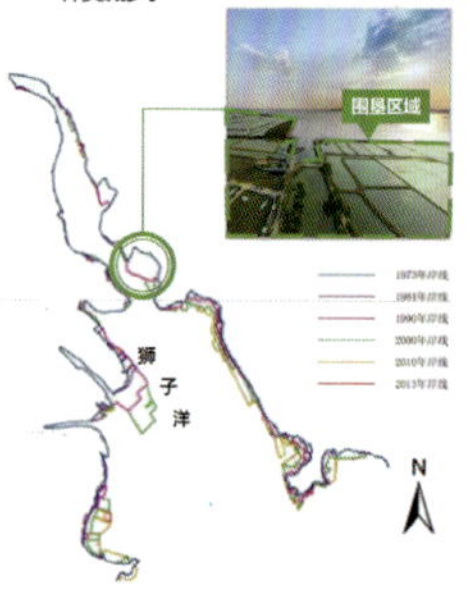

历史层面——鸦片战争发展进程

1830年

鸦片倾销	英美等国经海上运输向中国输送鸦片。大量鸦片经过虎门进入中国，随着鸦片输入急剧增加，大量白银外流，严重破坏了中国经济体系，祸国殃民

1833年

炮台首建	道光帝调任关天培为广东水师提督，关天培改建虎门炮台，构筑完整的三道海防战

1839年6月

虎门销烟	林则徐在虎门海滩销毁收缴的两百三十七万多斤鸦片。这成为了外国列强发动鸦片战争的导火索，是中国近代史的开端。

1839年11月

穿鼻洋之战	我军与阻碍督察鸦片的英舰"窝拉疑"号和"海阿新"号进行交战，史称穿鼻洋之战。激战一小时后，把英舰击退，但清军死伤数十名。

1840年1月

第一次鸦片战争	英女王鼓吹侵华战争，16艘军舰共4000名英兵到达广东海面，封锁珠江口，第一次鸦片战争爆发，清军伤亡762人。

1841年2月

沙角大角炮台保卫战	18艘英国舰队向虎门进攻。关天培率领所属部队固守横挡、永安、靖远、镇远各炮台，经过多次反击，依然寡不敌众，各个炮台失守

1851年10月

第二次鸦片战争	英国侵略军先后摧毁沙角、横档、威远、镇远、靖远炮台。12月英法联军从虎门驶入广州，攻占广州。

1874年

炮台三建	随着洋务运动的开展，虎门炮台的海防战略地位重新被挖掘，开始了第三次建设虎门炮台

历史层面——鸦片战争海防布局

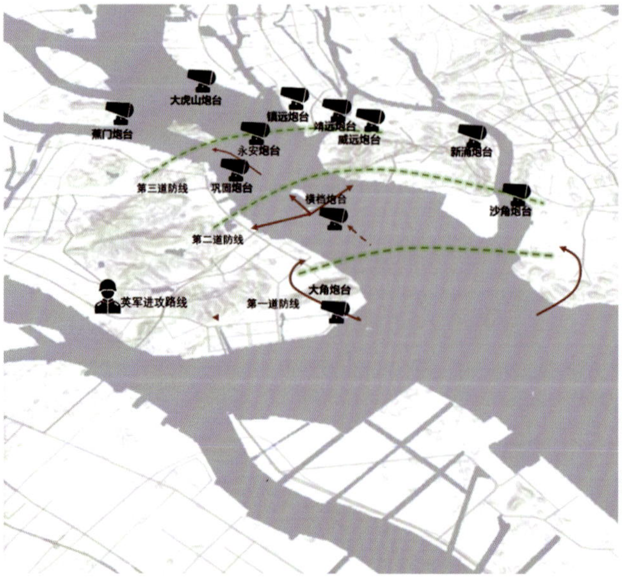

生态保护修复急迫性——狮子洋视角

粤港澳大湾区历年台风路径

受热带气旋影响，带来风暴潮和洪涝，经济损失和人员伤亡严重。

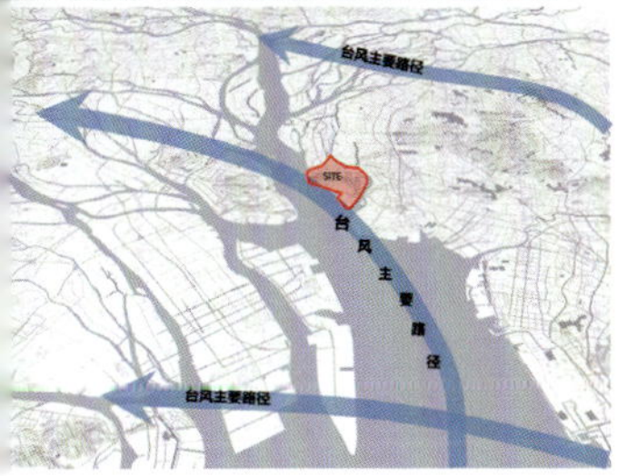

基地风向风力

2006-2015年
暴雨洪涝灾害有71次
人员死亡高达754人
直接经济损失高达2000亿元

数据来源：广东省沿海防护林体系建设工程规划（2016-2025年）

防风消浪效果要求

红树林覆盖度 ≥0.4　红树林林带宽度 ≥100m

入海口中，场地周边地区均种植有形成规模、接近或达到评价标准的红树林，具备一定的防风消浪效果。

东岸场地及其周边海岸线未形成一定规模的红树林带。是珠江入海口生态防线的一道缺口。

参考文献：[1]蒋隽, 胡宝清. 红树林生态系统服务功能及其价值[J]. 安徽农业科学, 2013, 41(9):3.

生态保护修复急迫性——威远岛视角

六大自然要素

河、山、田、塘、滩

岛屿四面环水，西南面向珠江口，东北为太平水道所环中部东西向分布的自然山体，延绵起伏，形成了体形优美天际轮廓线。岛内农田阡陌，鱼塘纵横，滩涂较多，形成大围垦区，最高山体约180米,鱼塘、农田地坪标高多在0.2m之间。

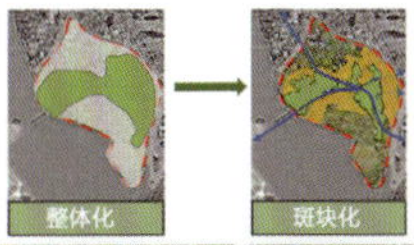

生态辐射　整体上缺乏横向与竖向的辐射；地块范围内的生态辐射较弱

生态斑块　地块生态结构整体性不强

提取研究范围内的林地作为生态要素(主要是山体)，研究其生态辐射范围和强度。

地块	面积	等级	最大辐射范围
1	196.90hm²	1	3km
2	31.05hm²	1	3km
3	80.02hm²	1	3km
4	73.26hm²	1	3km
5	18.34hm²	2	2km
6	12.45hm²	2	2km
7	7.00hm²	3	1km

历史层面——海防文化

保护传承、教育纪念价值高　我国规模最大保存最完整的海防要塞遗址群，见证我国受外欺辱的血泪史

经济层面

粤港澳大湾区层级

大湾区缺乏合理地梯度中心城市作为层级增长极，东莞要发挥重要节点城市的经济功能，形成鲜明特色、实现湾区城市功能互补,增强城市竞争力。

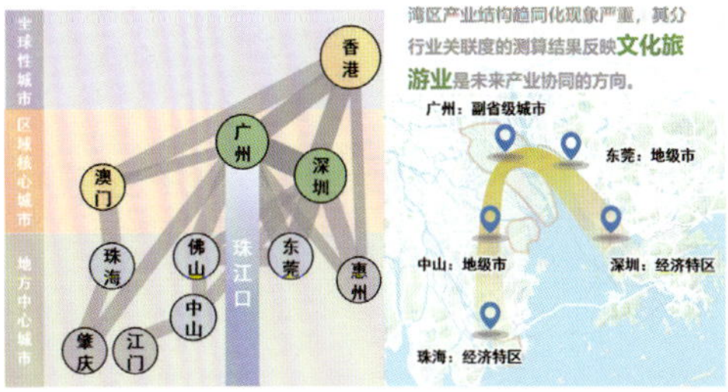

东莞、虎门、威远岛层级

东莞：东莞产业发展不均衡,制造业发展较为突出，文化、体育、娱乐业在大湾区区位熵最低，第三产业发展亟待加强。

虎门：虎门产业结构层次较低，发展不均衡，主要为女装、童装的服装产业、电子商务示范基地，电子信息产业。

威远岛：威远岛产业服务业占比较高，其次服务类、零售类、工厂类等，经济收入来源主要为厂房租赁，收入增加缓慢。

威远岛经济发展方向？

全岛以保护控制为主，未有大规模的开发建设，产业亟待转型升级。

威远岛严格控制岛内土地出让和开发建设，导致基地内现状产业发展滞后，与未来发展定位差距甚大。

1.文旅产业发展

以国家海防遗址公园为背景依托，发展文旅工程、数字工程，带动新兴产业发展，发挥地块历史文化底蕴优势，填补东莞第三产业发展弱势。
我国文旅产业发展不足——

2.战略新兴产业

根据《滨海湾新区总体规划》发展规划中，威远岛作为战略新兴产业研发基地，发展新兴产业方向有新一代信息技术、数字创意、海洋经济以及生物产业等，结合文化背景，数字文创大有前景。

S

Ⅰ生态本底资源丰富
位于珠江入海口的大湾区关键位置，拥有“山、海、湖、田、塘、滩”等自然要素。

Ⅱ历史文化资源优势
拥有鸦片战争历史资源以及打造“威远岛国家森林公园”的发展契机。

Ⅲ交通区位条件优越
威远岛内有高速路口、地铁站等交通站点，西与广州南沙毗邻，交通通达度高。

W

Ⅰ现状经济基础薄弱
现状以鱼塘、水田、村落为主，其经济基础相对薄弱，基地内部的产业发展动能小。

Ⅱ现状设施基础欠缺
现状城市化程度较低，相应的城市基础设施比较欠缺。

Ⅲ现状人口构成单一挑战
现状主要以原住民为主的人口构成，需要引入新的人口带动新区发展。

O

Ⅰ绿色创新机遇
生态文明背景下，以“碳中和”等的绿色创新发展新引擎带动下新经济发展机遇。

Ⅱ大湾区建设机遇
粤港澳大湾区发展建设下，基地开发利用的发展机遇。

Ⅲ经济发展转型机遇
“产业飞地”“前厂后店”的出口主导型经济向创新主导型经济转变的经济发展动力切换。

T

Ⅰ经济下行压力挑战
疫情冲击下带来的经济下行，面临的传统产业升级压力以及经济复苏诉求。

Ⅱ滨水景观门户建设挑战
“虎门大桥”旁、坐拥珠江口一线海景的地理位置，如何打造具有标识性的滨水景观界面。

Ⅲ城市发展同质化挑战
湾区各市的如何避免同质化，以区域协同视角差异化发展。

国家文化公园指引

国家文化公园关键领域的重要举措

推进保护传承工程	推进研究发掘工程	推进环境配套工程	推进文旅融合工程	推进数字再现工程
/ 严防不恰当开发和过度商业化。 / 建设完善一批教育培训基地、研学旅行基地等。 / 利用重大纪念日和传统节庆日组织多元活动，让国家的文化融入群众生活。	/ 加强相关文化系统研究 / 整理挖掘文物和文化资源所荷载的重大事件、重要人物、重头故事。	/ 修复国土空间环境，维护人文自然风貌。 / 完善游客集散、休憩等公共设施；科研、会展等公益设施；宾馆、酒店和文化消费等商业设施。	/ 打造文旅示范区，培育文旅企业。 / 提出参观游览景点线路，推动组建文旅联盟。 / 科学规划文化旅游产品，发展生态文化游，以运河水运为特色的水上观光和滨水休闲游。	/ 加强数字基础设施建设 / 建设数字平台，对文物文化资源进行数字化展示

国家文化公园主体功能区建设

管控保护区

由文物保护单位保护范围、世界文化遗产区及新发现发掘文物遗存临时保护区组成，对文物本体及环境实施严格保护和管控，建设保护第一、传承优先的样板区。

文旅融合区

由主题展示区及其周边就近便可看可览的历史文化、自然生态、现代文旅优质资源组成，重点利用文物和文化资源外溢辐射效应，建设文化旅游深度融合发展示范区。

主题展示区

核心展示园、集中展示带、特色展示点3种形态。核心展示园由国家级文物和文化资源及周边区域组成；集中展示带以核心展示园为基点，以相应的文物资源为分支，汇集形成文化载体密集地带；特色展示点布局分散但具有特殊文化意义和体验价值。

传统利用区

城乡居民和企事业单位、社团组织的传统生产区域，合理保存传统文化生态，适度发展文化旅游、特色生态产业，适当控制生产经营活动，逐步疏导不符合建设规划要求的设施、项目等。

威远岛已建有相应管控保护区及主题展示区，仍需在文旅融合区及传统利用区的建设上发力，在保护好自然生态资源的前提下，发挥文化资源外溢辐射效益，适度发展文化旅游。

滨海湾新区指引安排

规划定位：发挥威远岛生态环境和历史文化资源叠加优势，规划建设国际会议中心及配套设施，策划举办重大国际经贸、文化交流活动，进一步拓展国际交流领域和渠道，打造粤港澳大湾区国际合作交流中心、积极探索国际合作办学模式创新，谋划建设湾区高水平大学，打造创新集聚区。

	二级生产部分	三级生产部门
战略新兴产业	新一代信息技术	人工智能
		新一代信息网络
		互联网与云计算，大数据服务
		新兴软件和新型信息技术服务
		智能制造系统集成与应用
	数字创意	数字文化创意
		数字设计服务
	海洋经济	海洋生物医药
		海洋旅游
		海洋信息技术应用
	生物产业	生命健康服务
		生物医药
		生物医学工程
		生物制造

规模控制

2035年威远岛常住人口约为13万人；山南片区为3.5万~4万人，总建筑面积建议以250万~300万平方米为宜

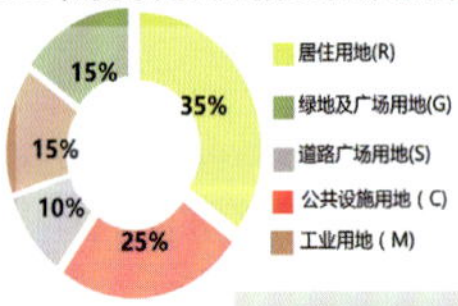

项　目	城镇开发边界规模（平方千米）	占比(%）	人口规模（万人）
滨海湾新区	42.43~44.49	1	50
威远岛	11.33~13.39	26.59~30.09	13.29~15.04
山南片区	3.75	8.42~8.83	4.21~4.41

人口规模测算

山南片区常住人口：3.5万~4万人
综合考虑山南片区的功能定位、开发强度、生态保护等要素，建议在上述测算结果的基础上,适当下调规划人口。 ——数据来源：滨海新区发展总体规划

建设规模（山南片区）

规划范围：460ha　　城镇开发边界规模：375ha
建设用地总面积：≈300ha　　人均建设用地：≈75~90平方米
总建筑面积：≈250万~300万平方米
（2019-2035）

案例借鉴1——纽约湾区哈德逊

/ 国家文化展示门户，承载深厚的历史文化
/目标定位：国家文化展示门户
/主要功能：文化展示、历史纪念、滨海观光旅游
/规　　模：28.26k㎡

塑造四大主题

哈德逊河入海口承载的四大文化主题

保护与传承美国移民历史遗址，展示美国国家精神，以哈德逊河入海门户承载的深厚历史文化，打造自由女神像、曼哈顿炮台公园、美国移民纪念区和加弗纳斯岛国家纪念区四大文化主题功能区。

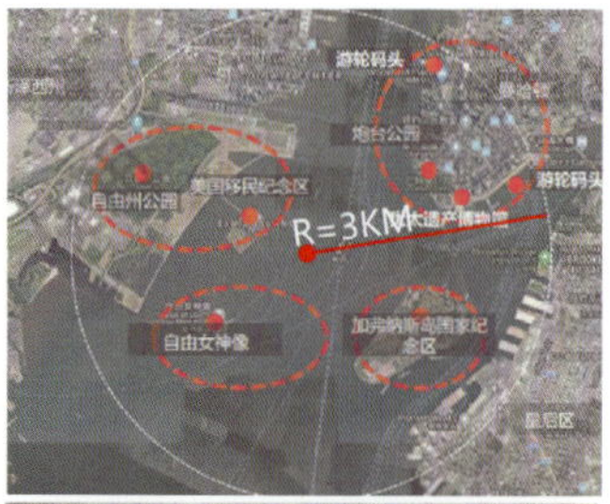

构建游览系统

通过水上游线串联纽约州和新泽西州主题景点

观光服务包括随上随下式(2天内游览12个景点，全程导游讲解)，海港观光(进入美国门户游、犹太历史游、鸟类观游)；租赁服务主要提供以美国历史为主题的研学旅游，公司团体游以及生日：团建，毕业聚会、公司派对等各类社会活动。

炮台公园

水上巴士

水上游线

案例借鉴2——深圳海洋新城城市设计

/ 蓝绿交织，海陆统筹，海城共生
/目标定位：生态滨海新城
/主要功能：红树保育、高端会务、海洋旅游及产业
/规　　模：7.44km²

人与海洋的生命共同体

将红树林保育与城市功能、公共活动有机结合

新城所在的海岸线属于珠江口河口治理的重要节点，涉及海洋生境、湿地保护和红树林保育等诸多内容。以“海域+陆域”的全域空间视野，构建一个蓝绿交织、海城共生、生境优美的生态滨海新城。

离岸多岛式生态造陆

告别传统的一刀切式海堤设防

规划设计方案采用了离岸多岛式生态造路，“海岸带+内河+近岸城市空间”共同做功，这种有厚度的复合设防方式，将生态、防御与亲水活动进行有机结合。

向海而生的红树林

可参与红树自然景观

离岸多岛式生态造陆

案例借鉴3——海南博鳌水城

/ 特色小镇，从小渔村到“外交小镇”的转变
/ 目标定位：国际水准的滨海旅游区和“亚洲论坛”会址
/ 主要功能：会议展览、休闲度假、原生态游览
/ 规　　模：规划总面积41.8k㎡，其中水面8.6k㎡，占比20%；生态保育用地17.51k㎡，占比43%
建设用地15.69k㎡

海南十大“文化名镇”

国际交往与生态文旅模范

博鳌定位于建设以独特山水、地域文化与良好生态为基础的，适合亚洲论坛发展的，具有世界一流水平的会议中心；将充分利用博鳌亚洲论坛的品牌优势和独特的自然生态资源，建设集体休闲度假、观光体验、生态旅游、运动娱乐于一体的，具有国际一流水准的热带滨海旅游度假目的地。

玉带滩海滩

博鳌论坛会展

案例总结

突出区别上层次规划功能定位的新发展方向——生态优先特色文旅+小镇

文化展示门户

1. 依托三个历史文化岛屿以及曼哈顿炮台遗址各自的文化特色，建设的四大文化主题展示区。
2.通过水上游线，串联分散的文化景观资源，形成一个以文化展示与传承、游轮观光、娱乐休闲于一体的综合文旅融合区

生态优先理念

1. 将生态、防御与亲水活动进行有机结合，探寻人与自然的和谐共处。
2.从“陆作”到“耕海”，桑基鱼塘和红树是传统海洋农耕文化的特色形态，规划引红树入城，加强红树生态保育。

特色小镇发展

1. 保持良好的山水生态基地，克制的开发，打造强度适中，舒适宜人、功能专一的国际旅游小镇
2.发挥“亚洲论坛”品牌优势，吸引人流，带动旅游产业开发，成为国际知名旅游目的地。

定位关键词

上层次规划关键词

1.生态本底保护利用背景

2.大湾区发展建设机遇

3.东莞市高质量发展需要

4.鸦片战争历史资源发掘

5.场地特色风貌营造

生态先行，绿色发展

利用威远岛优质生态资源本底，城市建设以生态为先，打造成珠江入海口的生态栖息地

区域协同，湾区共生

牢牢抓住粤港澳大湾区建设机遇，以“湾区”视角看待基地发展，突出自身优势条件，丰富生态文化内容

城市发展，滨海门户

以东莞市整体发展进行考虑，发挥其区位和交通优势，打造东莞高质量发展新引擎，生态智慧宜居的滨海门户

资源整合，价值提升

深挖威远岛的“鸦片战争”历史资源要素以及地区人文和自然资源，遵循原有地貌特征，强优补差，实现景观和新区开发两位一体

特色营造，寻美莞乡

功能组成，结合基地周边丰富的资源要素形成集文化旅游、会议展示、等的复合型岛区

生态编织

基于“生态编织”理念，生成生态网络，以生态网络为本底，融入其他功能分区，最终达到“栖息地”愿景。

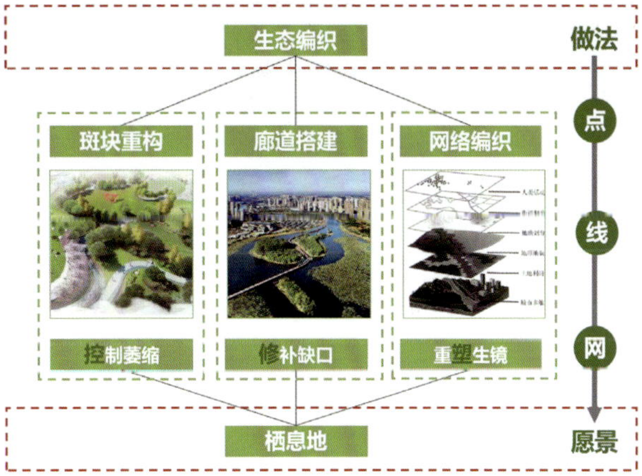

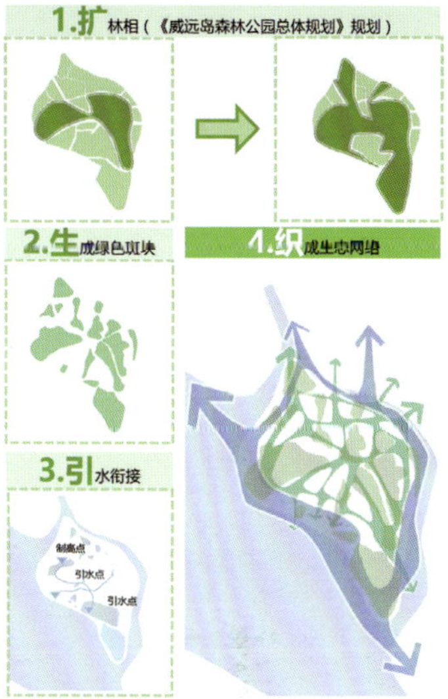

概念生成

山南生态结构

编织威远岛的生态网络，在蓝绿城脉的基础上，设计三个生态优先的主题绿心，分别为：1. 文化绿心——历史文化底蕴型绿心，嵌入海战海防等文化要素；2. 发展绿心——大型公共服务型绿心，服务商务、商业、园区等；3. 生活绿心——品质宜居宜游型绿心，拉近距离实现可达、可赏。

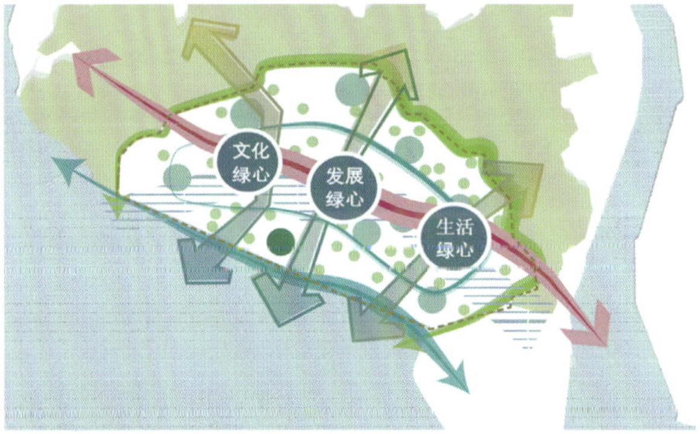

重塑水环境

1.历史水记忆

- 威远岛未被开发利用
- 村落依山面水而生
- 人类活动向海延伸

2.品质水经济

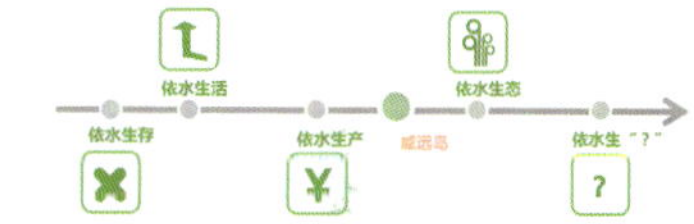

威远岛到达粗犷的“依水生产”阶段，通过围垦海域营渔，获得经济效益，滨海优势没有得到应用，应通过经济转型，实现生态保护，到达“依水生态”阶段，进而通过优美的生态环境带来新的经济增长点。

3.视线水通廊

山南片区的山水空间格局形成了良好的景观视野，改善水系可丰富景观，打通山海视线通廊：虎门大道——海面、海战博物馆——鹅义山

虎门大道——海面

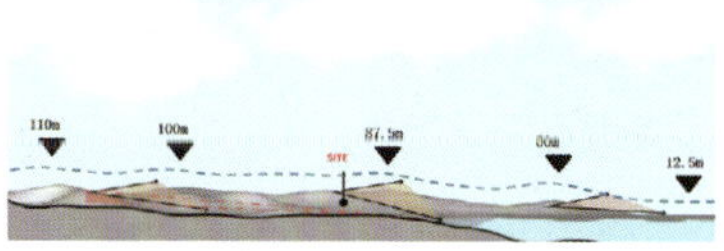

海战博物馆——鹅义山

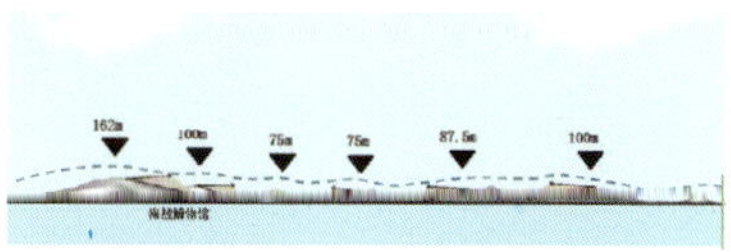

多维“栖息地“

“滨海生态宜居智慧新城”的具象落实，追求高质量、高水平的**人与自然和谐状态**

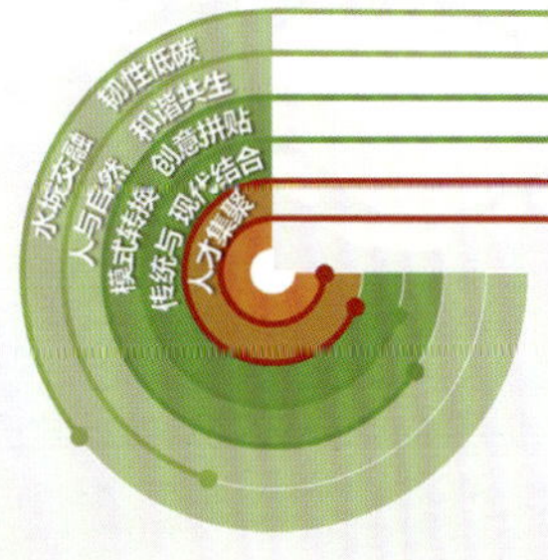

湾区生物生态栖息地

Biological habitat

生态先行，韧性低碳，塑造人与自然和谐、交互共生的滨海生态宜居智慧新城

国家历史文化栖息地

Cultural habitat

延续**鸦片战争历史元素**、传统文脉，打造文化融合，历史要素集聚的人文片区

东莞智慧产业栖息地

Economy habitat

以当地**海洋要素、特色文化元素**核心为内在驱动，以高新科技发展为提升动力，发展智慧产业经济

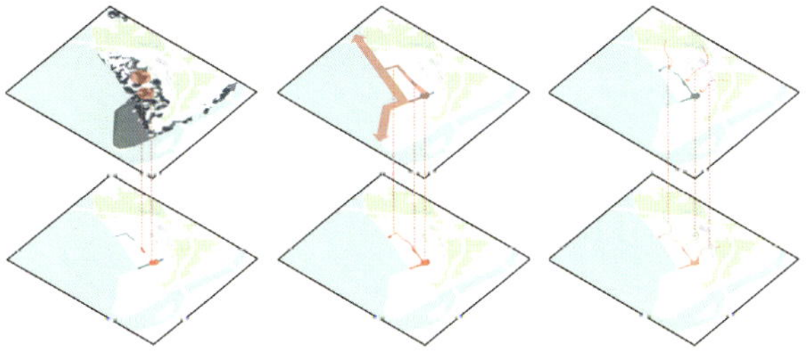

设置蓄水池 · **连接水系** · **形成通廊**

- 根据淹没分析，选择洪泛区设置蓄水池。
- 连接场地内外水系，激活生态作用。
- 疏通山上雨水径流，用水道与旱溪形成山水通廊

水体

现状水体主要是用于养殖业的鱼塘，本方案将利用现有水体进行优化，形成具有景观价值的岛屿与内河。

岸线

结合红树林保护保育，建立生态防线，打造红树林湿地为主的生态公园新岸线。

海防遗址

作为重要旅游资源，将结合水上交通，打造海防间文化的旅游节点。

山体

山体为生态保护要素，对其进行保护。

保护区

限制开发山南片区对出海域的黄唇鱼保护区。

村落

现状村落进行保留，部分形成生态聚落，部分进行乡村优化。

公服设施

山南片区的有一所中学，规划不改变其规模，予以保留。

整体结构

强度分区

地质灾害影响	水环境功能区	大气环境功能区	淹没影响	台风风道影响	历史文化安全格局

地质灾害影响	水环境功能区	大气环境功能区	淹没影响	台风风道影响	历史文化安全格局
地质灾害低易发区	海水水质一类区	大气环境一类区	淹没区	台风风道走向	低安全等级
地质灾害高易发区	海水水质二类区	大气环境二类区	较易淹没区		中安全等级
			易淹没区		高安全等级

叠加各类因素

开发强度 议

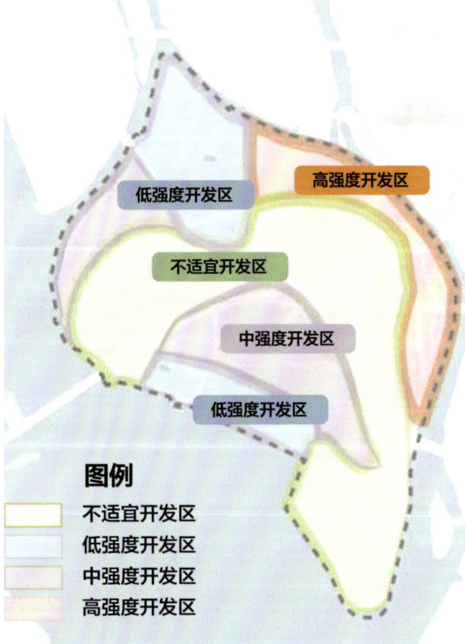

滨海湾新区规划

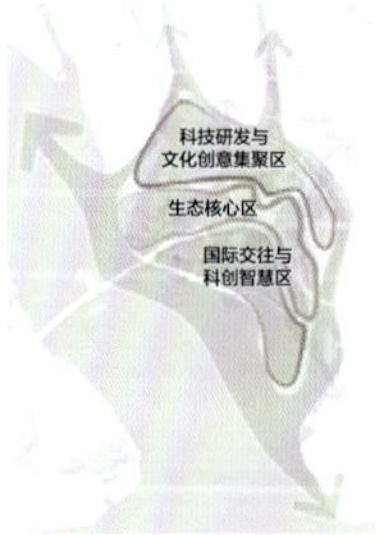

本次规划细化

功能区产业发展

山南片区功能定位

山南功能结构

构建“山海城”为联动的有机体

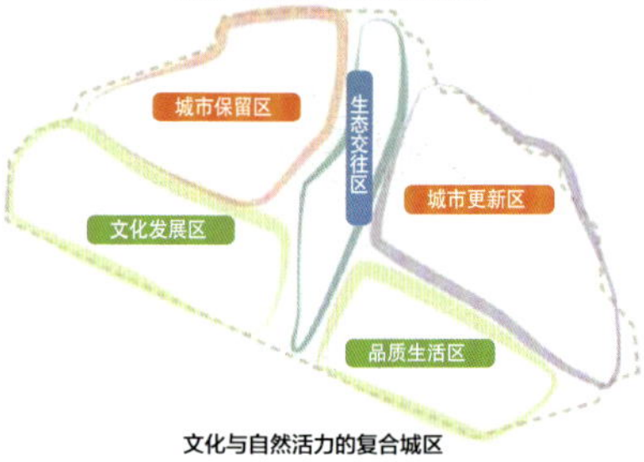

文化与自然活力的复合城区

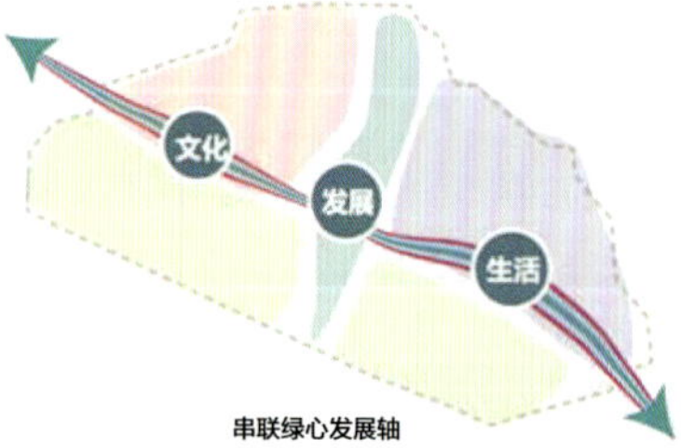

串联绿心发展轴

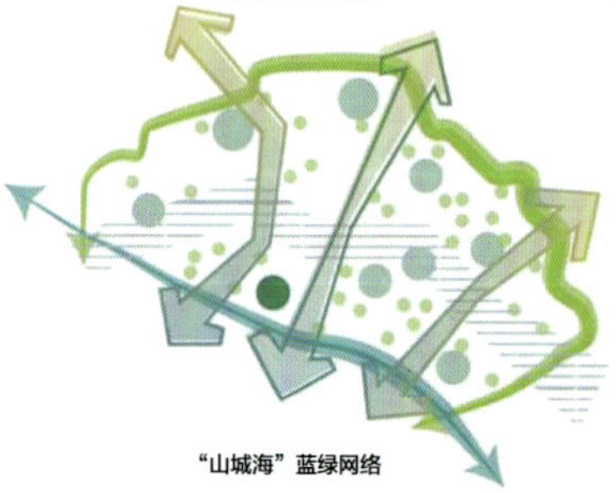

“山城海”蓝绿网络

体策略

产业发展

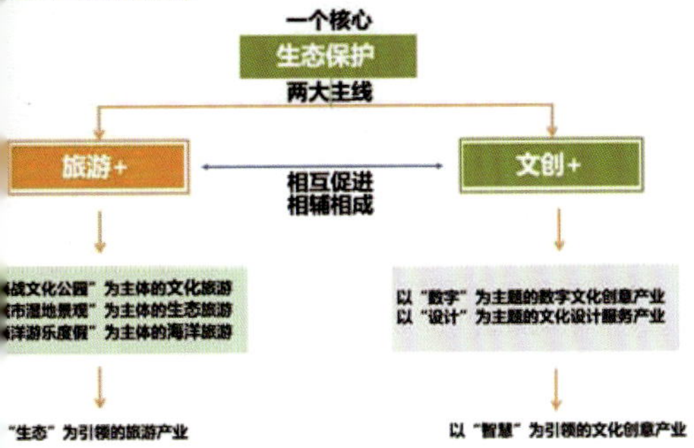

旅游产业

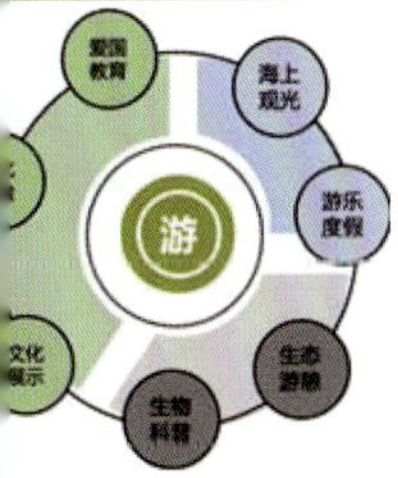

字文创产业

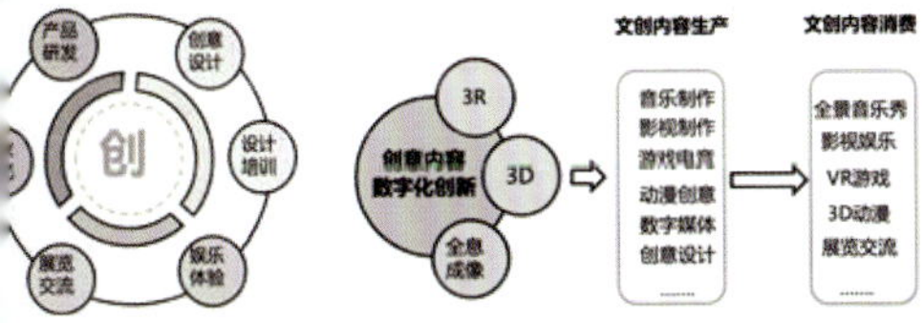

生态保护策略

总体目标：尊重现状生态基底，避免过度开发，构建多级生态安全格局

1. 规划建设威远岛沿海生态防护带，构建珠江入海口生态安全防线

2. 串联现有生态要素，建立威远岛三级生态安全防线

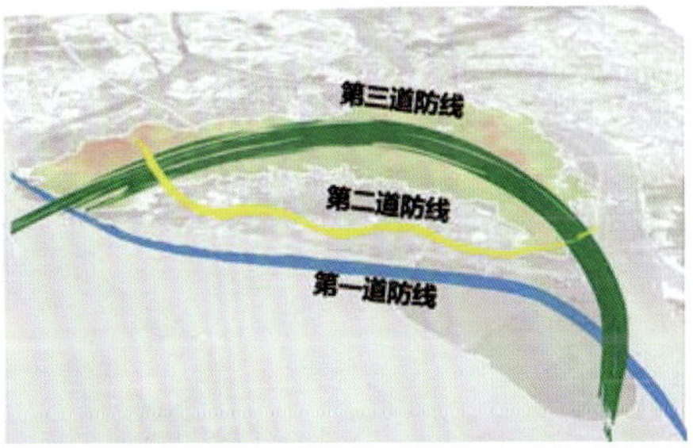

以红树林生态系统为主体的第一道防线　以河流、湿地公园为主体的第二道防线　以山体、森林公园为主体的第三道防线

文化发展策略

总体目标：面向建设“国家文化公园”的总体方向，依托威远岛及周边丰富的海防文化及相关历史文化资源，打造“鸦片战争纪念地，民族复兴威远岛”

经济发展策略

总体目标：文旅融合发展，打造配套完善的旅游休闲基地，培育文化创意产业新磁场

市设计

天际线控制

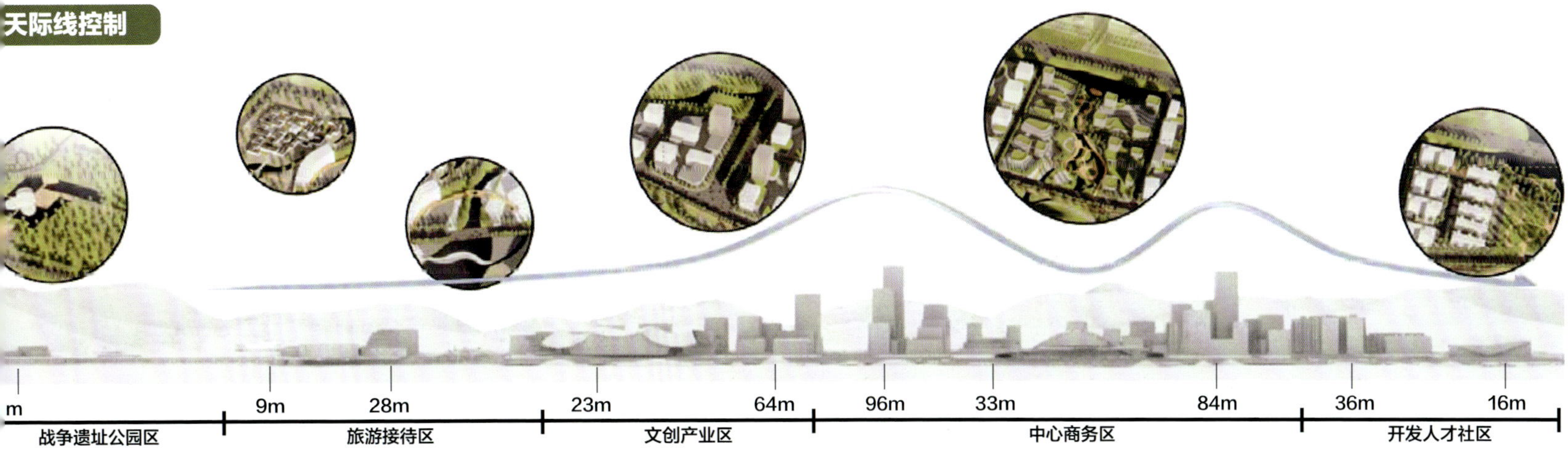

城市设计

空间结构与功能分区

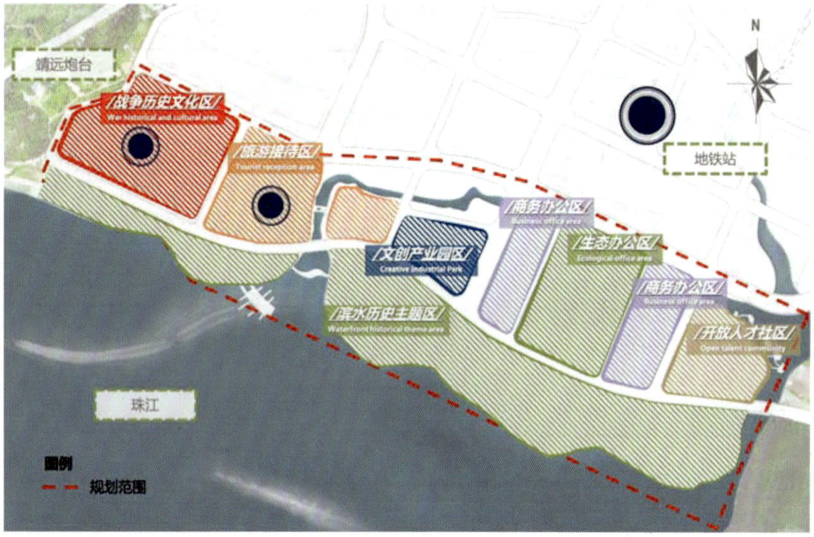

土地利用规划

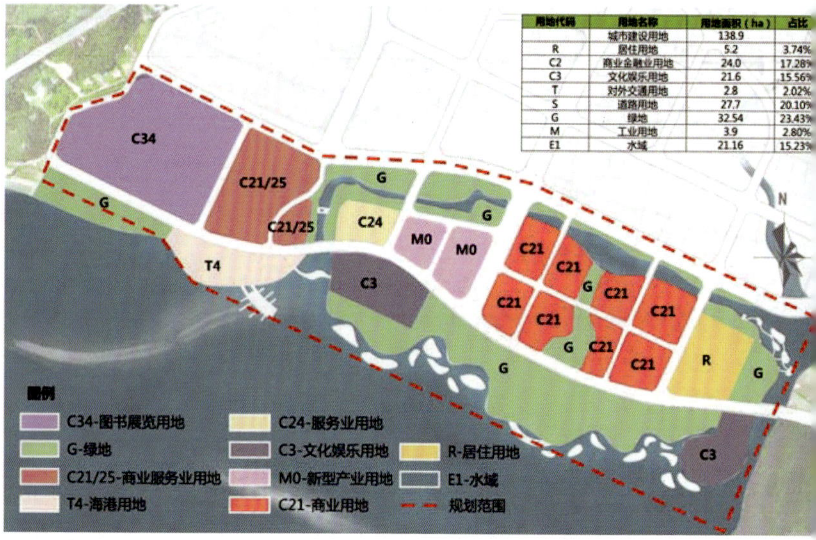

用地代码	用地名称	用地面积（ha）	占比
	城市建设用地	138.9	
R	居住用地	5.2	3.74%
C2	商业金融业用地	24.0	17.28%
C3	文化娱乐用地	21.6	15.56%
T	对外交通用地	2.8	2.02%
S	道路用地	27.7	20.10%
G	绿地	32.54	23.43%
M	工业用地	3.9	2.80%
E1	水域	21.16	15.23%

蓝绿生态网络

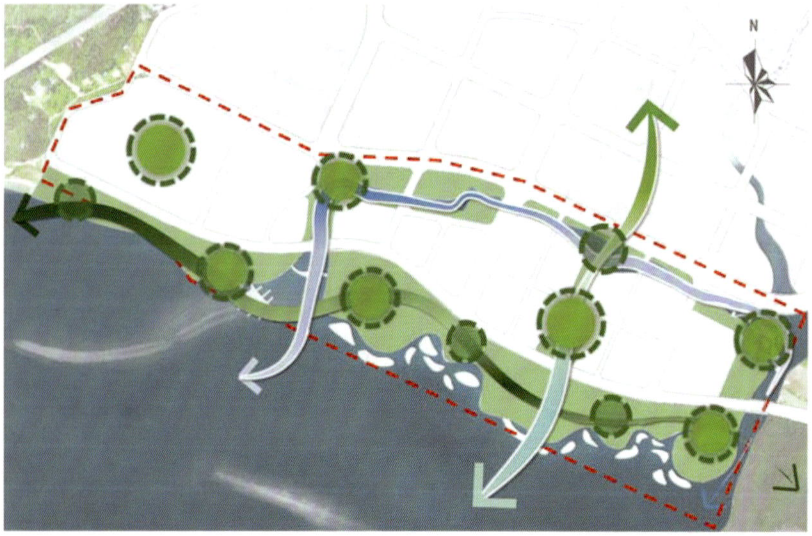

道路网络规划

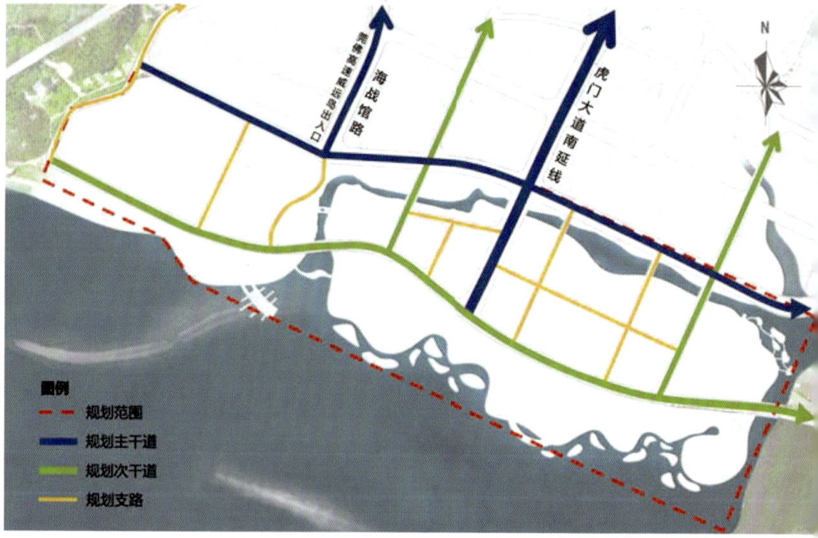

开发强度控制

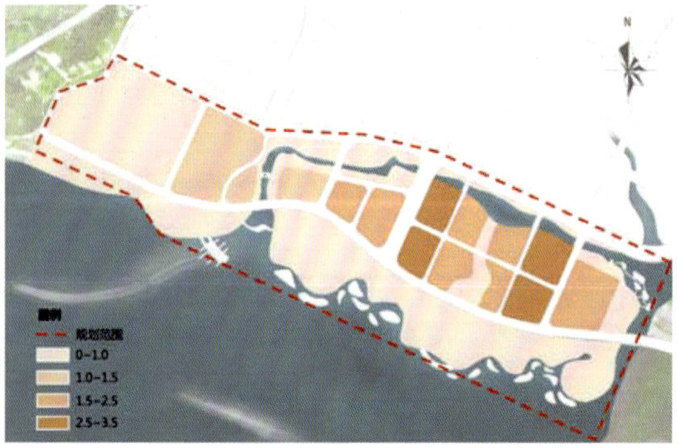

筑高度控制

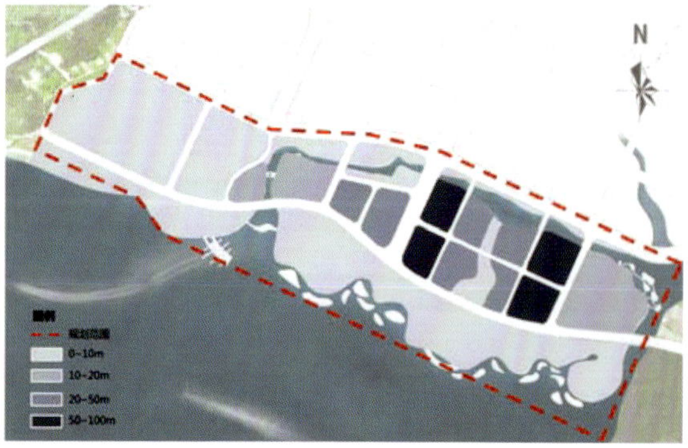

筑密度控制

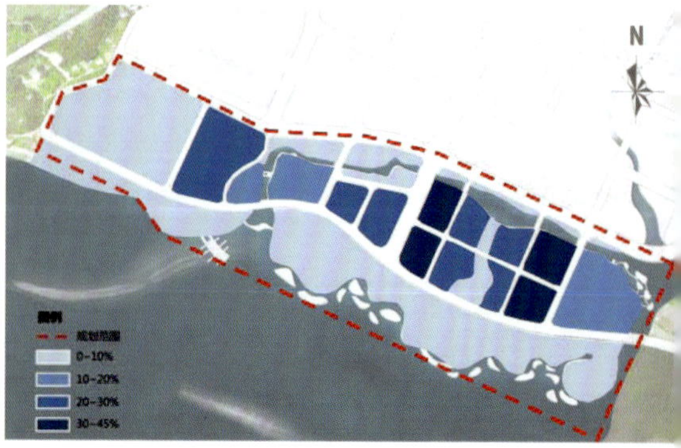

效果图

业发展现状

展现状综述

"产业飞地"

东莞曾被称之为"世界工厂"，其经济是以外源型经济为主，因此其经济主体是港台企业，具有广泛销售渠道，但也面临价格上涨带来的产业转移。

"比较优势"

在外源性经济为主的发展背景下，东莞以劳动力密集型产业为主的产业集群及完整的产业链，在一定程度上是东莞产业的优势，应对考虑如何进行产业升级。

"前店后厂"

"香港接单、东莞生产"的合作背景下，催生了"前店后厂"的生产模式，东莞承接了香港的产业转移，在一定的时期内促进了产业发展，但也导致在研发和创新方面的资源不足。

"产业转型"

如何从劳动力密集型产业中摆摊，利用现有产业进行产业结构升级，向技术、资金密集型产业变化，需要进行新的产业培育以及就地产业的改造。

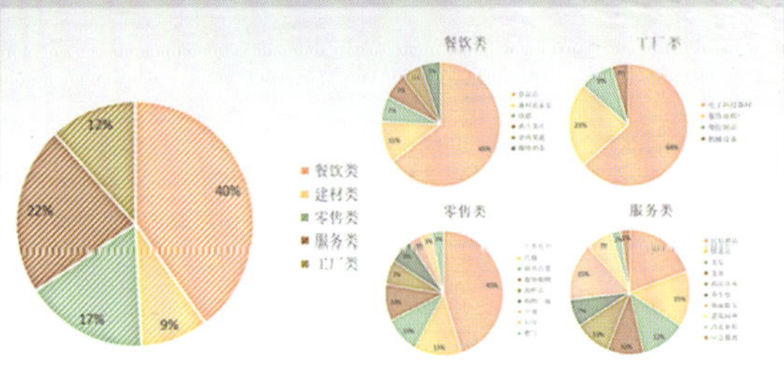

基地业态现状较为低端

基地现状自然资源利用较为粗放

基地现状产业总结

现状土地利用率低

自然资源利用粗放

产业业态急需升级

业发展机遇

跨海大桥开通前后广州、深圳交通等时圈

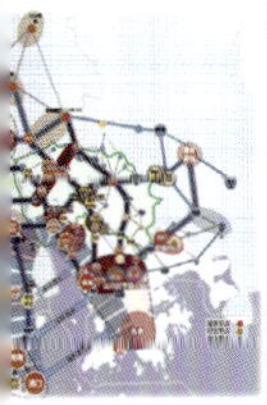

开通前

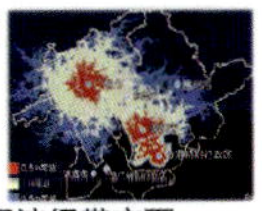

开通后

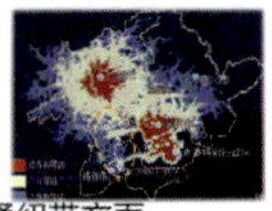

区域经济纽带方面
以香港、澳门、广州、深圳四大中心城市作为大湾区发展的核心引擎，为基地产业发展升级带来新的动能。

区域交通纽带方面
港珠澳大桥、深中通道等区域交通的建设，东莞从穗深港唯一通道变更成为"之一"，应摆脱依附性的经济结构，通过产业链的本地化锚固更多的优质企业。

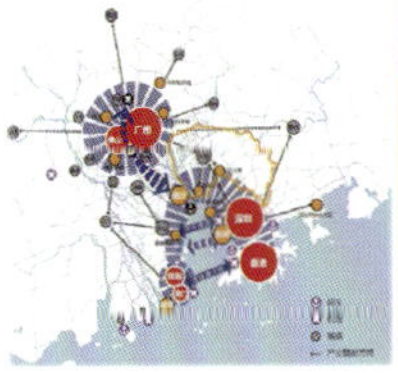

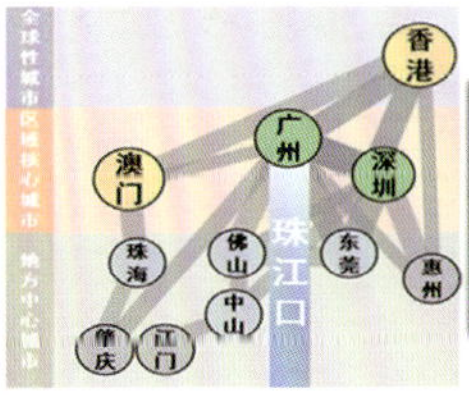

深圳与东莞各镇企业联系量

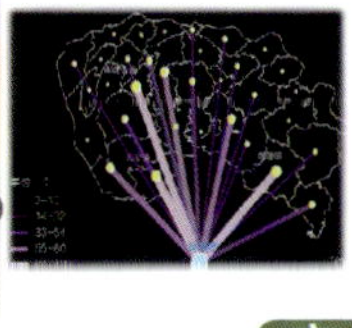

深圳与东莞各镇企业联系量

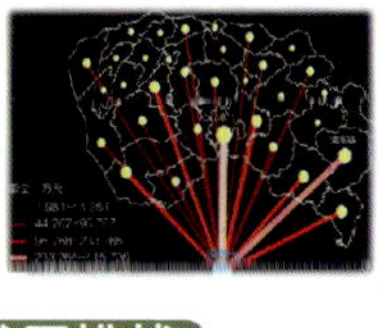

大湾区产业结构趋同化现象严重，缺乏合理的梯度城市作为层级增长极，产业发展要从被动依赖港深的"核心-边缘"轴向发展，转变为主动谋划与香港、广州、深圳联通的网络化发展，营造开放协同的区域格局，主动将滨海湾新区打造成具有区域价值的"城市节点"。

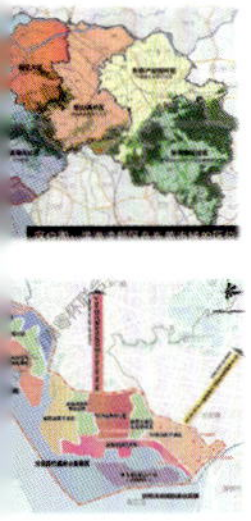

湾区创新发展新高地

集聚高端制造作业总部

加快发展现代服务业

战略性新兴产业研发基地

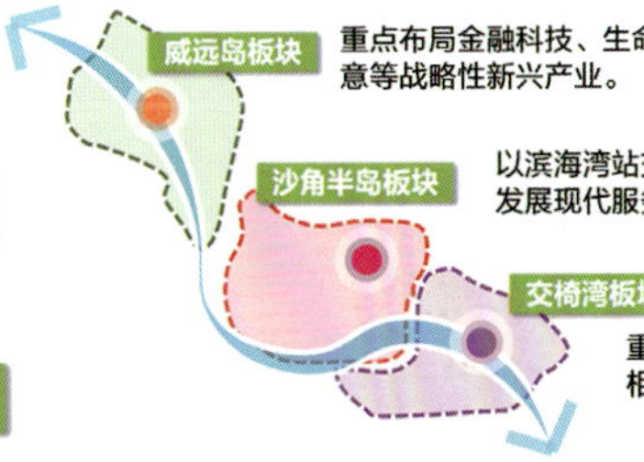

威远岛板块：重点布局金融科技、生命健康和文化创意等战略性新兴产业。

沙角半岛板块：以滨海湾站交通枢纽为核心，重点发展现代服务业。

交椅湾板块：重点发展电子信息产业和相关信息产业。

产业发展挑战

生态保护利用挑战

自然资源从粗放利用向综合保护与开发转变

自然资源多目标的开发利用

产业转型升级挑战

出口主导型经济向创新主导型经济模式转变

创新要素推动经济进一步发展

产业发展规划

基地产业发展策略

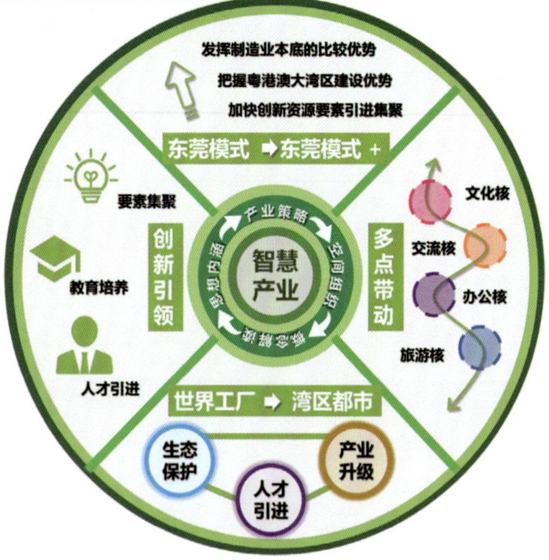

国际会议交流中心建设

发挥威远岛南部生态环境和历史文化资源叠加优势，建设具有世界一流水准的国际会议中心及配套设施，谋划重大国际交流合作活动，提升大湾区的文化影响力和软实力。

创意文化产业培育

依托“鸦片战争海防”历史主题，结合“海上丝绸之路”等相关主题，利用文化要素培育文化产业，打造以“数字”为主题的数字文化创意产业、以“设计”为主题的文化设计服务产业。

生态友好型产业发展

发展生态友好型产业，打造可持续发展，达到“碳中和”“低耗能”等生态模板，产业发展选择上考虑自然物种保护，助力建设“栖息地”。

产业发展动力与模式

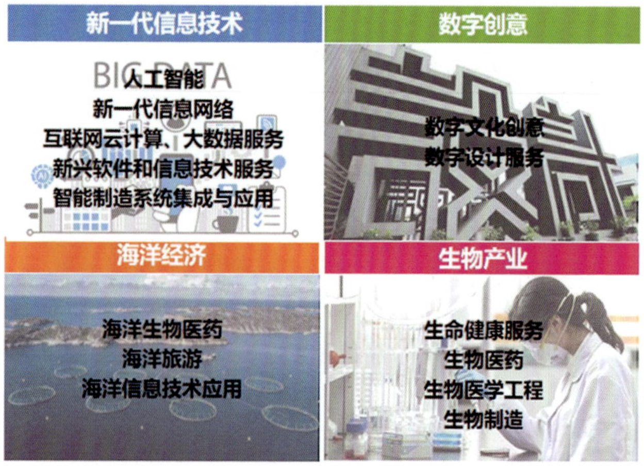

产业发展动力与模式

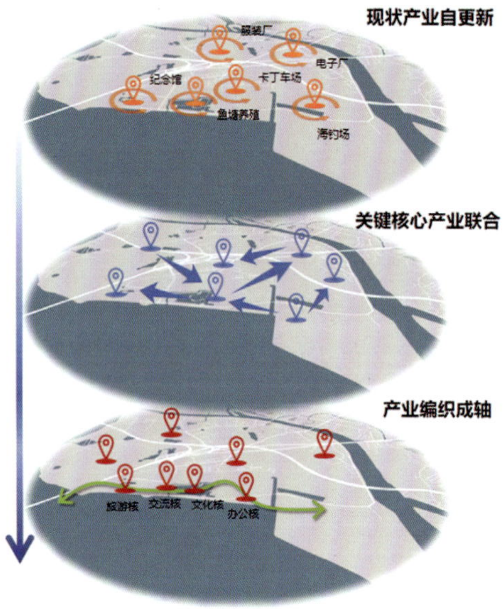

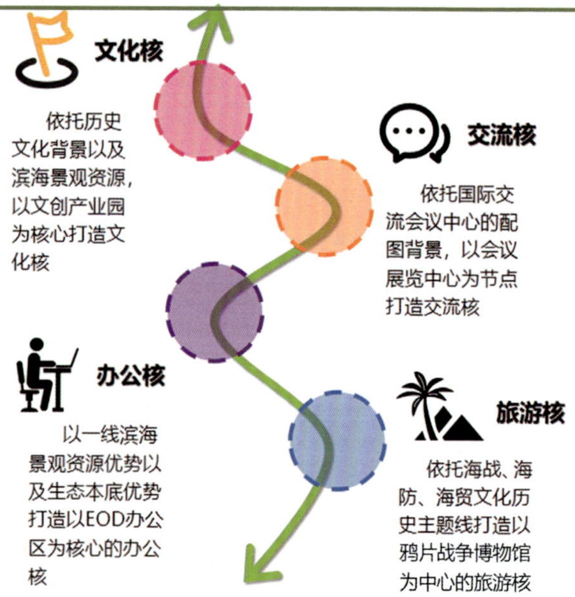

场地产业空间结构

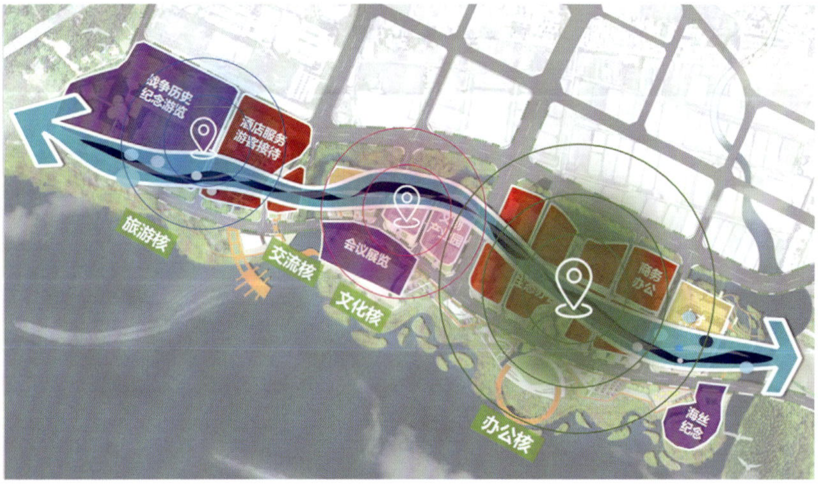

创产业园设计

鸟瞰图

平面图

功能分区

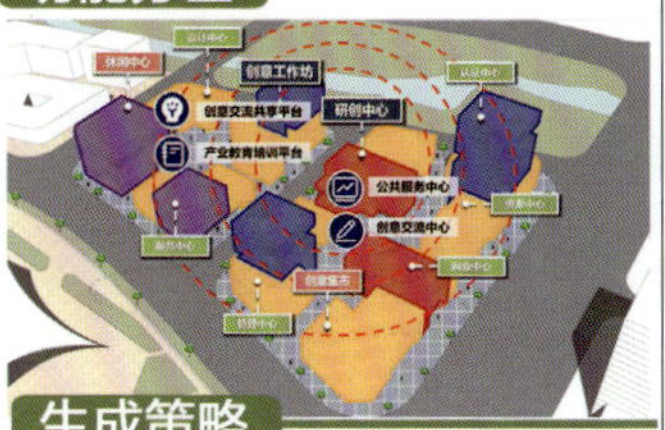

生成策略

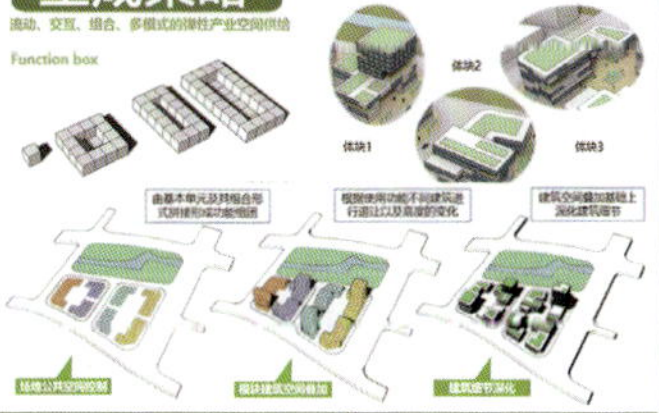

地生成

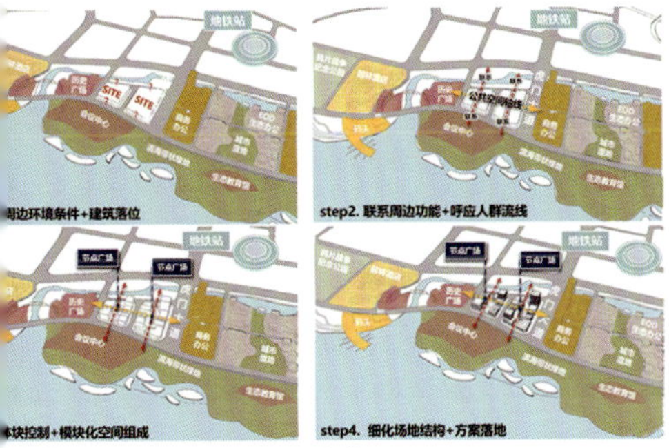

功能分区

节点剖面

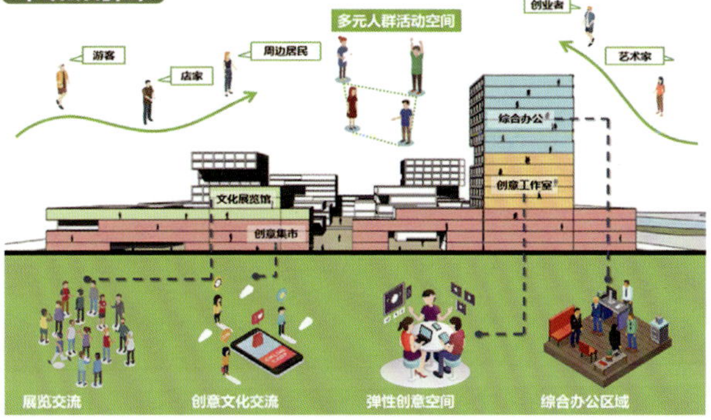

态办公区设计

鸟瞰图

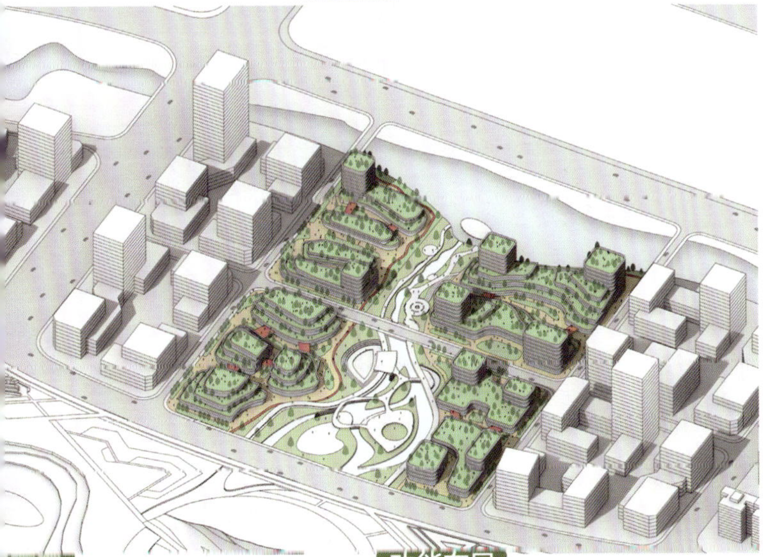

人群活动

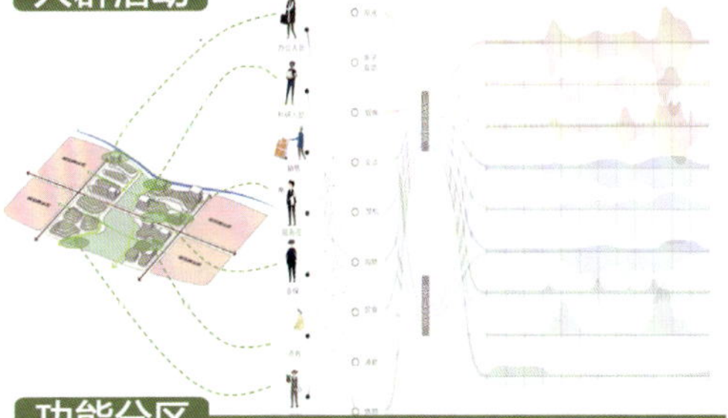

方案生成

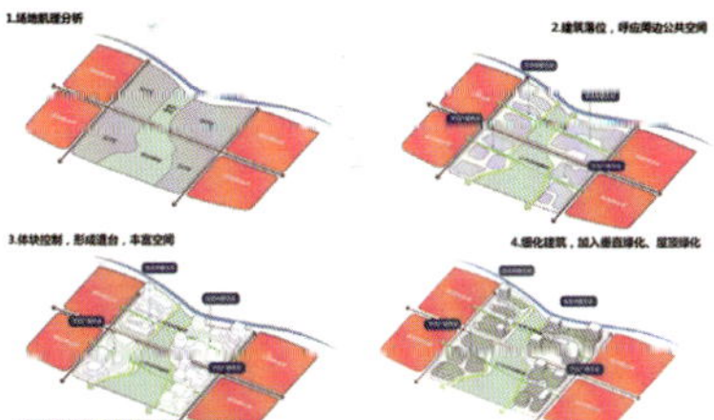

功能流线

功能分区

效果图

面图

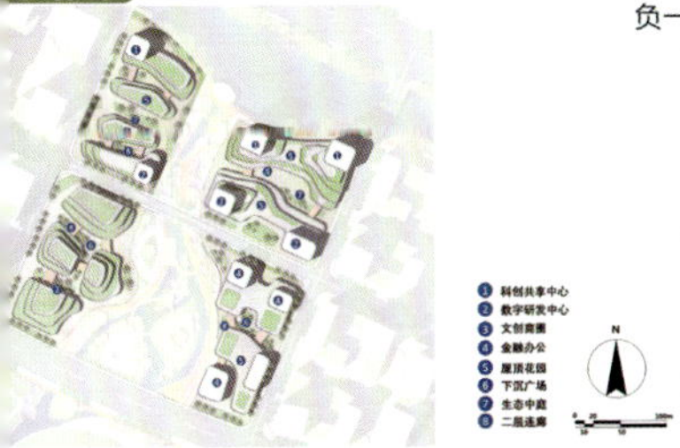

功能布局

负一层——商业+区域独立停车 首层——商业+景观绿化

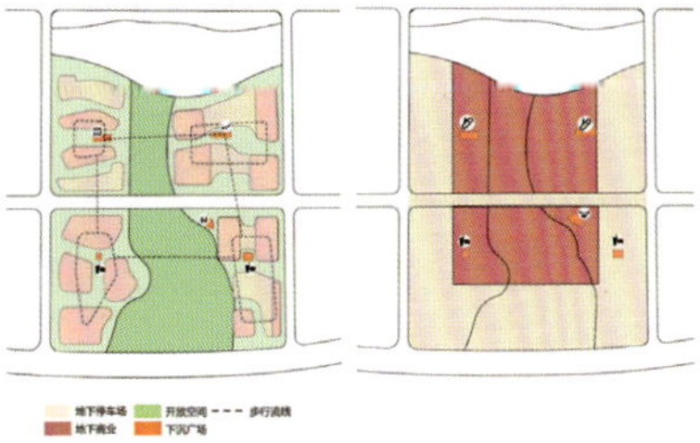

节点剖面

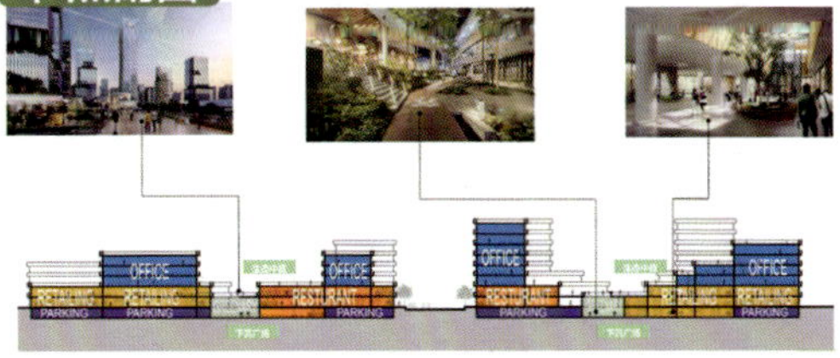

历史文化主题

节点设计①—休憩广场

整体鸟瞰

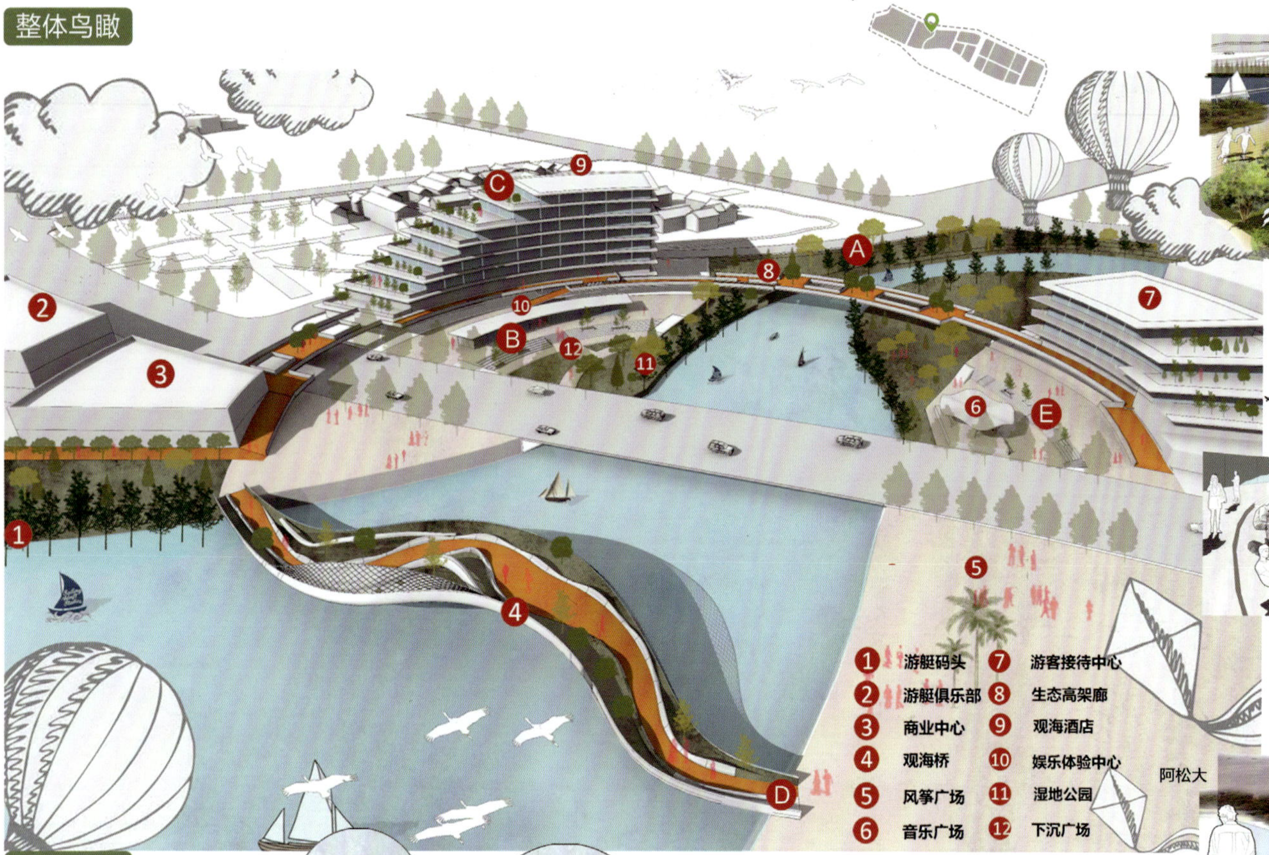

剖面分析

A-A剖面图

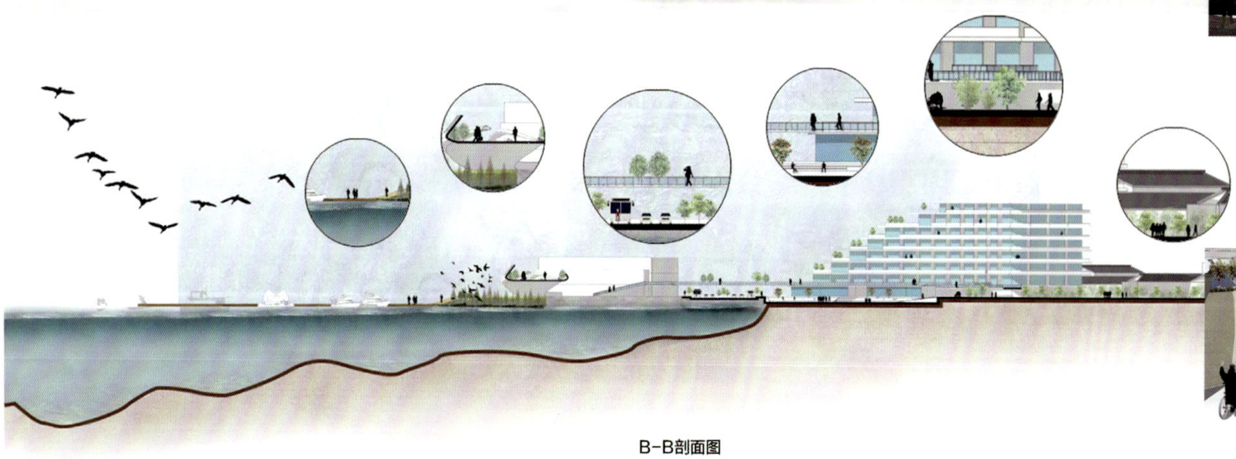

B-B剖面图

空间展示

A点生态高架廊透视

B点下沉广场透视

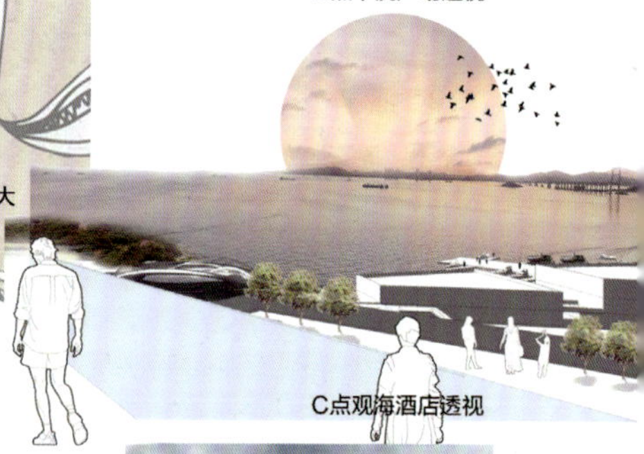

C点观海酒店透视

D点观海桥透视

E点音乐广场透视

点设计②—旅游接待区

设计导向

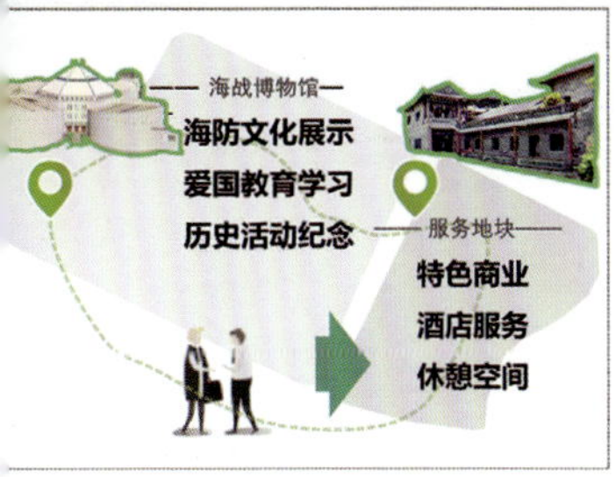

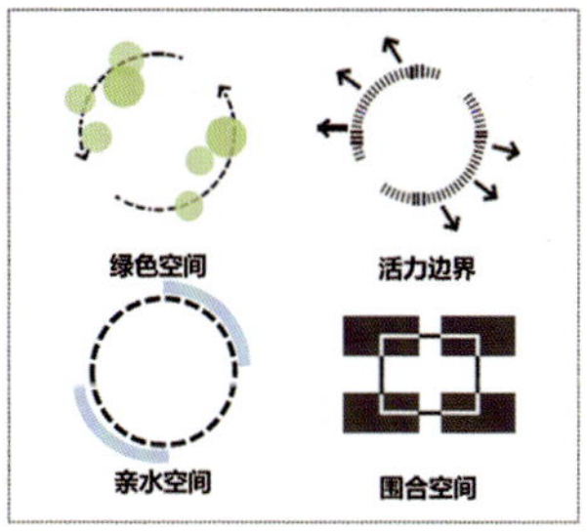

功能特点上，地块邻近片区文化重心——战博物馆，起到文旅服务功能

在文化层面上，起到文化补充作用，体现岭南民居特色

在空间策略上，以蓝绿为主要元素，空间与边界为设计重点

流线分析

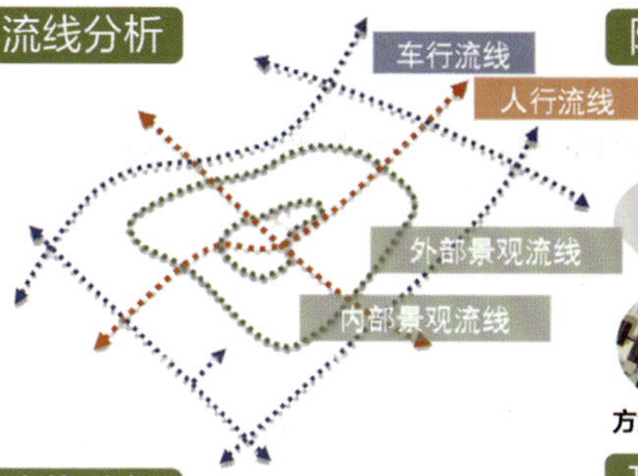

院落空间

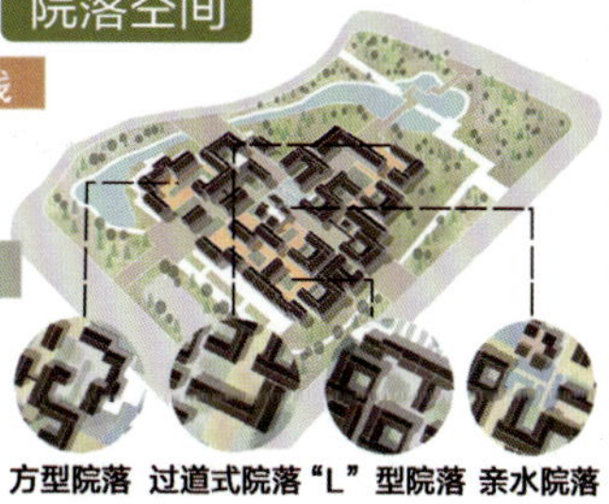

方案生成

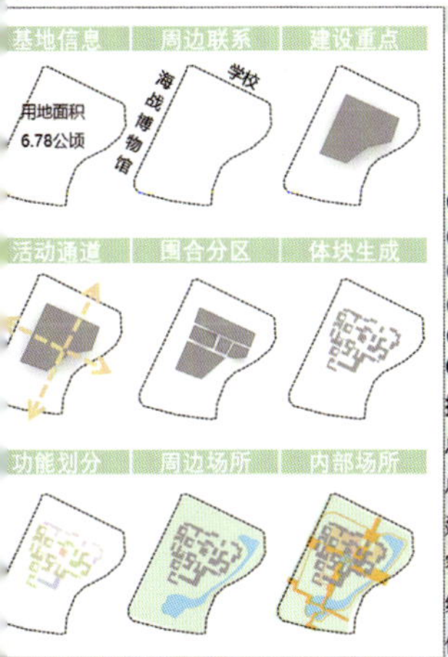

剖面示意

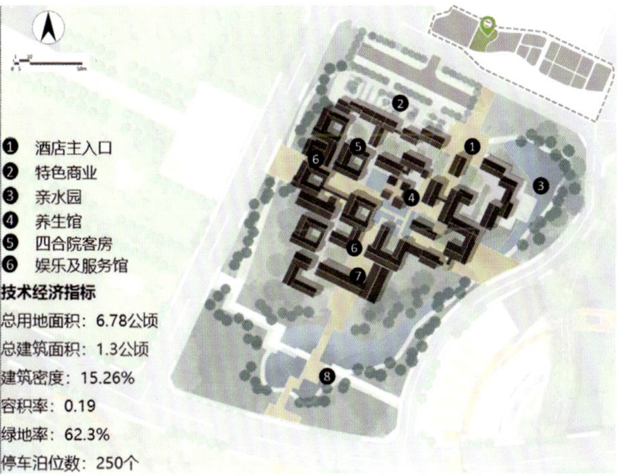

❶ 酒店主入口
❷ 特色商业
❸ 亲水园
❹ 养生馆
❺ 四合院客房
❻ 娱乐及服务馆

技术经济指标

总用地面积：6.78公顷
总建筑面积：1.3公顷
建筑密度：15.26%
容积率：0.19
绿地率：62.3%
停车泊位数：250个

流线分析

功能分区

流线分析

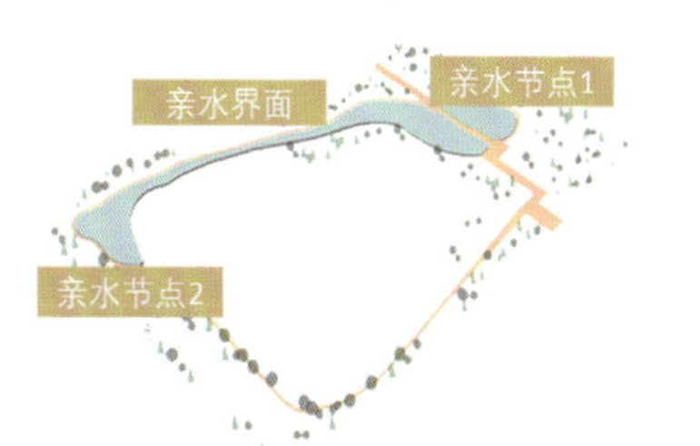

活动分析

特色空间设计

连房广厦式庭院设计

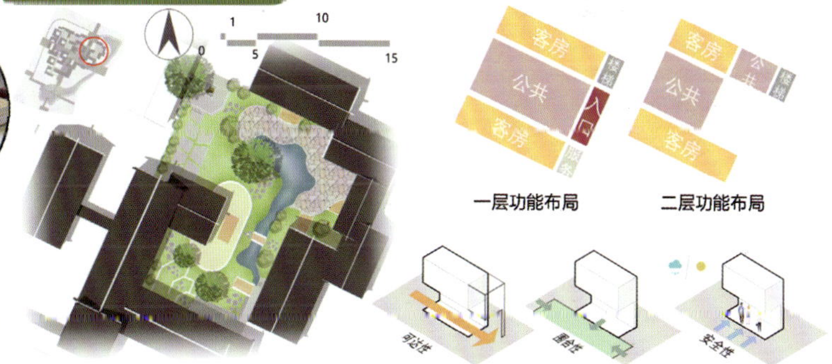

合院设计

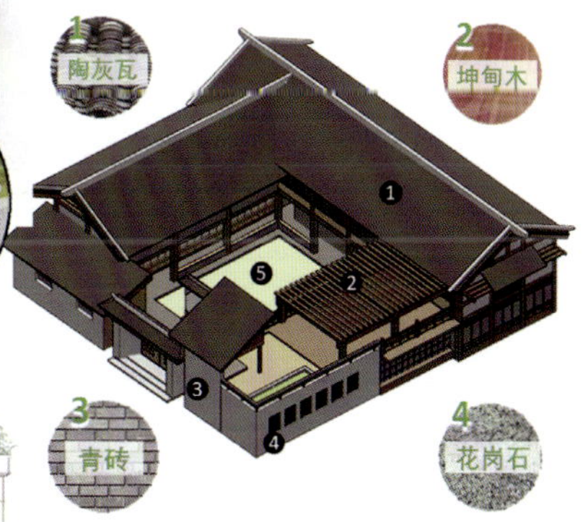

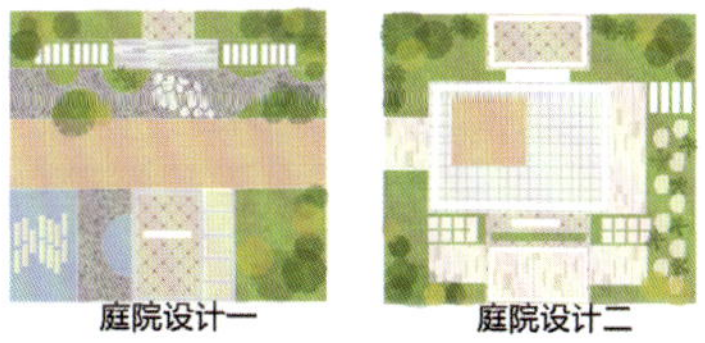

庭院设计一　庭院设计二

庭院植物配置

游玩界面

生态文化专题

海岸防线系统设计

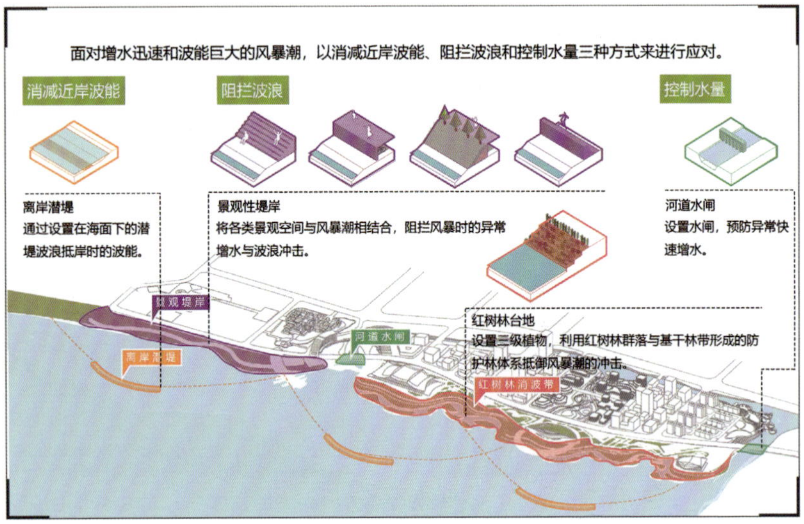

1 离岸潜堤

- 在离岸平行处水面下设置潜堤，减少海浪侵蚀与蓄养自然海滩。

减少侵蚀

- 波浪传播进入离岸堤后发生折射、浅水变形和近岸破碎，波浪绕射作用造成掩护区内的波高减小，削弱了波能。

聚沙养滩

- 由于绕射作用造成离岸堤后波浪动力 的减弱，泥沙在掩护区内逐渐沉积，并重新塑造堤后的海岸地形。

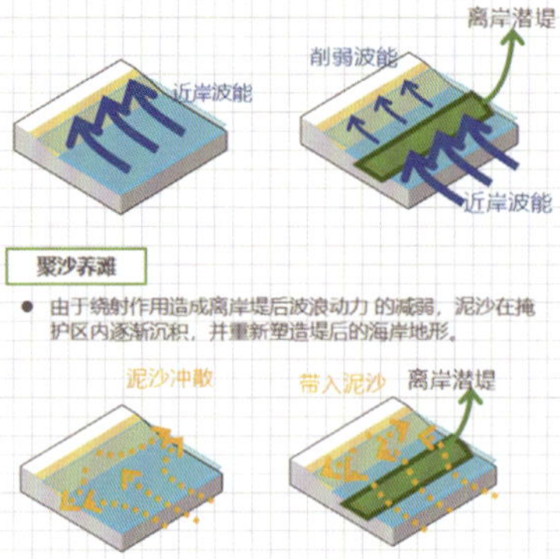

2 景观性堤岸系统

将各类景观空间与风暴潮相结合，阻拦风暴时的异常增水与波浪冲击

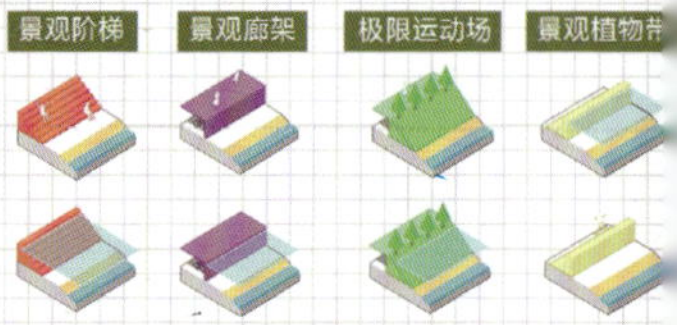

红树林扩种过程

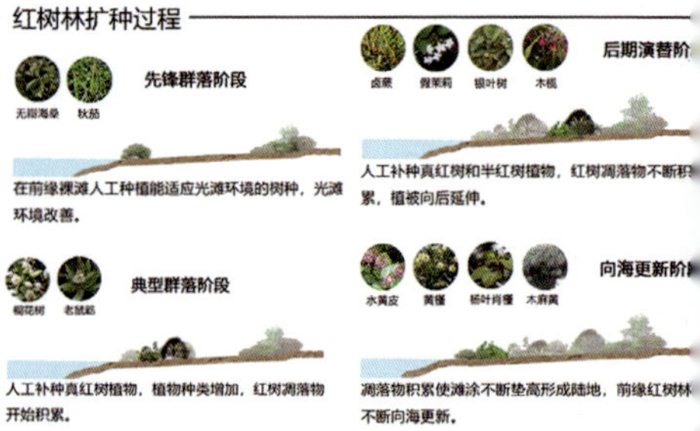

红树林种植方法

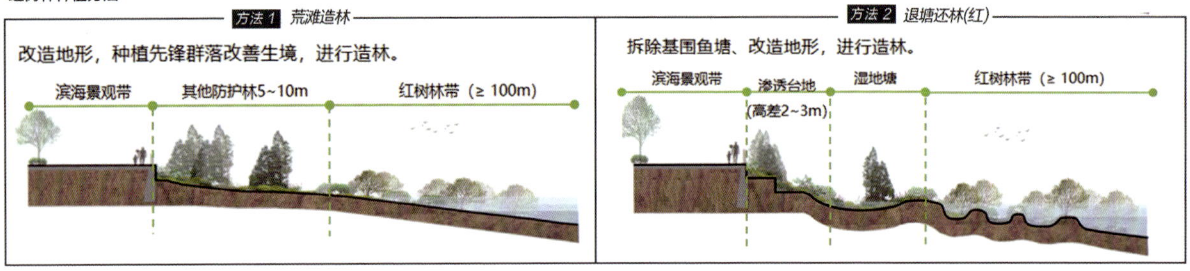

城市绿地系统设计

水域管理策略

从源头到末端的全过程雨水管理和控制，减少对原始水文影响，水域管理策略采用集水、水处理、输送与储水三种元素。

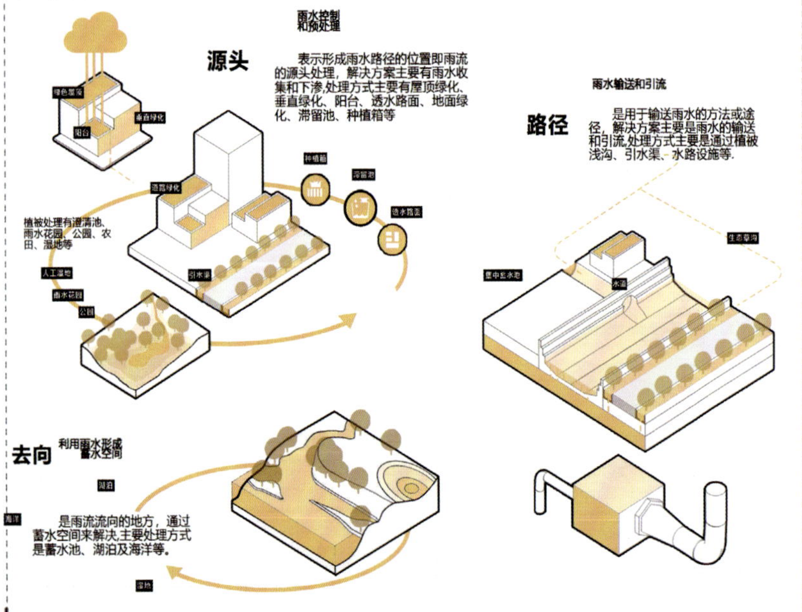

中央景观带平面图

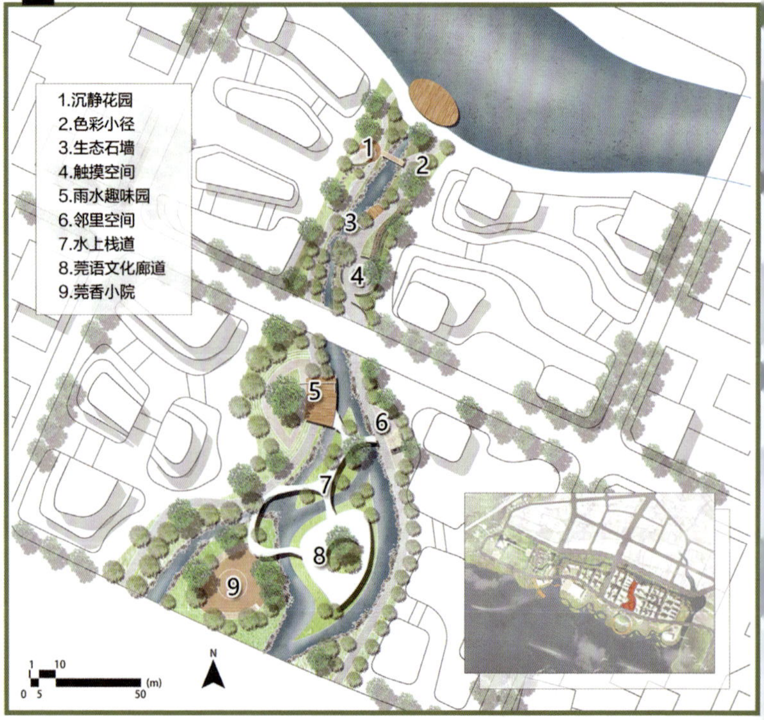

LID设施分布图

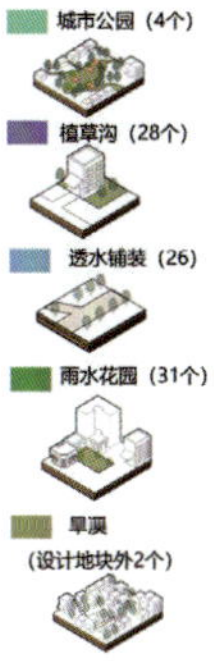

LID设施分布图

设计要求：渗水水面积不少于50%。
利用现有河道、人工湖、绿地设置雨洪调蓄池，体现低影响开发理念；
智慧化管理，强化数字信息技术对防洪排涝的支撑

雨水花园

设计要求：
十年一遇暴雨8小时内雨水全部下渗
植物选择：
耐水湿吸附净化能力强
景观要求：
优美。不同雨量形成不同景观空间。

雨水花园剖面示意图

弹性景观分析

植草沟剖面示意图

植草沟表面参数

蓄水深度：400mm
植物体积覆盖利率：0.2
地表粗糙系数：0.24
地表坡度：3%
边坡：1

透水铺装剖面示意图

节点设计

趣味体验区

科普教育区

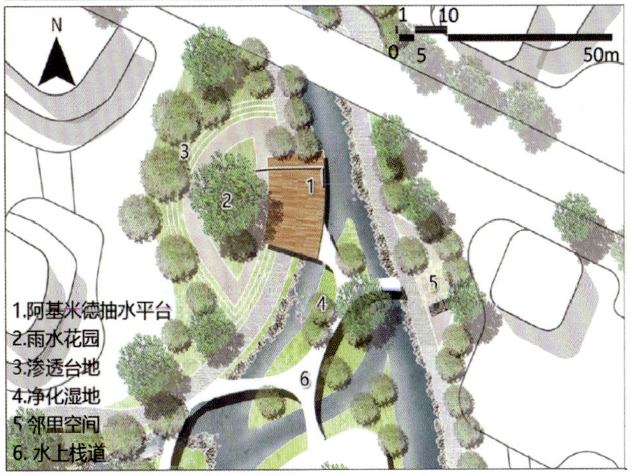

传统文化区

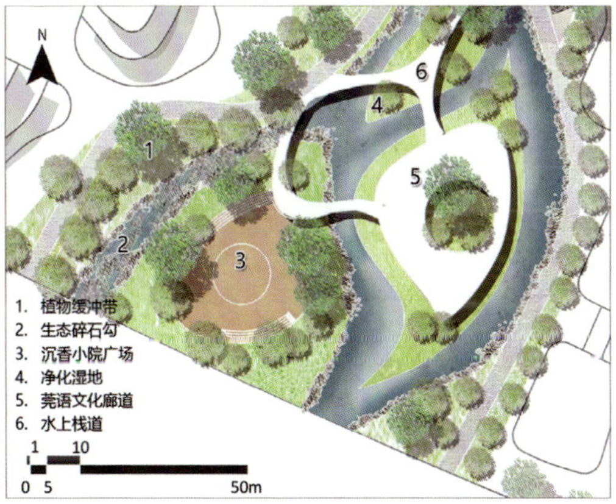

触摸空间

环道环绕儿童游乐区布置，使用自然机理软质铺装，儿童赤脚走在其中，感受自然，形成独特的触感体验。

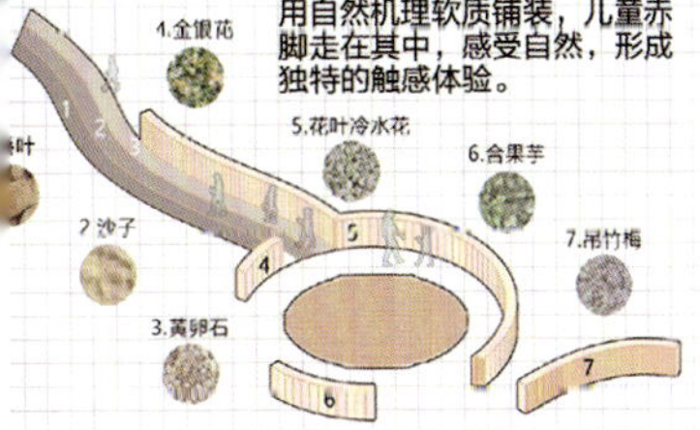

宁静花园

昆虫屋　根据昆虫的习性制作昆虫盒，给昆虫提供一个舒适的生存空间。吸引各种发声昆虫，如蜜蜂，蝉等。游人在此休憩，可以倾听自然的声音。

人工鸟屋　通过诱鸟手段，吸引鸟的到来。设置人工鸟屋，置于林中。游人可在林中听鸟鸣，倾听自然的声音。

雨水趣味园

阿基米德式螺旋抽水机（Archimedes'screw、Archimedeanscrew或screw-pump）

历史上第一个将水从低处传往高处的抽水机，大大节省了人上下跑动来运水的时间，省力，是一种用于灌溉的机械。

游客通过抽水器取水，水沿着沟渠进入雨水花园，从而了解雨水花园的雨水流向

邻里空间

构筑伞原理

构筑伞功能分析

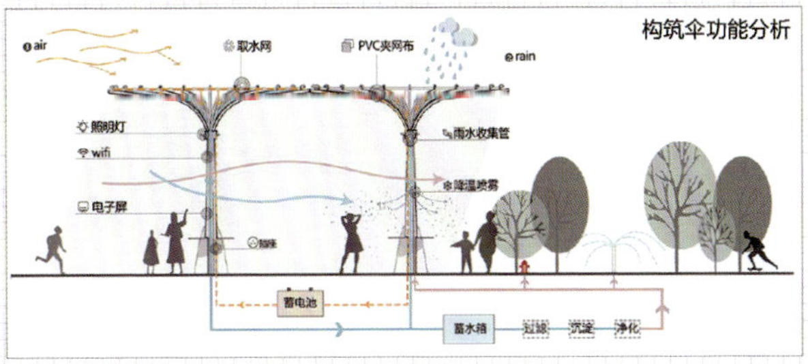

智慧莞草体验

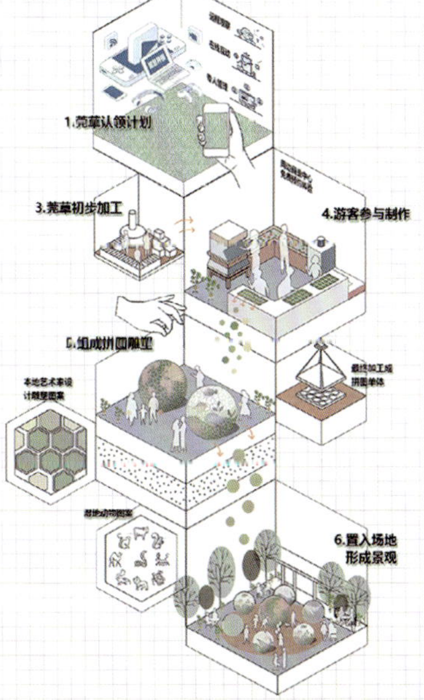

莞香小院广场

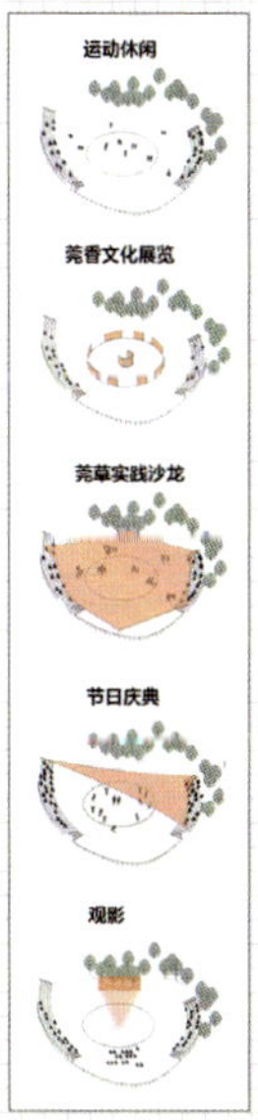

历史文化主题

节点设计③—沿海景观带

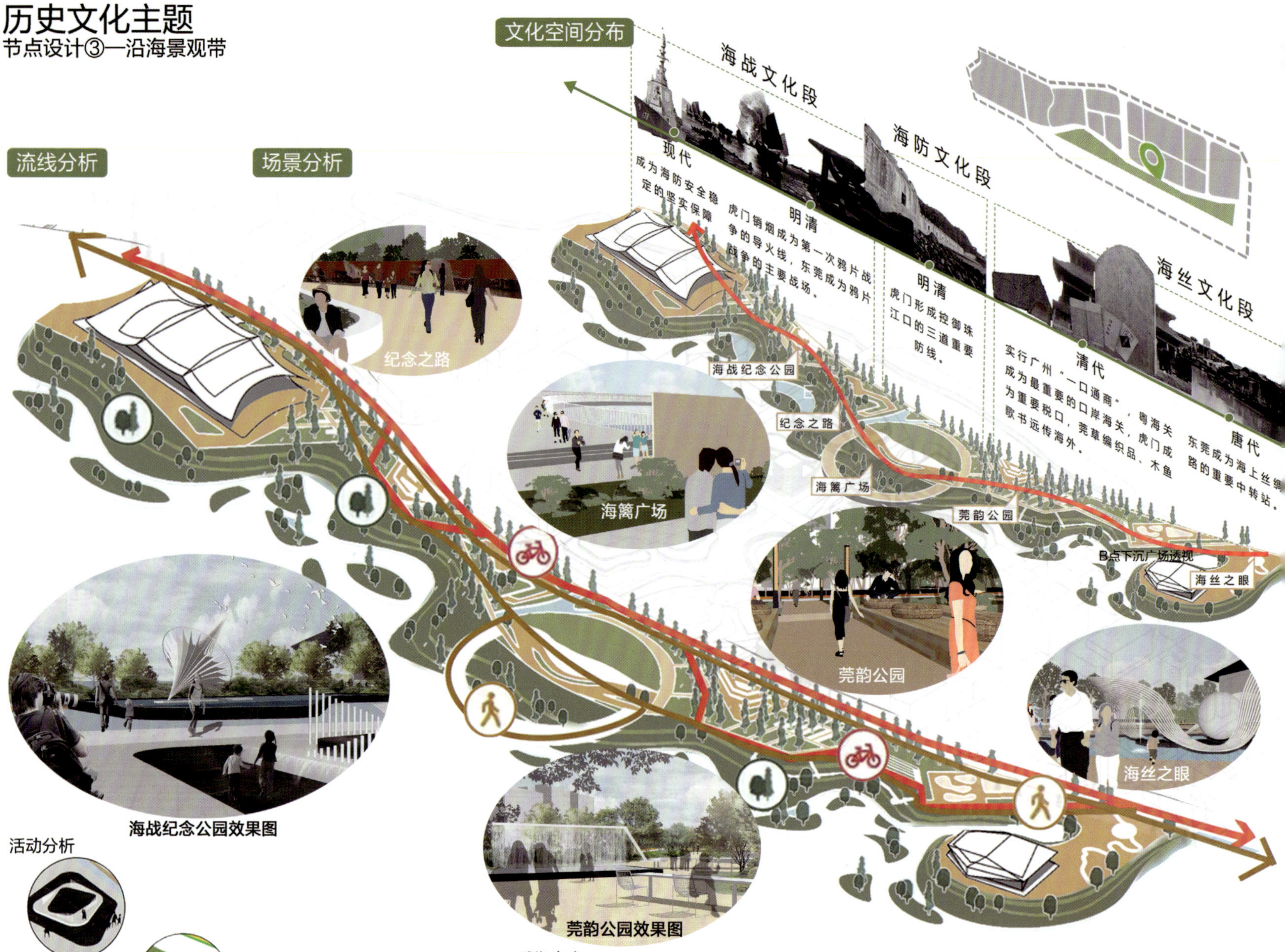

海战纪念公园效果图

莞韵公园效果图

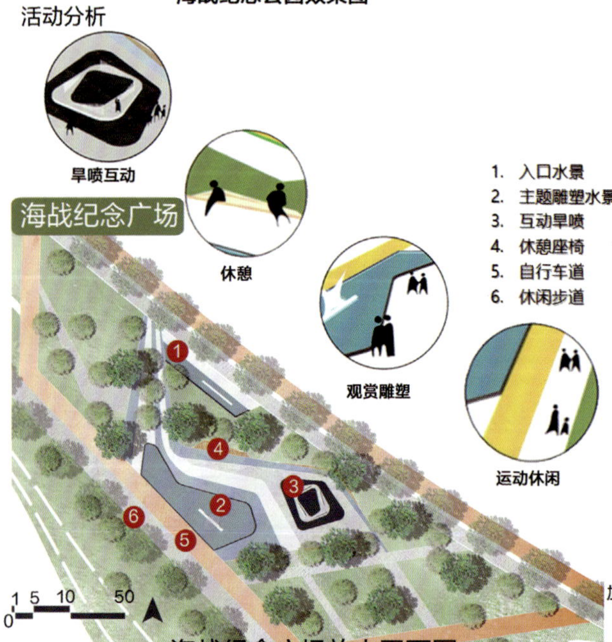

海战纪念广场放大平面图

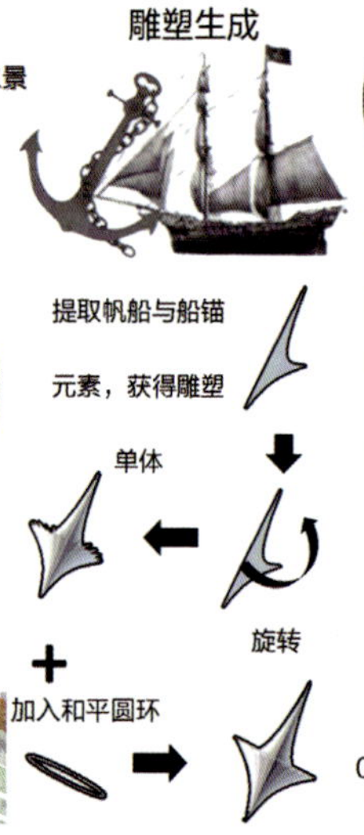

莞韵公园放大平面图

生态文化主题

总体分析

在提供生物多样性保护，保持自然生态过程的同时，也能给游客和周边居民提供身心健康的多样的生活方式。

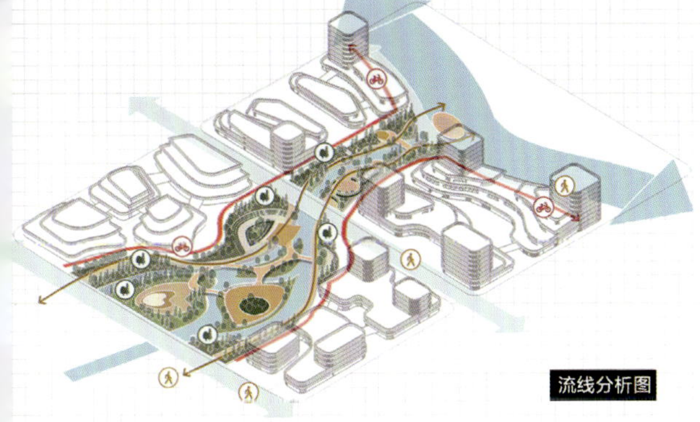

流线分析图

根据海绵系统规划园区内的动线，完整地向周边居民和游客展示了从收集传输到储存净化的雨水管理全过程，具有极佳的教育意义。

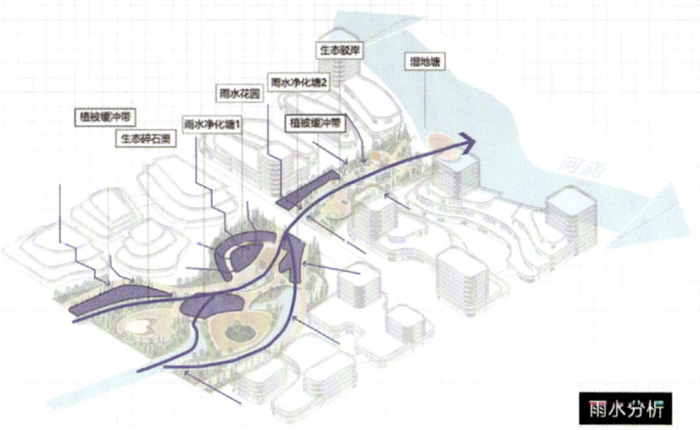

雨水分析

通过植物的茎叶和污染物的自然沉降去除污染物。

植被缓冲带

有效地增加区域调蓄总量，控制暴雨洪峰流量。防止场地内涝，减少径流污染，提供潜在动物栖息环境。

雨水净化塘

补充吸纳两侧绿地产生的雨水径流

生态碎石渠

结合场地关系及功能需求，场地主要划分以下两个区：雨水走廊和生态绿廊。

雨水走廊：根据西南边商业区排水需求，布置一系列海绵设施，实现对雨水的调蓄管理。沿途的生态旱溪、净化湿塘、生物滤床、生物滞留带、下凹式绿地、雨水花园形成一圈生态科普流线。

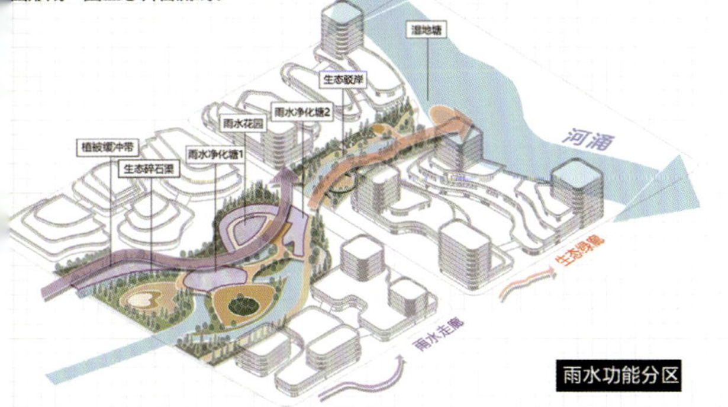

雨水功能分区

结合场地关系及功能需求，场地主要划分以下几个分区：传统文化区、科普教育区、趣味体验区。

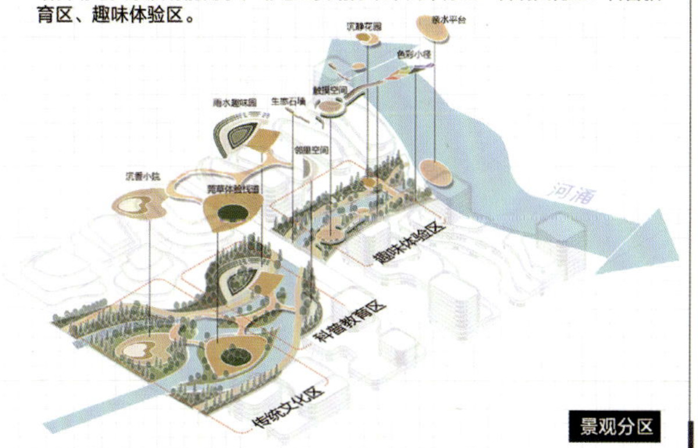

景观分区

植物竖向设计

趣味体验区

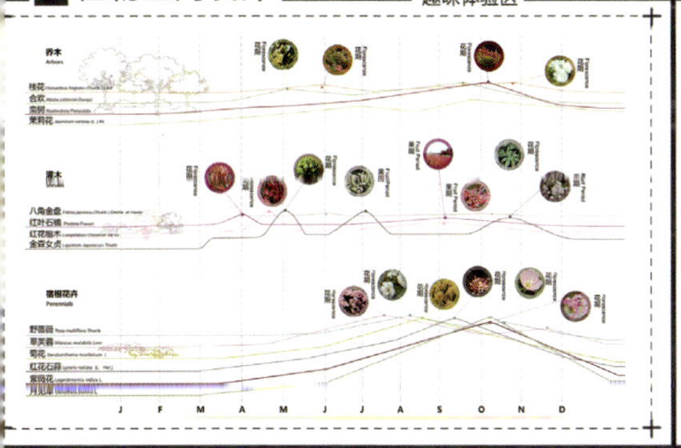

教育科普区

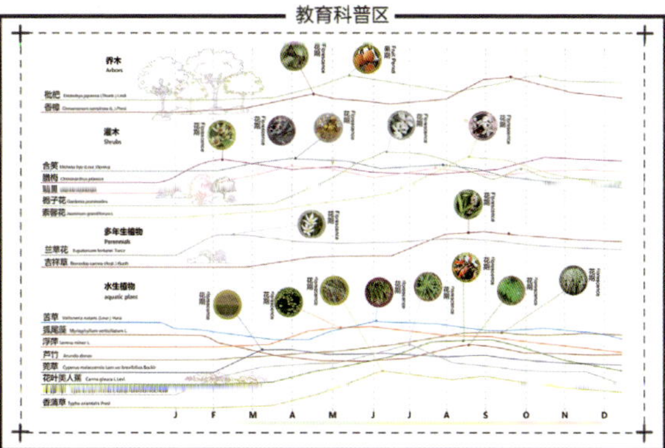

传统文化区

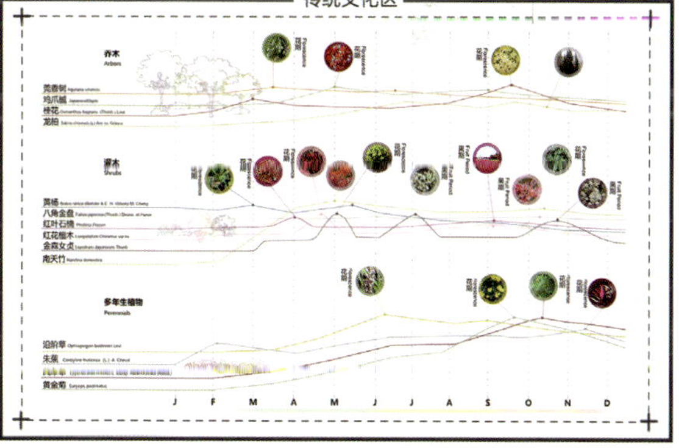

效果图

昆明理工大学

Kunming University of Science and Technology

包　创 转瞬之间，本届“南粤杯”毕业设计已圆满结束。三个月很短，在毕设过程中悄然而逝。同时三个月也很长，在本次毕设过程中，感激陈老师和项老师给予我们很多的帮助，让我们对专业知识有了更进一步的提升；感激小伙伴们在整个过程中不懈努力，通力合作；感激省规院提供了“南粤杯”这样一个学习的平台，让我们拥有更加广阔的视野，同时，也让我们能够与其他学校优秀的同学们共同交流学习。最后祝大家顺利毕业，前程似锦！

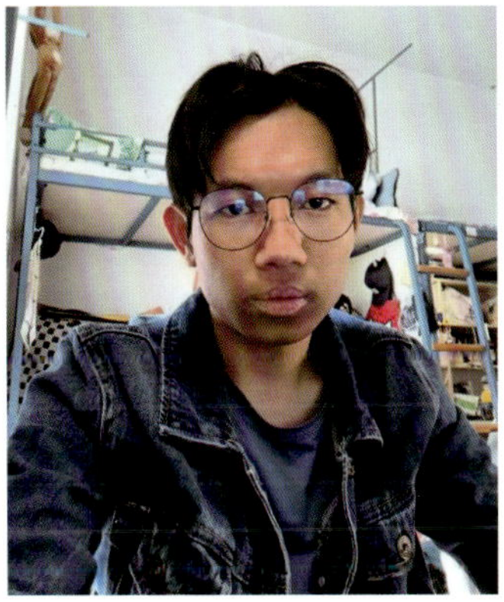

王俊泽 本次“南粤杯”毕设过程中，我收获了很多。首先是陈老师和项老师不仅传授了我很多专业上的知识，还给了我学习新东西的机会。其次是感谢我的队友们的努力，毕设能顺利结束离不开大家共同的努力。另外，这次毕设还给了我与其他学校优秀同学交流的机会，既开阔了自己的视野，又提升了自我。总的来说，这次毕设为我的大学生活画上了完美的休止符。再次感谢两位老师这段时间以来的鞭策和付出，感谢队友们的陪伴和付出。

严嘉成 三个月转瞬即逝，非常荣幸能参加到“南粤杯”七校联合毕业设计的大家庭之中。从线上资料收集到反复推敲、讨论设计理念，整个毕设过程充满挑战。但这期间老师的教导和同学们的共同努力令人难忘。本科阶段学习即将进入尾声，脚踏实地、实事求是的学习态度和不畏困难、坚持不懈的奋斗精神仍然长存。前路慢慢，希望我们都能踏踏实实走下去，勇往直前。

闫昕东 时光如东逝之水，岁月像离弦之箭。首先感谢“南粤杯”老师们与省规院为我们提供的宝贵机会，满足了我对毕业设计的所有想象与期待。在这次毕业设计中，让我在思想境界和专业知识上都取得了很大的进步与提高，同样认识到自己所学所掌握还远远不够。这次经历也将激励我在以后不断前进。感谢老师们认真负责地指导我们，每一环节都耐心地给我许多宝贵的意见，这也让我规避了许多错误，少走了许多弯路。

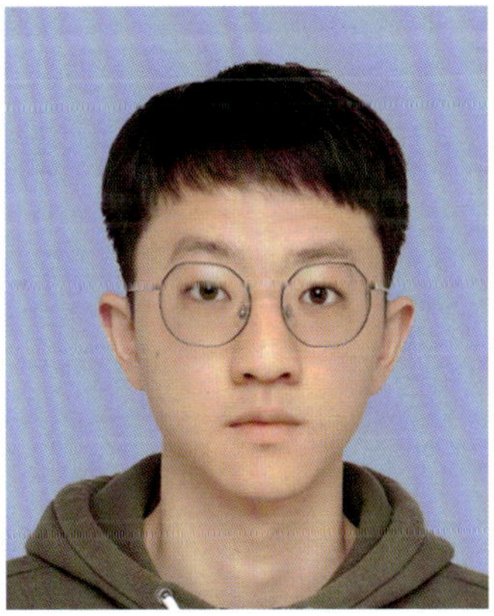

成思源 很荣幸有机会参加“南粤杯”联合毕设，作为建筑专业的学生，能参加本次毕设感到尤为不易。学习了很多不一样的设计方法、设计理念，开拓了我在宏观尺度上的设计思路。感谢主办方、省规院、陈老师以及项老师，还有我的好兄弟博哥，希望未来能够更好！

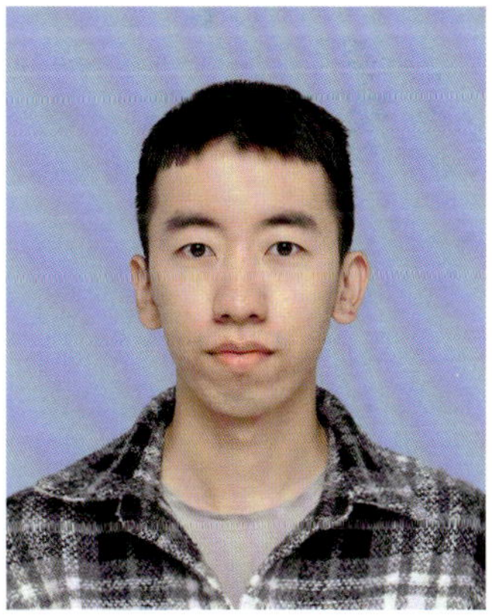

赵艺博 作为建筑生，在“南粤杯”联合毕设的过程中接受了规划老师的指导，经历了规划同学的陪伴，进行了规划设计的学习。一路走来十分不易但收获颇丰，对城乡规划与城市设计有了更加深刻的认知，在今后的学习工作中能更好地与规划专业进行合作，十分感谢主办方、省规院、陈老师以及项老师还有我的好兄弟源哥。愿我们前程似锦，一路生花！

南海绿岸 粤峤伴城

鸦片战争海防遗址公园（东莞段）核心地区规划设计

学校：昆明理工大学
指导老师：陈桔 项振海
小组成员：包创 王俊泽 严嘉成 闫昕东 成思源 赵艺博

背景解读

区位分析

[东莞市在粤港澳大湾区的区位]

国家战略赋予粤港澳大湾区科技创新使命

《粤港澳大湾区发展规划纲要》发布，融合对接和科技创新成为发展主题，提出充满活力的世界级城市群、具有全球影响力的国际科技创新中心、“一带一路”建设的重要支撑、内地与港澳深度合作示范区和宜居宜业宜游的优质生活圈五大战略定位。

[滨海湾新区在广深科技创新走廊的区位]

东莞段先进科创智慧集聚区，科创条件优越

广深科技创新节点（东莞段）全市创新节点、平台35个，总用地370平方千米；创新项目85个威远基地处于广深铁路创新带，周边创新节点密集。

东莞威远基地地处东莞内湾东岸节点，西靠南沙自贸片区，南靠前海蛇口自贸片区，是内湾东岸创新发展前沿地带。

[规划区在滨海湾新区的区位]

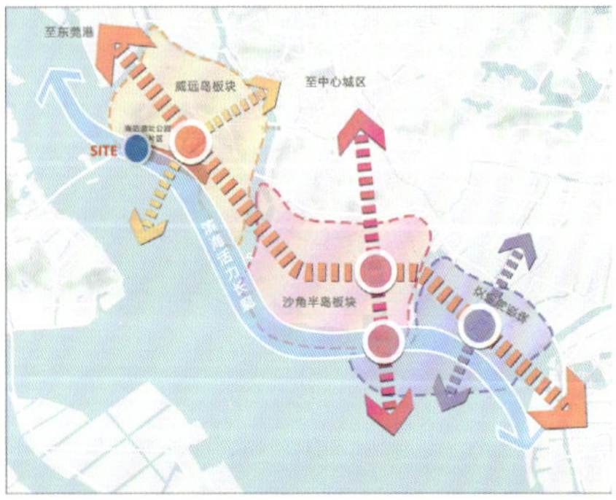

滨海湾新区规划形成“一廊两轴三板块”的城市格局。

一廊：

滨海景观活力长廊,串联“山海河林田草”生态系统。

两轴：

城市中轴线,联通东莞中心城区;城市发展功能轴,以串联三板块核心功能区。

三板块：

交椅湾板块、沙角半岛板块以及威远岛板块，三板块未来将建设战略性新兴产业研发基地。

上位规划

[宏观层面]

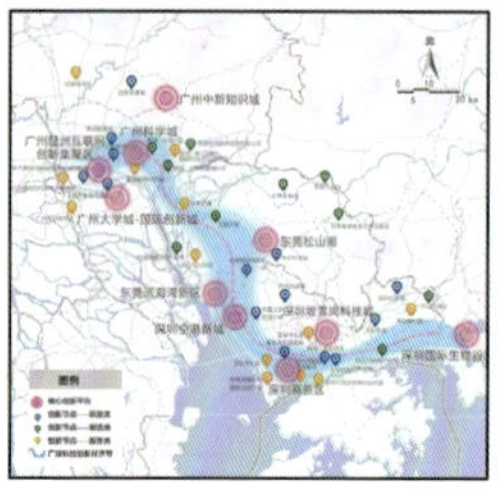

广深科技创新走廊规划

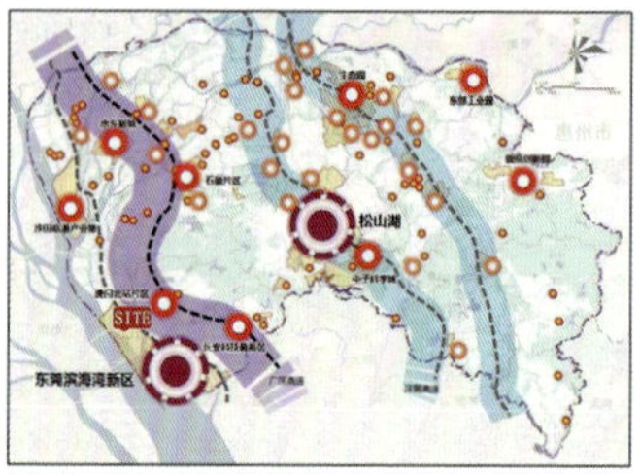

广深科技创新走廊规划（东莞

规划打造现代临港产业创新中心和“一带一路”重要节点

规划提出以位于珠江口的滨海湾新区为引领，打造国家海洋产业与先进制造业创新基地、粤港代服务业融合发展试验区，培育战略性新兴产业和现代服务业，打造现代临港产业创新中心和“一带一路”重要节点。

[中观层面]

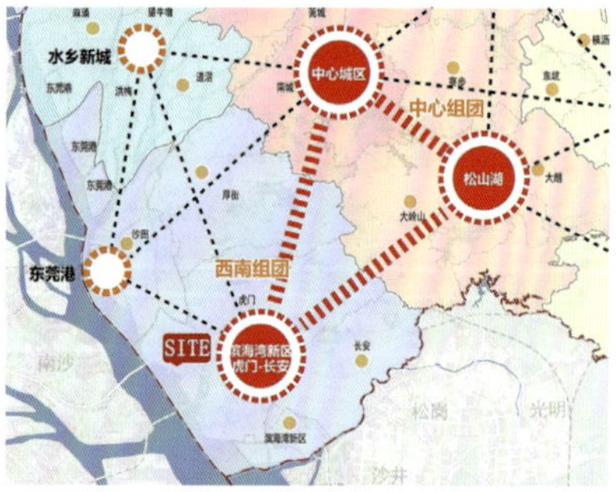

东莞市城市总体规划（2016–2035）

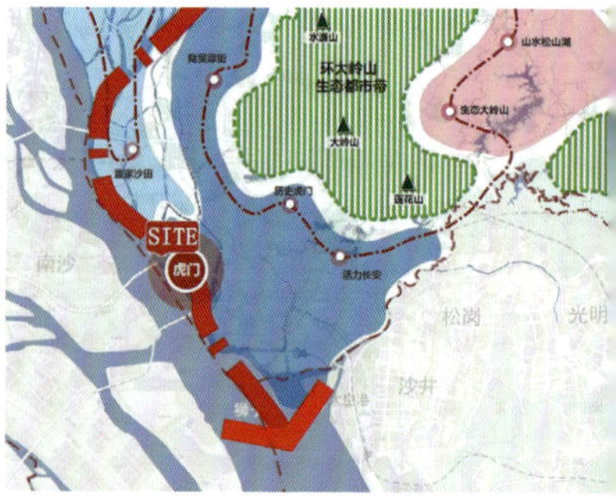

建设形成服务创新中心、历史人文节点

“大莞城”构建中，滨海湾新区以粤港澳合作为引领打造科技、产业、金融“三融合”的科技新产业集聚基地，优先发展现代服务业、高新技术产业和战略性新兴产业，并且其位于东莞市历史文走廊上，有良好的历史文化基础。

[微观层面]

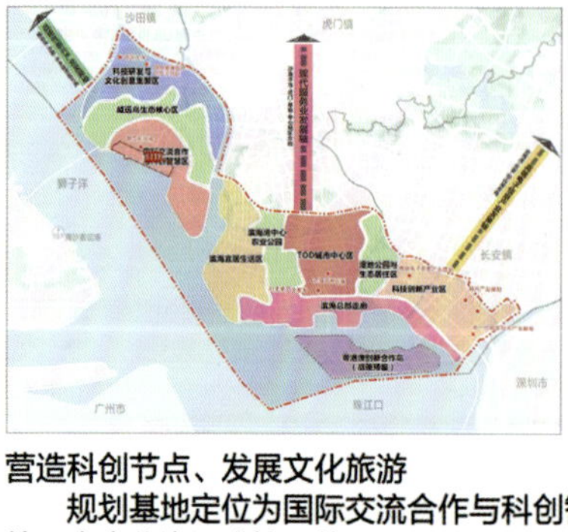

东莞市滨海湾新区城市总体规划（2018–2035）

鸦片战争海防遗址公园规划东莞段

营造科创节点、发展文化旅游

规划基地定位为国际交流合作与科创智慧区；该片区沿外环岛路西临威远炮台群和海战博物馆等历史文化资源连接，位于海防遗址公园规划上的名族复兴之路上，形成文化与科创的功能联系。

背景解读

控制性条件分析

[基地规划控制总结]

[生态控制]

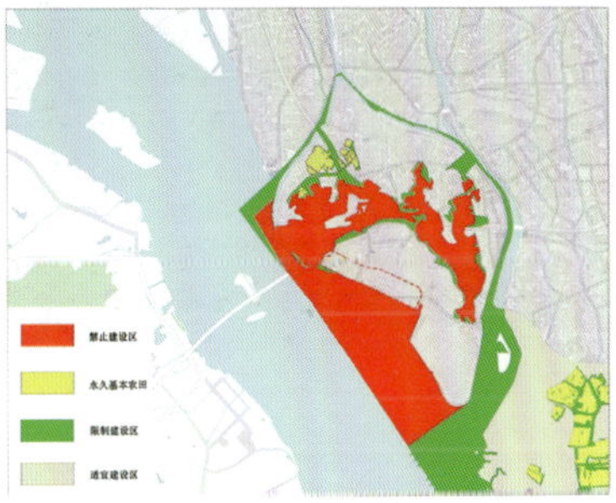

[排涝规划与内河涌整治]

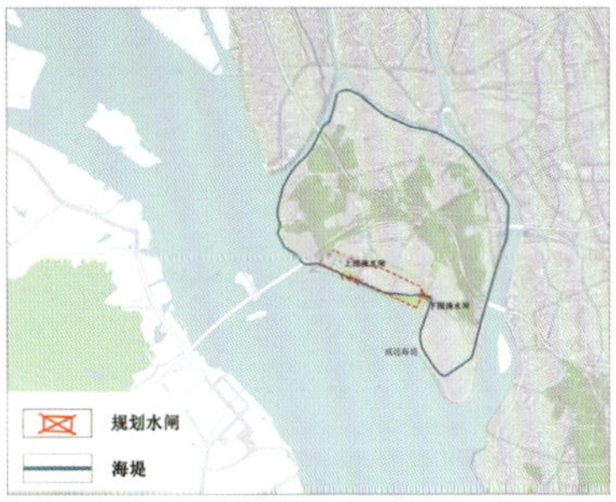

[威远炮台片区控制]

[风貌与规划建设控制]

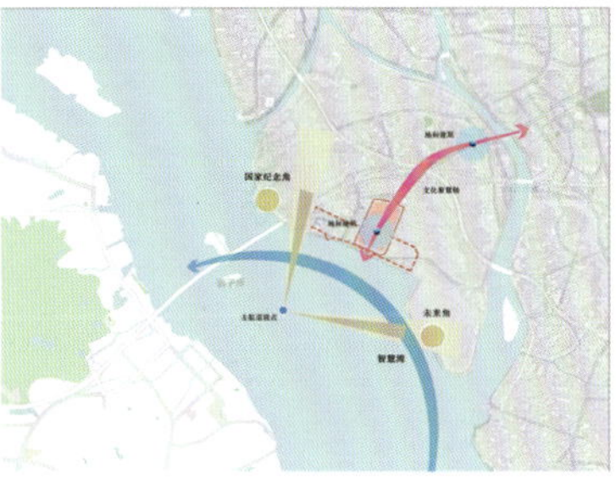

历史沿革

[历史脉络]

1830年	1835年	1839年	1841年	1856年	1923年	1931年	改革开放后	21世纪以来
鸦片倾销	虎门炮台关天培整改	虎门销烟林则徐	虎门保卫战	鸦片战争第二次	威远炮台孙中山视察	抗日战争	型升产业转级	迎来重大发展

鸦片战争时期 中国近代史开篇地 → 抗日战争时期 抗日海战首胜地 → 改革开放时期 改革开放先行地 → 湾区时代 湾区国际门户

[历史资源] 威远岛内陆与销烟池遗址相连，地块中第二防线炮台群与海战博物馆紧密联系，通过外环岛路与走洋炮台相连，形成威远岛内的丰富的海防文化

远炮台

远炮台

远炮台

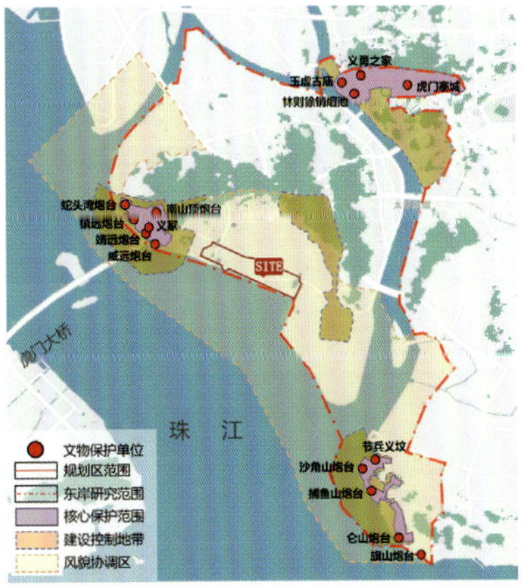

经济人口分析

[珠江口产业带分布]

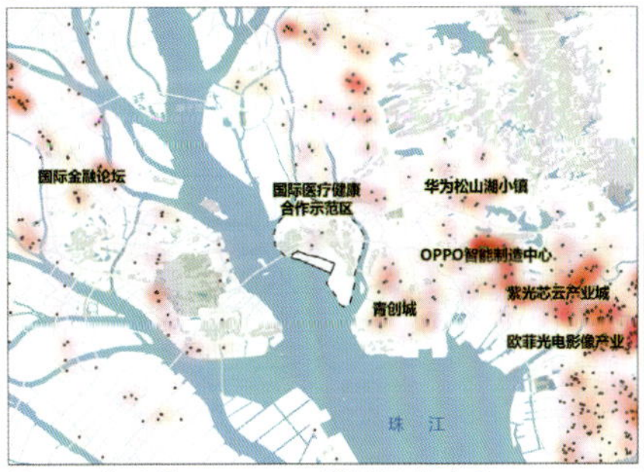

总览东莞市五大支柱产业中，基地周边有华为松山湖小镇、OPPO智能制造中心、青创城等电子信息制造业中心，因此，地块的产业推荐以电子信息制造和先进装备等科创产业为主。

[工厂分布]

[银行分布]

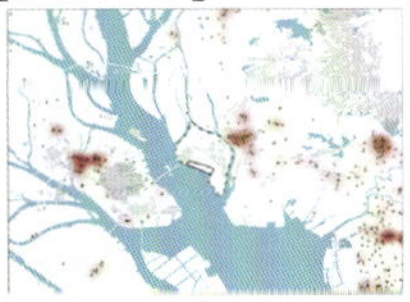

[写字楼分布]

[酒店分布]

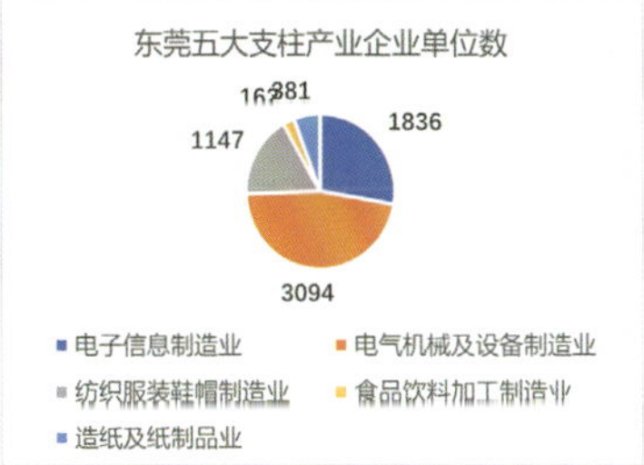

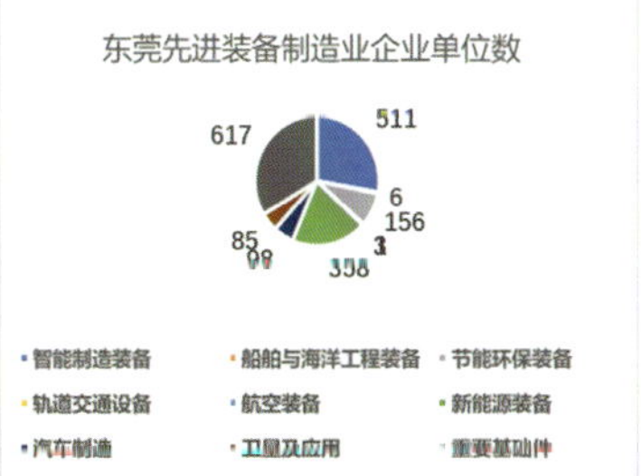

[人口迁入]

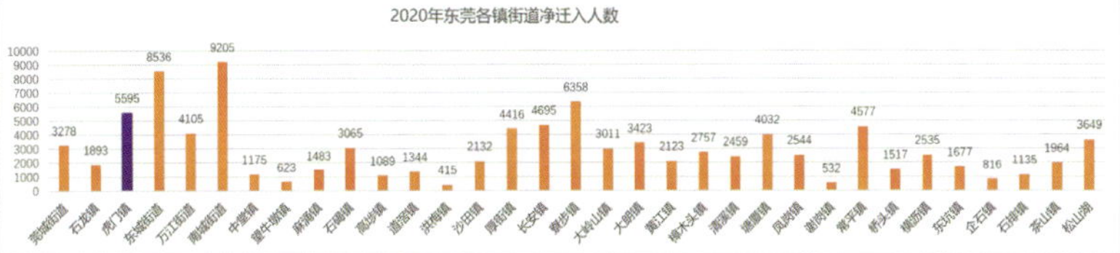

交通分析

[珠江两岸综合交通]

[航空及水运交通分析]

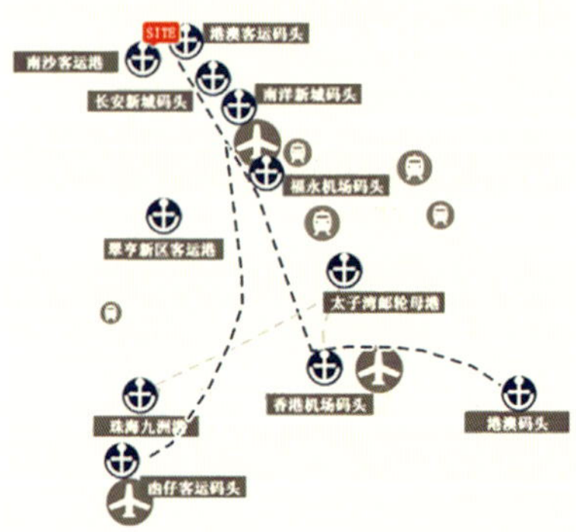

[两岸桥梁演变分析]

1999年，虎门大桥竣工，是中国广东省境内一座连接广州市南沙区与东莞市虎门镇的跨海大桥，位于珠江珠江之上，为珠江三角洲地区环线高速公路南部联络线（莞佛高速公路）的组成部分。

2019年南沙大桥建成，是广东省境内一座连接广州市南沙区与东莞市沙田镇的跨海大桥，为广州－龙川高速公路的西端部分。

深中通道，又称深中大桥，预计2024年建成，是广东省境内连接深圳和中山的大桥，东起深圳宝安鹤洲立交，西至中山横门枢纽。

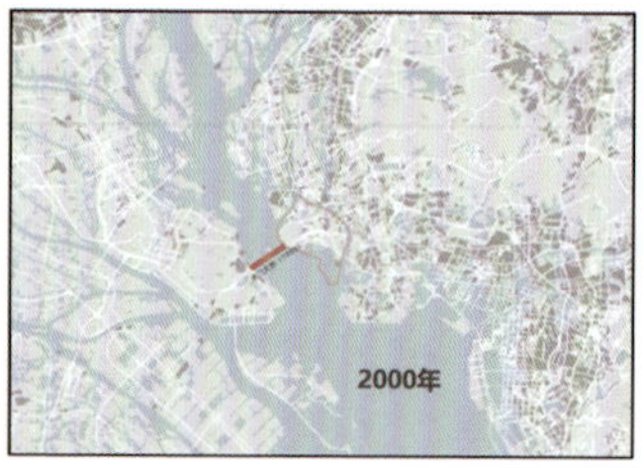

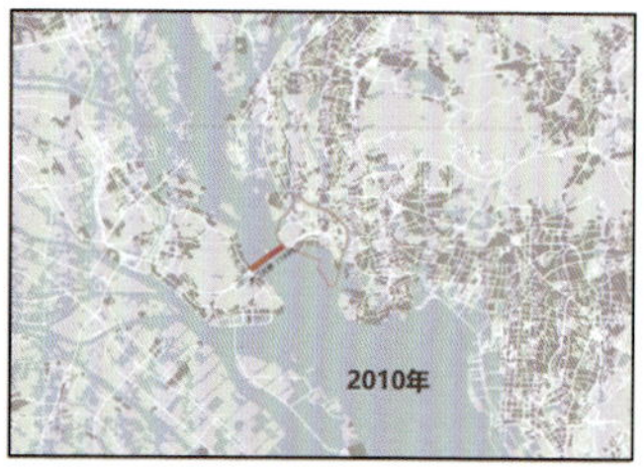

珠江口2000年—2020年交通格局变迁图

1999年，虎门大桥

↓

2019年，南沙大桥

↓

2024年（预计），深中通道

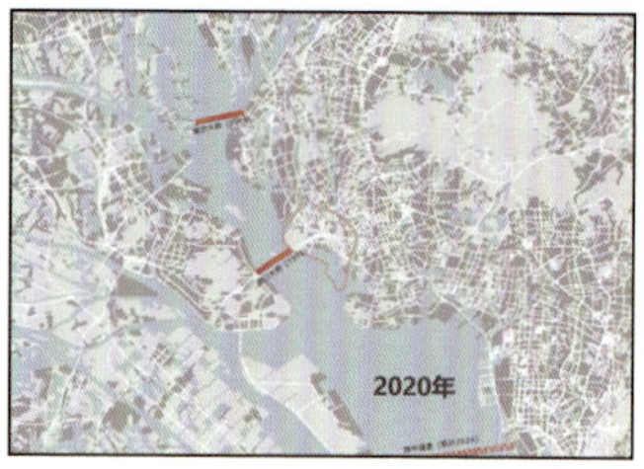

[威远岛桥梁演变分析]

1986年，对外陆地交通仅有一座威远大桥。

↓

1999年新增虎门大桥，2000年，新增太平大桥。

↓

2006年新增镇远大桥，2010年新增广深沿江高速。

↓

2013年新增大平特大桥。

↓

至此，威远岛与外部共有六座陆地交通联系，交通便利。东西侧，可开发用地极少，威远岛是下个阶段的发展重点。

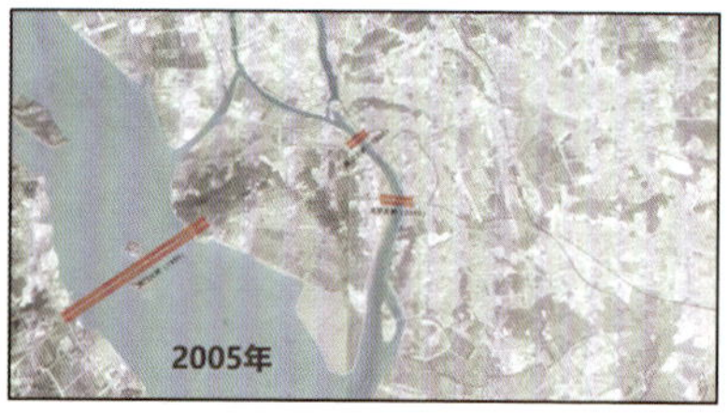

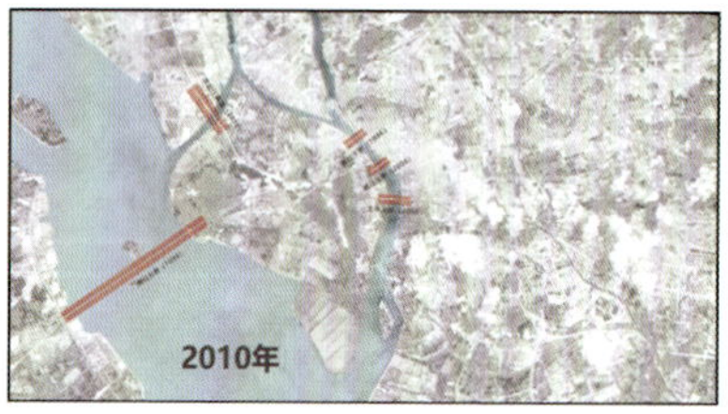

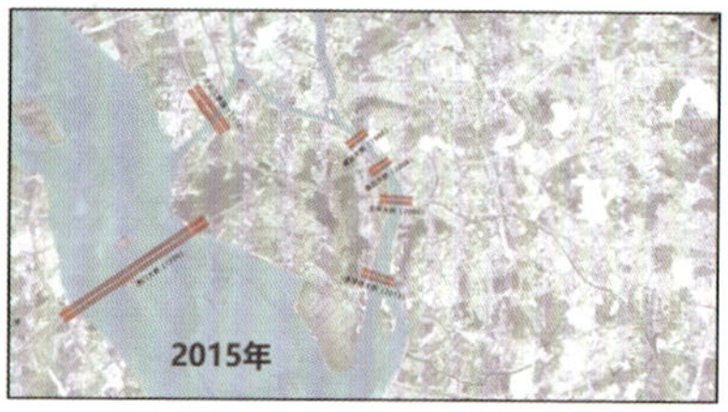

[威远岛对外交通分析]

基地所在的威远岛目前已建成一定的内部以及对外交通体系，广深沿江高速与莞佛高速是威远岛重要的交通要道，但交通组织相对混乱，难以满足未来城市的建设与发展。

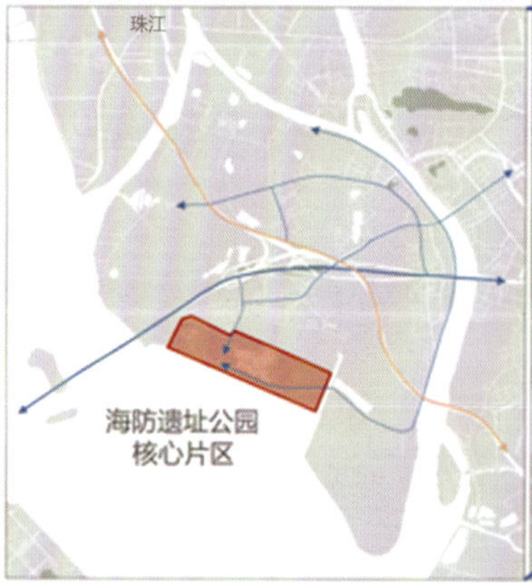

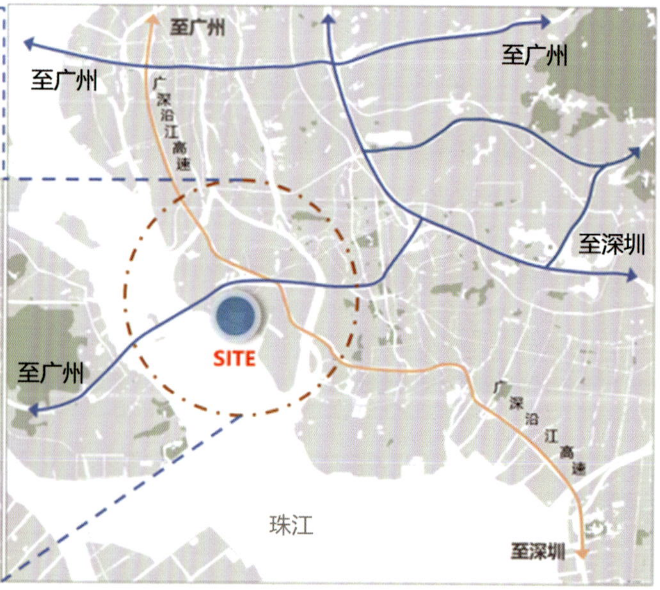

空间现状总结

用地演变

用地演变（2000-2020）

珠江口层面

珠江口周围建设用地20年来增加明显，林地减少显著，但威远岛林地变化幅度较小，基本的山水格局仍在，较之周围有良好的生态资源优势。

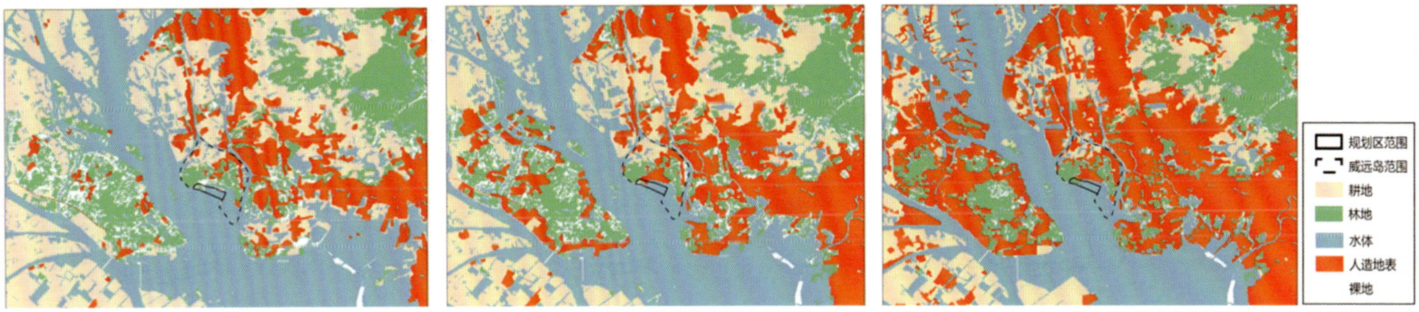

威远岛层面

威远岛建设用地增加明显且项目地块现状待开发土地成片，利于开发，成本低，后续方便产业规划，有利于规划建设电子信息、新材料和新能源等科创园区。

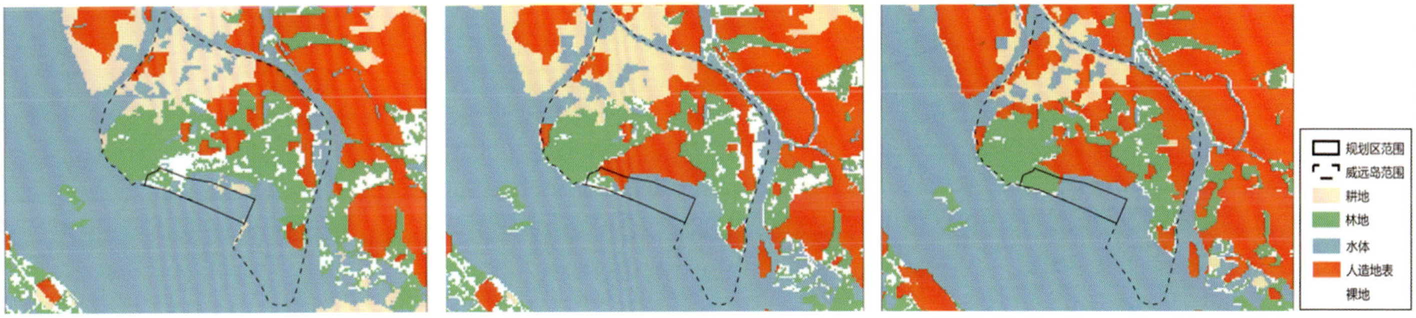

[耕地演变分析]

威远岛内从2000年到2020年，耕地逐渐减少，岛的北部少量农田。

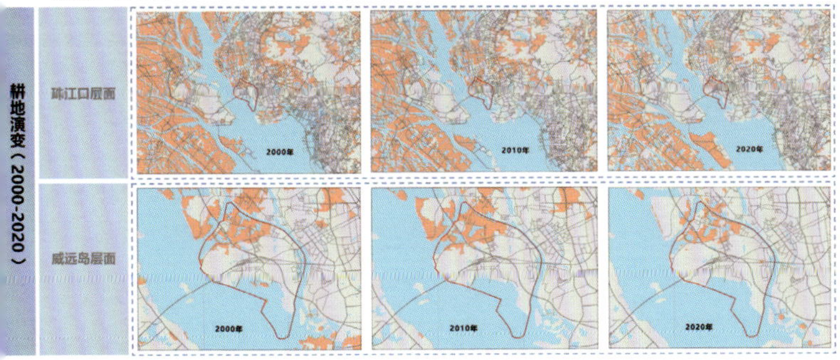

[水系演变分析]

威远岛内从2000年到2020年，水系环境逐渐减少，空间分布破碎，连通性弱。

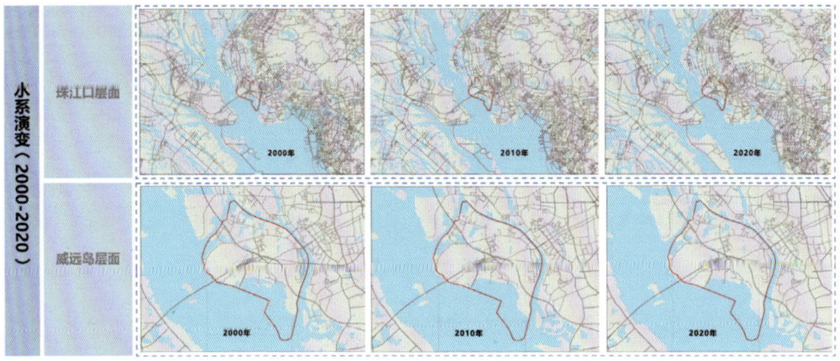

[林地演变分析]

威远岛20年来林地减少明显，相比于西岸的五桂山，威远岛的海岸线林地分布连片更成体系，威远山和五桂山东西相望的格局依然存在。

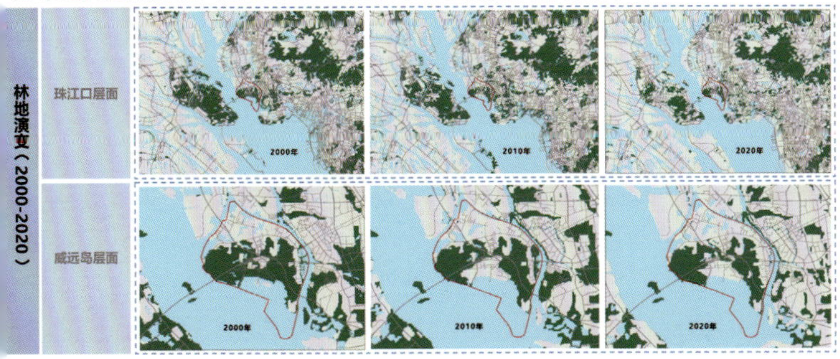

[生态现状分析]

规划区有两条河涌入海，丰富的水网岸线景观规划设计的优质景观资源条件，为规划结构、分区的确立奠定了基础。

围垦形成的桑基鱼塘是规划区所在的珠江口区域的一大景观特色，水田相依，在规划区形成了独特的肌理形态。

基地湿地位于两条河涌沿线，湿地生态系统和红树林群落具有重要意义，同样也是规划区一大特色景观资源。

空间现状总结

威远岛空间分析

[山水格局]

基地拥有山海、水田、农田、湿地四大景观要素，自然生态条件优势明显。

北侧背景山体:

威远山贯穿全岛，山脊线平均高度80～90米，规划区由威远生态山景观带包围。山体以低山为主，青山头主峰海拔153米，是威远岛最高的山峰。由于规划区周边现状开放量较少，规划区可远眺威远山景色，威远山对于科学城是珍贵的背景山体景观资源。

西侧入海口:

规划区西、南两面直面伶仃洋，拥有丰富的海岸线资源。近来亲海环境营造越来越成为滨海新区建设的重点，而由于国家严控围填海，停止一般性新增围填海项目审批，海岸线已成为愈发珍稀的景观资源要素。规划区山海环抱，应当充分发挥这一独有的景观资源优势， 合理建设开发。

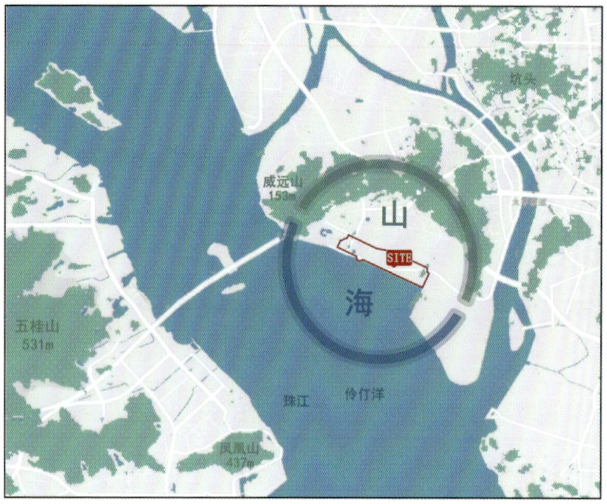

[现状用地]

[地形分析]

威远岛坡向

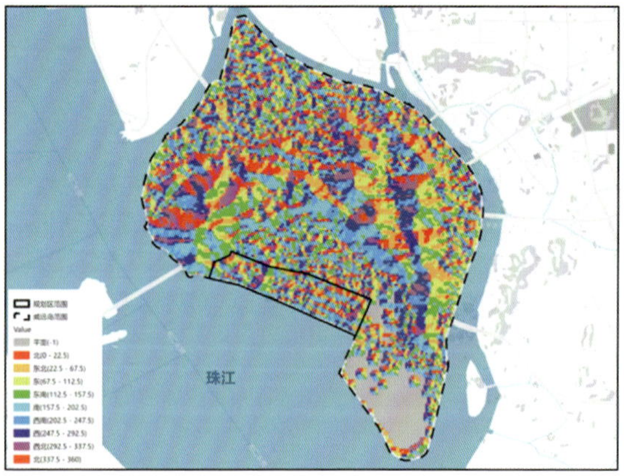

威远岛坡度

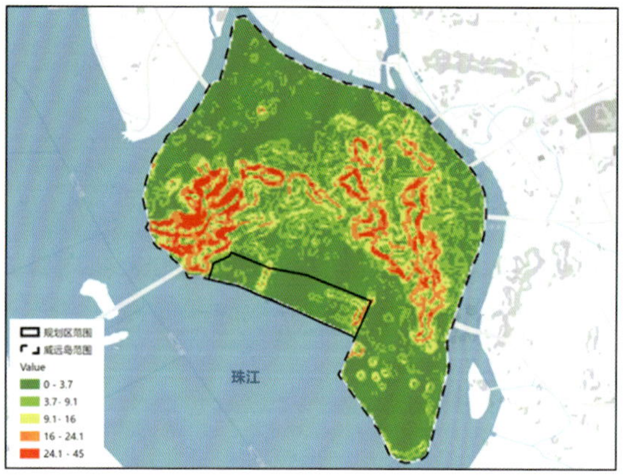

威远岛地形起伏度

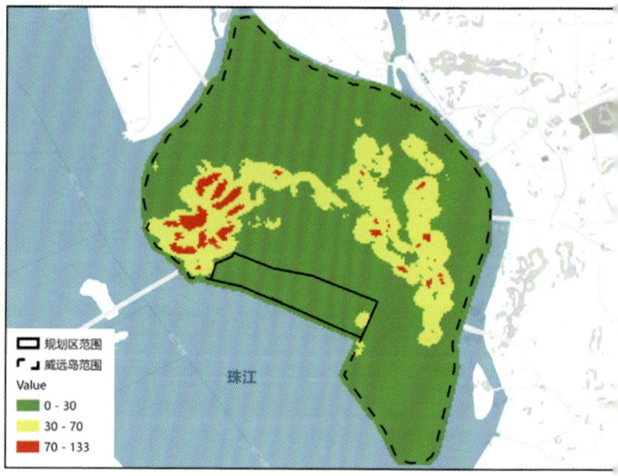

现状总结

[发展优势]

生态本底优渥　场地背山面水　地处生态活力带　生态发展意愿强

发展潜力突出　地处湾区核心区　对外交通发达　土地存量资源丰富

历史底蕴深厚　具备丰富的历史文化资源　具备展示中华民族复兴之路的核心要素

[发展重点与挑战]

历史文脉传承　海防历史体验　文化艺术演绎　未来科技艺术

生态空间保护与营造　山水格局塑造　生态空间保护　功能集约发展

特色产业创新　海洋科技产业　科创人才集聚　现代科技教育

规划策略

文化策略

[文化定位]

文化展示

以历史传承为脉络，依托基地以及周边历史文化资源，以承载虎门数百年来对外开放的历史为核心载体，以旅游路线的塑造为路径，以基地作为纽带，串联威远岛及其周边文化景观资源。

海防历史

依托威远炮台、海战博物馆等重要资源点建设成为一个以“历史纪念”为主题，以“历史教育”为导向的海防文化中心。建立文化展览空间，举办展览活动，展示海防文化，丰富文化氛围，提升基地活力。

爱国教育

依托19世纪以来鸦片战争、林则徐虎门销烟曾经作为广东水师提督驻地的虎门寨城以及虎门曾经作为抗日海战首胜地等重要资源点，塑造成为能够展示世界禁毒教育、林则徐销烟历史的禁毒爱国教育中心。

[西岸资源]

海防遗址:海岛型海防炮台（兼具陆地型海防炮台以及三个海岛型海防炮台）

历史人文：粤海关第一门户，天后宫海洋文化

城市功能：游轮母港门户粤港合作高地

自然生态：海岛特色景观

西岸资源小结：自古以来是对外开放的门户地区，曾是清代海关的第一门户，改革开放以来，是粤港合作的重要平台，南沙游轮母港则是湾区重要的水上门户。

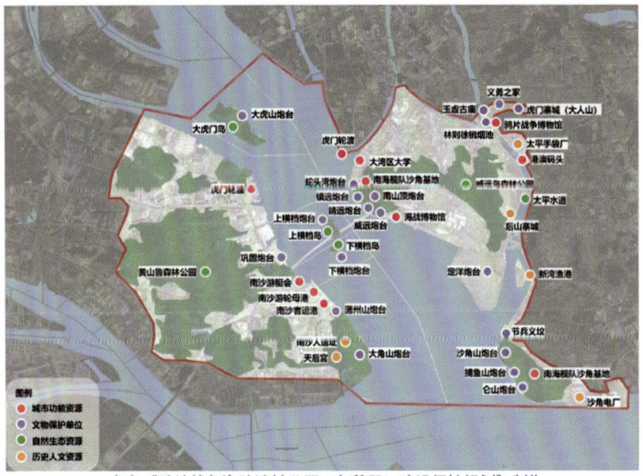

参考《鸦片战争海防遗址公园（东莞段）建设保护规划》制作

[东岸资源]

海防遗址：核心事件所在地（水师提督衙门、虎门销烟关天培战死、孙中山视察）

历史人文：改革开放先行地海丝贸易商埠。

城市功能：大湾区创新引擎

自然生态：威远岛森林公园

东岸资源特征小结：虎门炮台海防遗址的主导地区，是广东水师提督虎门寨城的驻地，是林则徐虎门销烟的地点，是鸦片战争关天培提督浴血奋战以身殉职的地点。

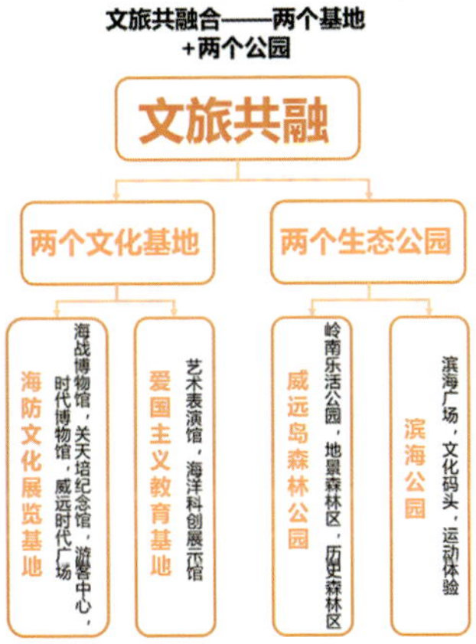

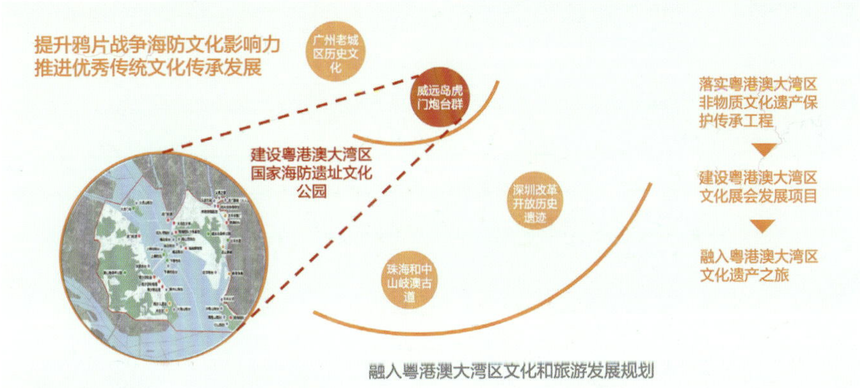

参考《鸦片战争海防遗址公园（东莞段）建设保护规划》制作

以点串线，点线结合

点 海战博物馆、威远炮台群、威远森林公园、定洋炮台、林则徐销烟池等海防文化旅游景点。

线 以基地为纽带，以海防历史文化传承为载体而形成的文旅共融的展示游览线路。

[慢行景观主要游线]

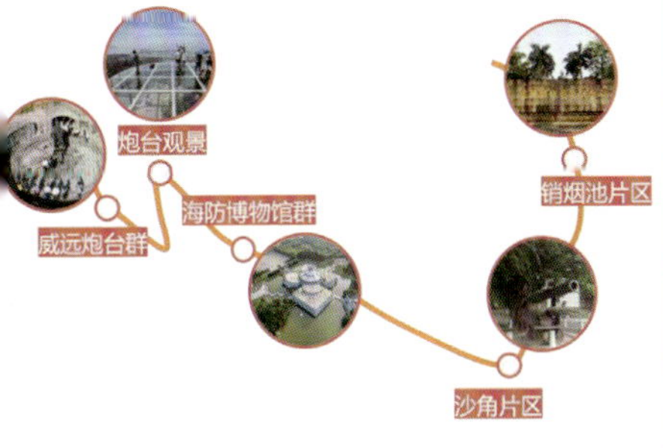

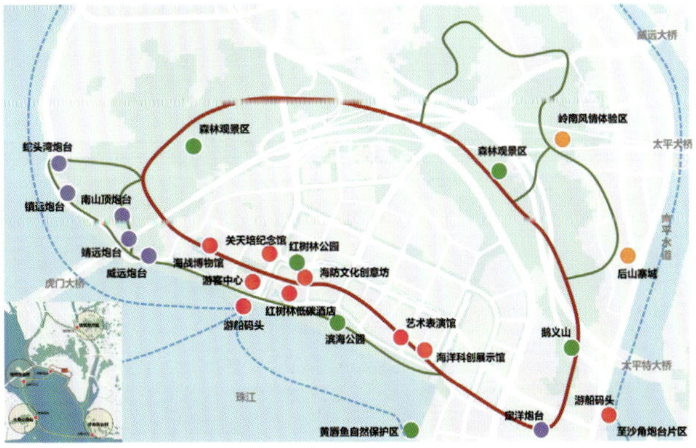

[慢行景观次要游线]

图例
- 城市功能资源
- 文物保护单位
- 自然生态资源
- 历史人文（不包括文物保护单位）
- 慢行景观主要游线
- 慢行景观次要游线
- 水上景观游线

规划策略

生态策略

[生态定位]

动态景观

基地处于威远岛滨海南岸，拥有良好的生态基础，结合基地内的潮汐等自然变化因素，共同作用，相互影响，建立一个动态的过程，让身处其中的观赏者真正感受自然，感受景观的变化过程。

滨水岸线

城市滨水地区是城市环境中最具活力的场所，以其景观环境、情趣上的优势为城市人群所向往。基地依托狭长的滨海岸线，将充分考虑两级防洪与滨水活力岸线的联动，营造富有层次的滨水景观。

山水融城

依托滨海生态环境，在整体城市设计中加强滨海、滨河景观对城市的渗透，通过上下围涌增加珠江—城市—森林公园的融合，创造一个舒适宜人的滨水空间，充分发挥生态服务价值塑造城市独特品质。

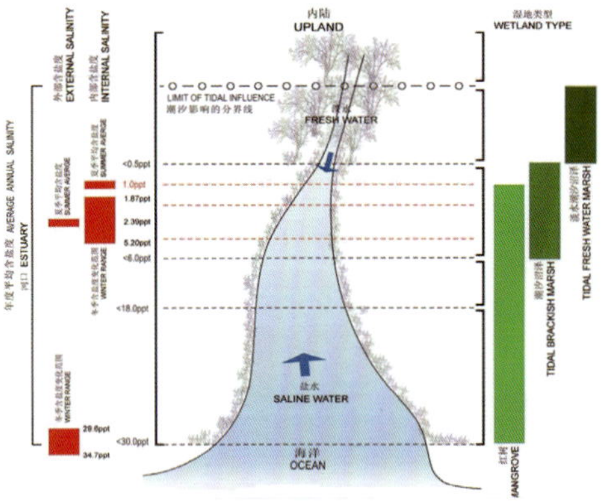

海洋盐水与内陆淡水对冲

洋流淡水对冲 → 湿地系统形成 → 生态生境催化

[圈层保护模式]

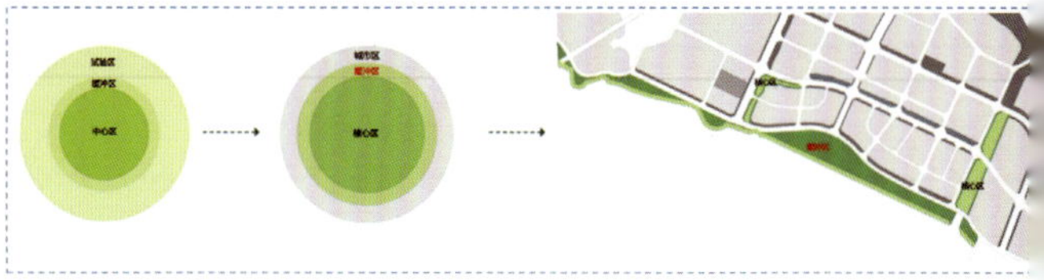

[道路退让生态]

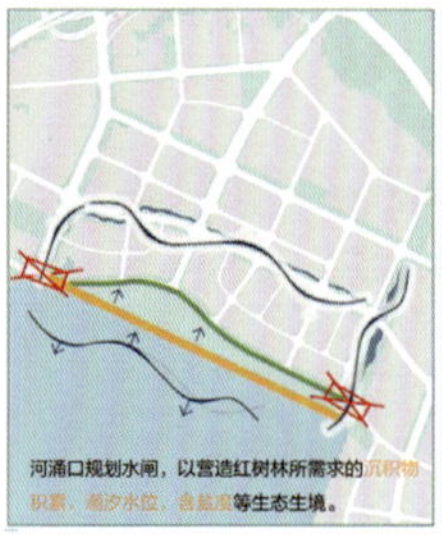

[生态驳岸处理]

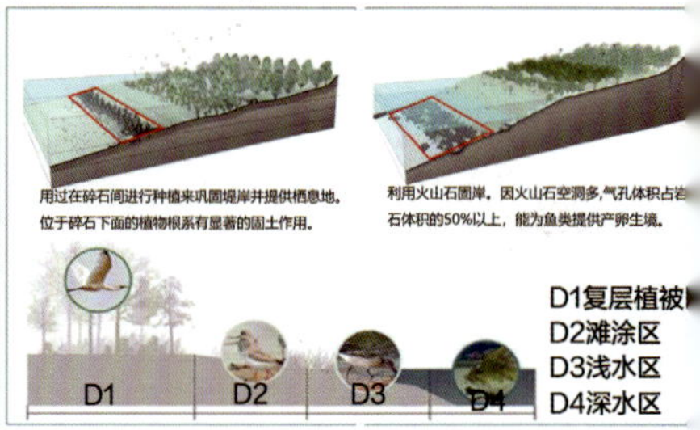

[水岸空间策略]

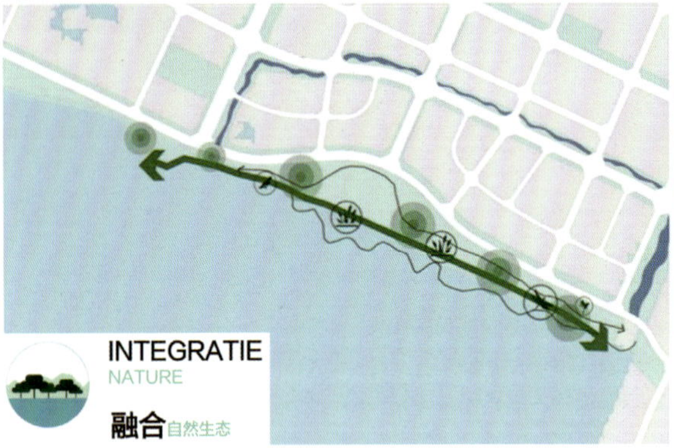

[水循环分析]

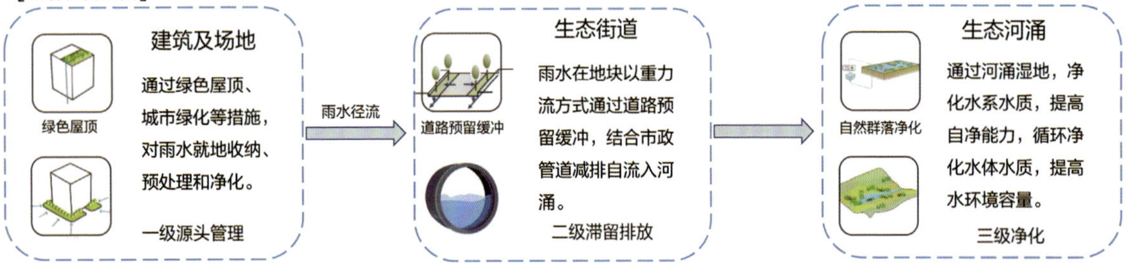

[河涌红树林生态生境]

[复合水网构想]

淡水网+海水网+工程水网(防洪排涝)

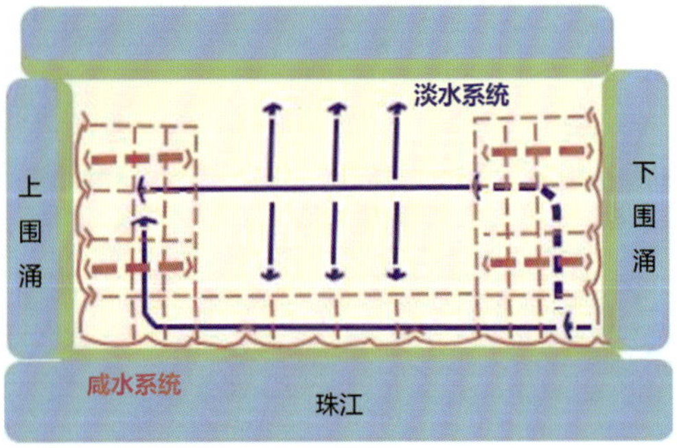

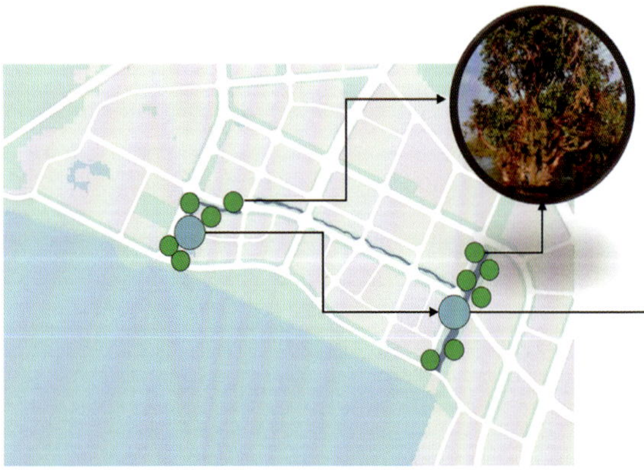

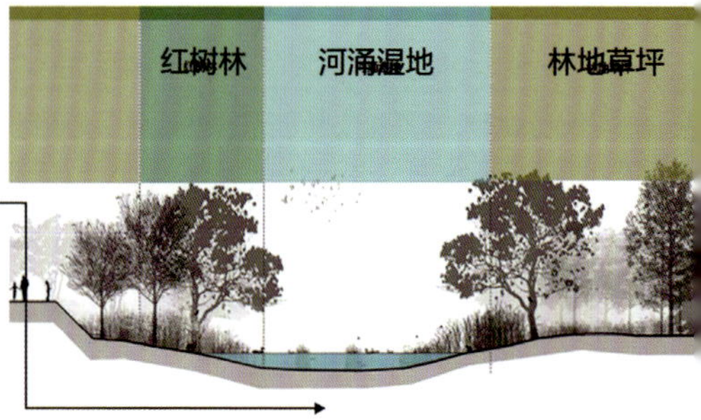

规划策略

产业策略

[产业定位]

研发产业

谋划新的科学研发装置，以船舶与海洋工程领域科学技术研究为核心建设产业需求导向的专业领域研究设施，坚持产业需求导向，为突破产业“卡脖子”技术提供领先的科研条件支撑。

创意产业

搭载5G“新基建”，以技术创新路径拓展数字创意与智慧海洋融合的新业态培育，以产业融合路径拓展数字创意新业态培育。组合并链接包括人工智能、传感器、VR/AR等新兴技术力量，形成技术。

科技展示

舰船装备的新材料、新技术研发设计工作是个系统工程，涉及总体、结构、动力等方方面面，场地还将建设舰船研发与水下设备建设展示园，向世界展示我国海洋生态文明建设和海洋强国建设成果，丰富民族复兴之路内涵。

[产业构成]

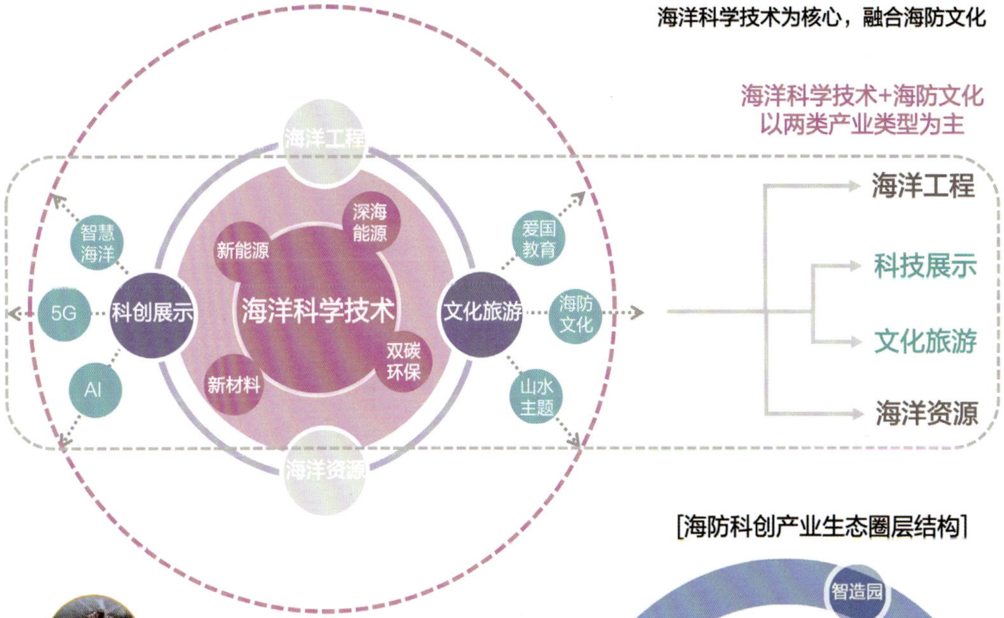

[产业组团设计]

产业组团北侧为居住区，东侧为河涌公园，南侧为滨海公园，西侧为配套服务。

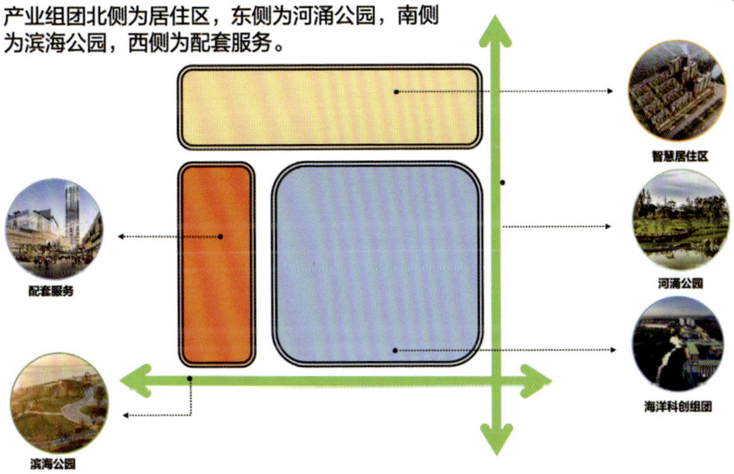

[海防科创产业生态圈层结构]

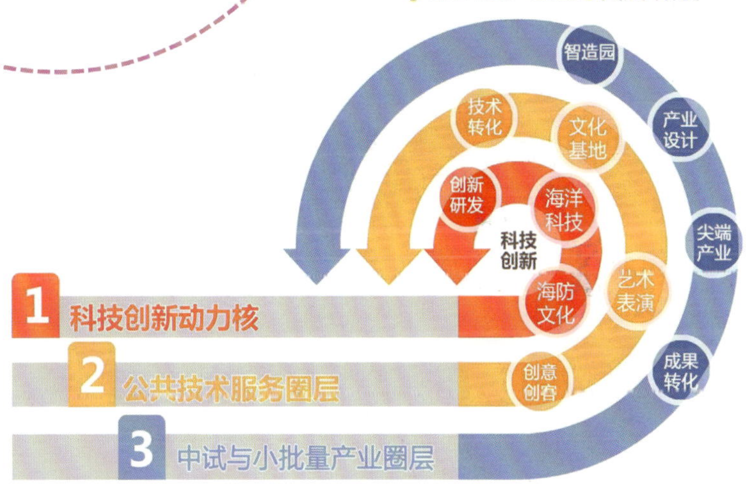

核心圈层 科技创新动力核

主要为海洋科技研发、海防文化等功能区，为产业发展提供核心动力

第三圈层 中试与小批量产业圈层

主要为高精尖产业区，以产业智造、设计和成果转化为重点，打造高端产业链

第二圈层 公共技术服务圈层

主要为技术转化、艺术表演、创意创客等工程，为产业发展的技术服务支撑服务

产业圈层	主题功能	产业业态	项目建议
核心圈层	科技创新动力核	科技孵化、创新创业、科学研究、文化基地、旅游集散、生态休闲	科技研发中心、海洋产业展示、孵化大厦、创研坊、新技术交易中心、新材料高端论坛中心、创业服务中心、旅游集散中心
第二圈层	公共技术服务圈层	海洋科技、创意创客、新能源研究、新材料研究、海洋装备、双碳研究	互联网+材料制造、文化休闲长廊、海洋科创展示馆、艺术表演馆、创客空间、舰船模型展示、高端人才公寓、休闲健康中心
第三圈层	精尖产业圈层	新能源产业、新材料产业、智造体验、海洋装备、配套服务、文创设计	智造园、海洋产业展览、智造体验中心、信息技术服务、新材料展览、文创交流展示中心、新能源展览、科创社区

整体规划方案

用地规划

在规划研究区域内，城市建设用地面积约343.82ha。城市建设用地主要由居住用地、公共管理与公共服务设施用地、商业服务业设施用地、绿地与广场用地、道路与交通设施用地以及公用设施用地几种用地类型构成。整体用地在上位规划基础上结合方案主题定位合理调整。

用地代码	用地名称			用地面积（hm²）	占城市建设用地比例（%）
R	居住用地			64.07	18.64
A	公共管理和公共服务设施用地			106.62	31.01
	其中	A2	文化设施用地	21.02	6.11
		A3	教育科研用地	36.76	10.69
		A4	体育用地	1.56	0.45
		A5	医疗卫生用地	6.03	1.75
		A7	文物古迹用地	41.25	12
B	商业服务业设施用地			79.83	23.22
G	绿地与广场用地			85.33	24.82
	其中	G1	公园绿地	78.27	22.77
S			道路与交通设施用地	2.4	0.7
U			公用设施用地	5.56	1.62
H11	城市建设用地			343.82	100

空间结构

研究区域构建“三心、三带、五片区”的空间结构。

[三心]研究范围塑造历史文化核心、综合服务核心及海洋科创核心。

[三带]采取生态修复和功能植入的方式，塑造由历史向未来的发展轴线，活化滨海新区海岸线；在陆域内部塑造南北向城市中央带，集中布局商业建筑，串联城市组团、提升土地价值，构筑城市空间生长主脊。

[五片区]由生态廊道自然相间为历史文化片区、综合服务片区、科创产业片区、行政办公片区和生活居住片区，赋予不同的主导功能，支撑城市综合发展。

交通规划

第一，以上位规划要素为基础。研究区域内道路交通的既定要素主要包括两个部分：已规划的主干道海战馆路和虎门大道。两者作为重要现状要素，对城市设计范围内交通系统规划起基础控制作用。

第二，以塑造城市空间为目标。道路规划体现城市空间塑造策略，针对构建城市中轴、实现滨海景观再造的设计策略，以滨海路的退让塑造滨海景观带，并由珠江向威远森林公园山体呈放射走向，营造良好的视线通廊，也契合滨海路段改线后的弧线线型，以及中央组团的空间形态。

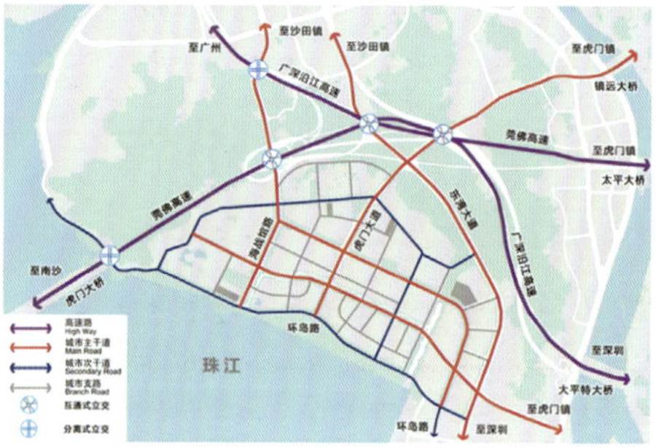

结合主要功能区布置TOD节点与公交站点，并沿江设置特色游览公交路线，塑造公共交通体系。

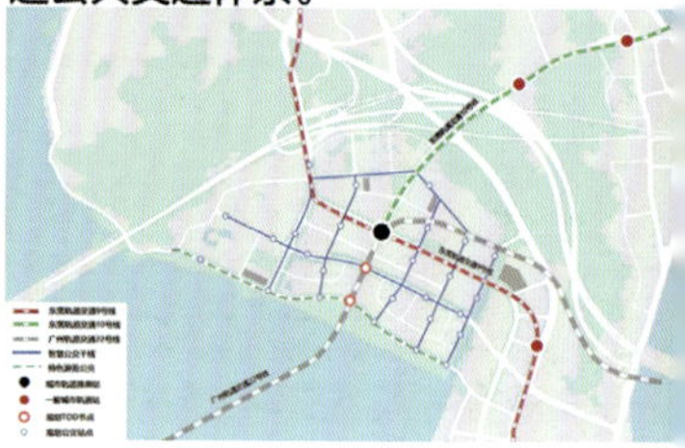

慢行系统规划

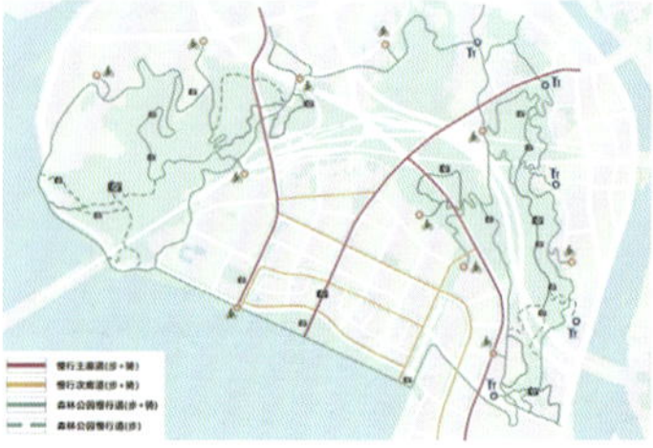

研究区域慢行系统为威远岛慢行系统的一部分，并且在本方案中增强了慢行系统滨海段的连通性，以及同内陆城区特别是基地的联系，使得基地拥有了一条“捷径”，联通滨海区域和森林公园。

开发强度分区　建筑高度分区

[开发强度分区]

规划根据开发用地的性质，区位等要素的综合考虑，将规划区的开发强度按照Ⅰ、Ⅱ、Ⅲ、Ⅳ、Ⅴ五个层次进行分区。

[建筑高度分区]

通过城市空间形态的研究，确定研究区域内建筑高度分为五个层次。

功能结构

将基地环岛路以北划分为历史文化、综合服务和海洋科创三个组团，根据人群需求分别置入不同的城市功能，营造不同的城市空间，并串联空间节点，形成一条从“历史”走向“现在”走向“未来”的发展轴。

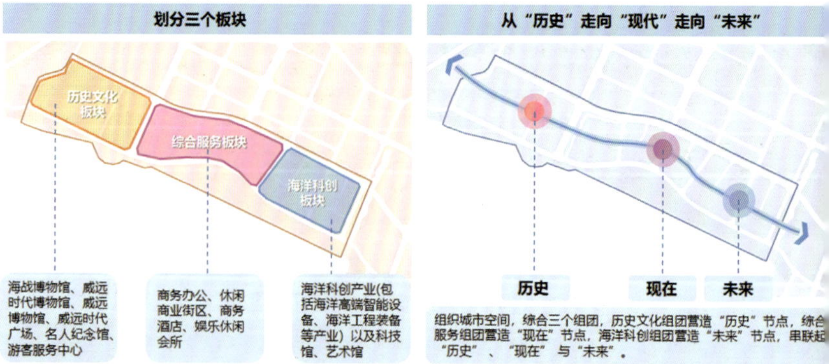

策划人群分析

分析四种不同人群不同的行为活动及其特点，规划将围绕以海防文化为主题，营造良好的生态景观，并发展现代海洋科创产业，营造不同的城市空间，满足人群的不同需求，以提升基地活力。基地的服务人群主要有本地居民、游客、创客以及外来人员等

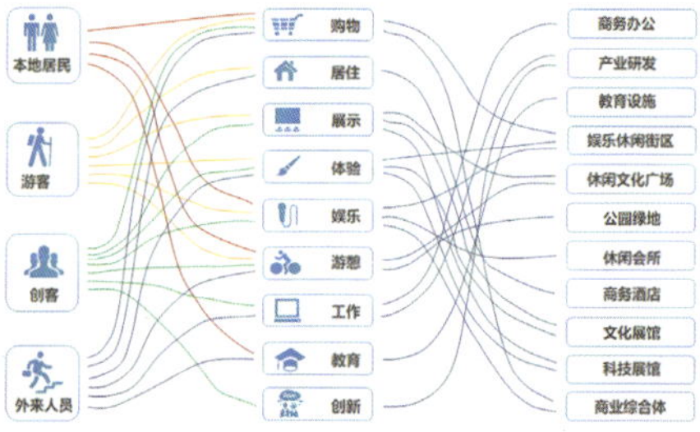

功能策划

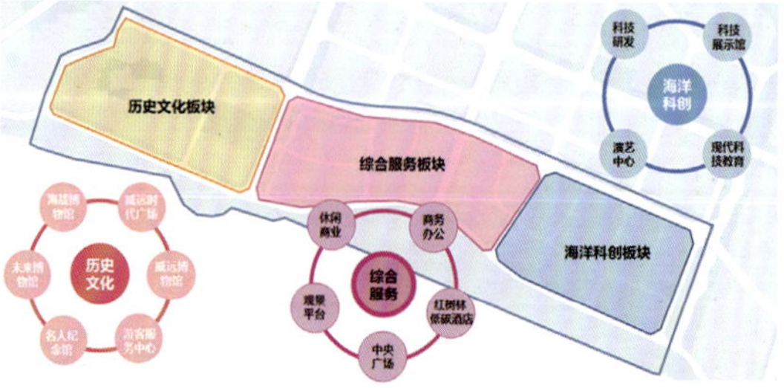

依据三个板块的定位特点，在三个板块中置入不同功能的建筑、景观，组织城市空间，以完善基地的功能。

整体规划方案

功能分区

基地三个板块的功能进行深化，并依托“历史——现在——未来”发展轴，将基地划分为六个功能片区。

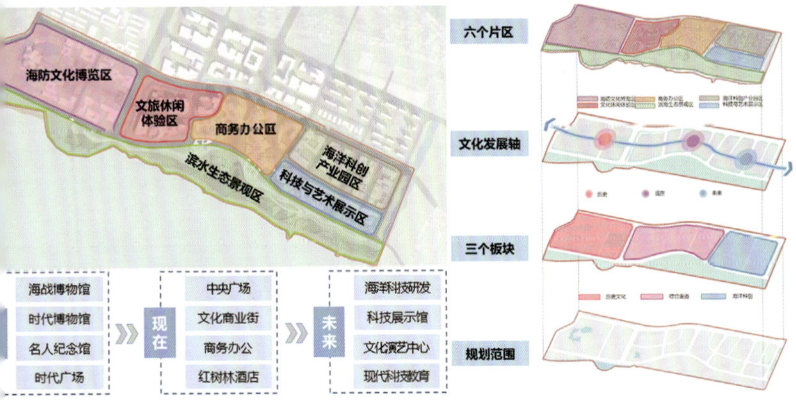

道路系统规划

规划区道路系统分主干道、次干道和支路三个等级，不同等级道路进行不同的道路断面设计，优化基地道路系统。

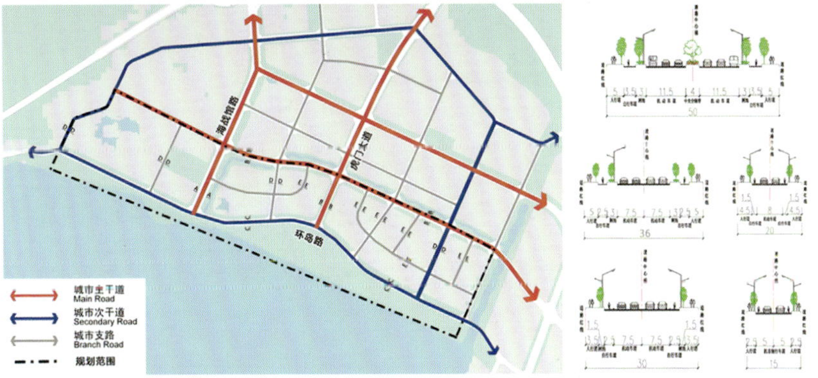

道路调整分析

结合现状，保留环岛路在海战馆路以西路段，
在海战馆路以东，向北退让，主要有两个理由：
1. 将滨海路的交通疏导到地外围，减小环岛路的交通压力。
2. 向北退让，留出滨海空间，延续海岸线，使生态区域扩大，营造良好的滨海景观。

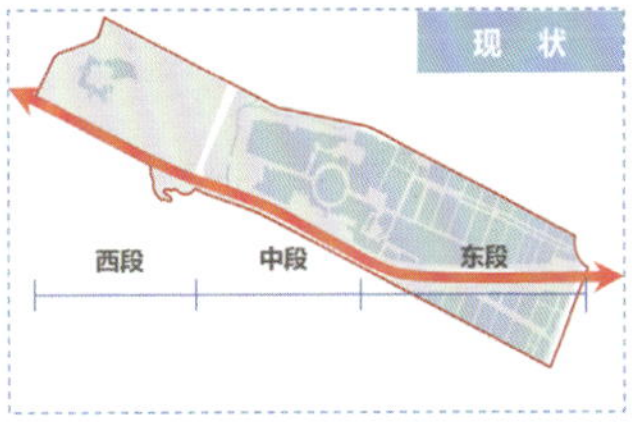

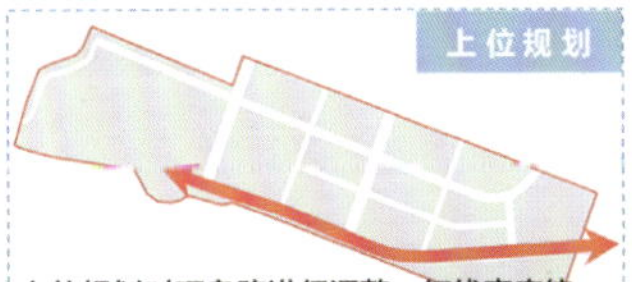

上位规划对环岛路进行调整，红线宽度统一为60米，整体在现状基础上未做大的调整，但并未延续至基地海战馆路以西。

现状环岛路作为景观主干道，在基地内分三段，其中中段红线宽度59米，三块板形式。

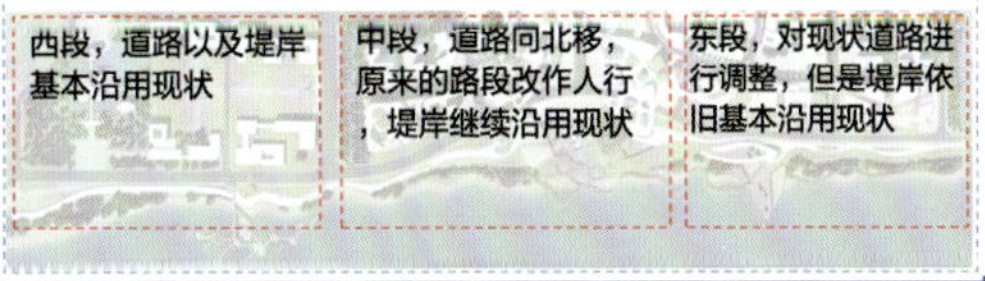

慢行交通分析

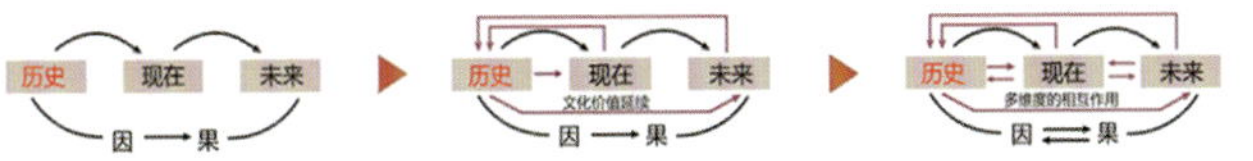

塑造古今慢行游线

规划动态活力、多样化的游线：由西到东，塑造一条由古到今的多样化慢行系统，提升步行体验，强调文化复兴，塑造活力游线，实现文化展示到爱国教育的转移。

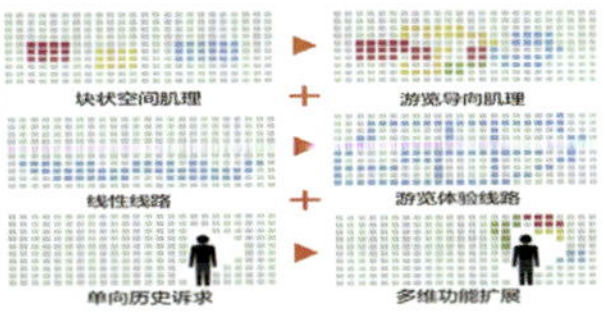

方案总平面图

整体规划方案

绿地系统规划

城市绿地兼具生态、绿化、景观、游憩等多种功能，也是城市中的海绵体，过滤净化收集雨水、最大化补充地下水、最小化蒸发损失；根据绿地主导功能的差异，规划区绿地可分为公园绿地、广场绿地、防护绿地等。

岸线以软硬兼顾，水绿交融为导向，根据不同需求与功能主要分为，人工海岸＋生态带，海岸码头＋石质，海岸栈道＋砂质，构成多样的滨水空间。

绿地系统规划

考虑到海堤已经建成，规划保留了现有堤，后方增设百年一遇的堤坝。让水位可以得到控制。营造多级水位控制线，建立多时态多层次的景观活动空间。

海岸横断面设计

景观结构

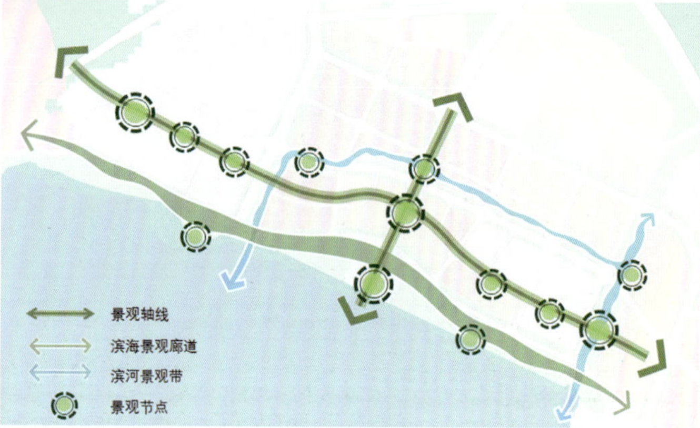

两横

串联历史文化、
合服务与海洋科
三大板块的景观
线以及南部的滨
生态景观长廊

一纵

虎门大道景观轴

一带

连通上围涌与下
涌的滨河景观带

多节点

沿着景观轴线，
观廊道和景观带
布的景观节点

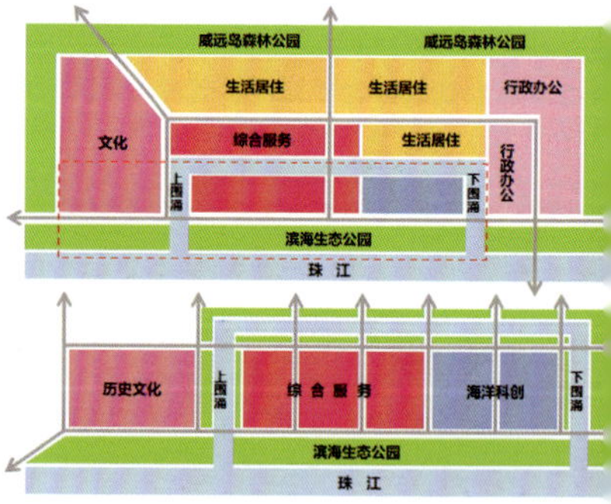

“山一城一海”的山水格局

研究范围的南边濒临珠江，北边是威远岛森林公园，整体构成“山一城一海”的山水格局。研究范围内，虎门大道是城市主干道，同时也作为重要的景观轴线，在基地内形成联系珠江海景、基地景观与威远森林公园山体之间的视线通廊，视觉通达。

“岛中岛”的景观结构

在规划范围内，连通上围涌与下围涌，两河涌分别汇入珠江，在威远岛范围内，形成“岛中岛”的景观结构，并在河涌两岸规划滨河休闲绿带，与基地南部滨海生态公园形成完整的景观系统。规划基地的道路骨架，形成丰富的景观视廊。

城市设计引导与节点设计

个场地建筑肌理尽可能地顺应调整后的路网结构，中心商业区域和低碳酒店以曲线为形状极具特色外，其他区域建筑群都拥有中庭，最大限度满足使用者的需求，扩大景观面，也留了较大面积的绿地和空地。

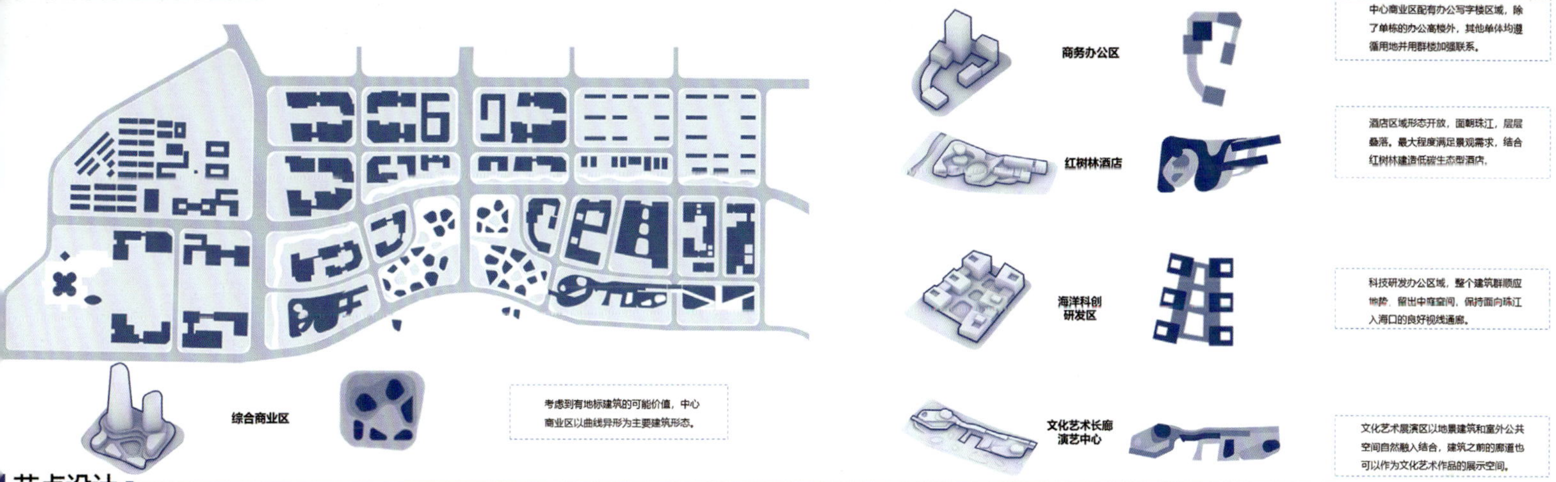

节点设计

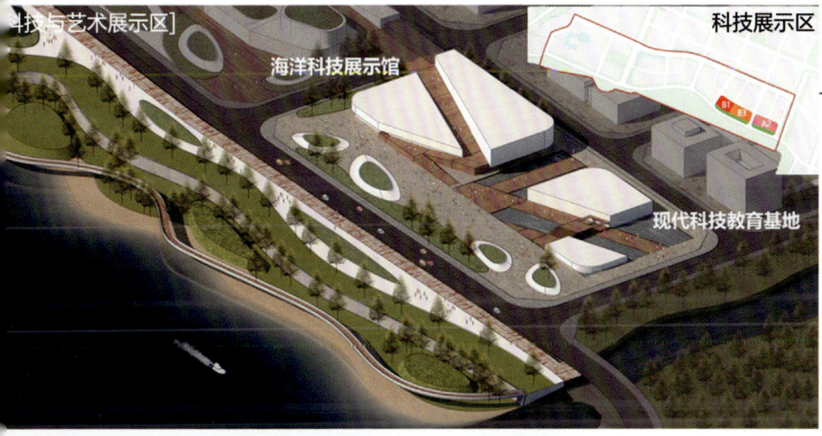

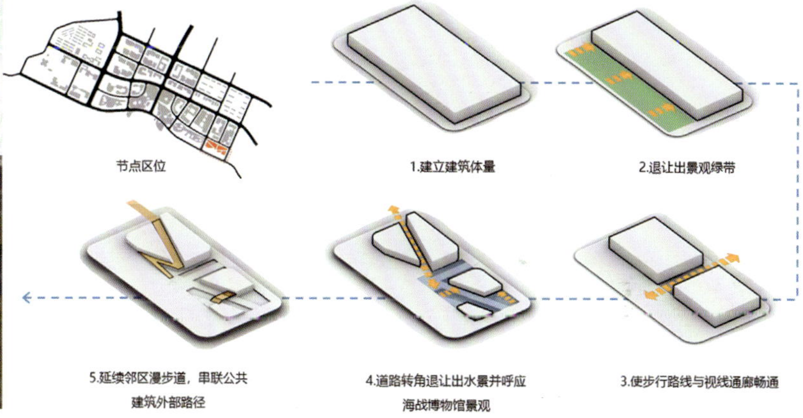

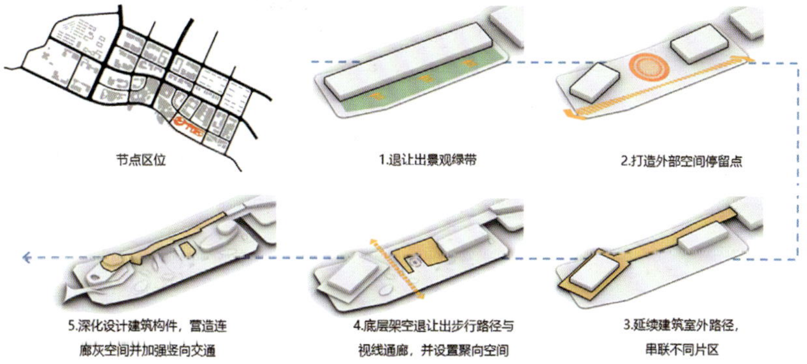

城市设计引导与节点设计

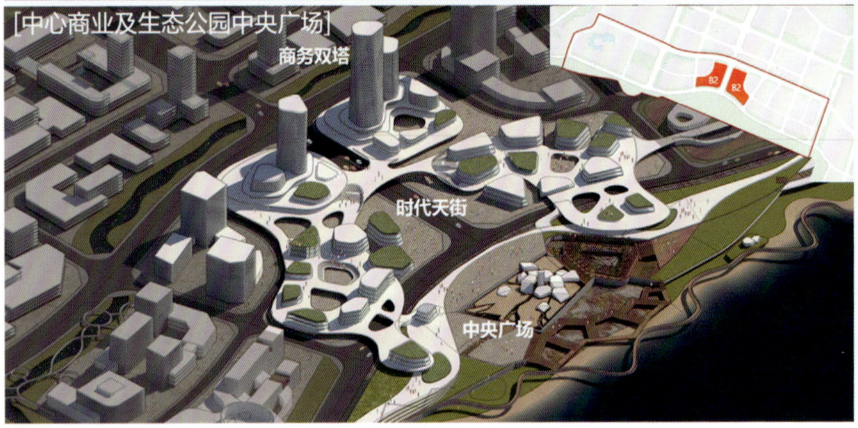

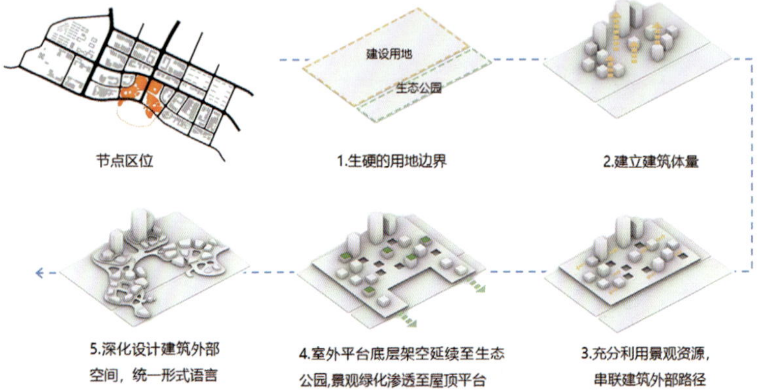

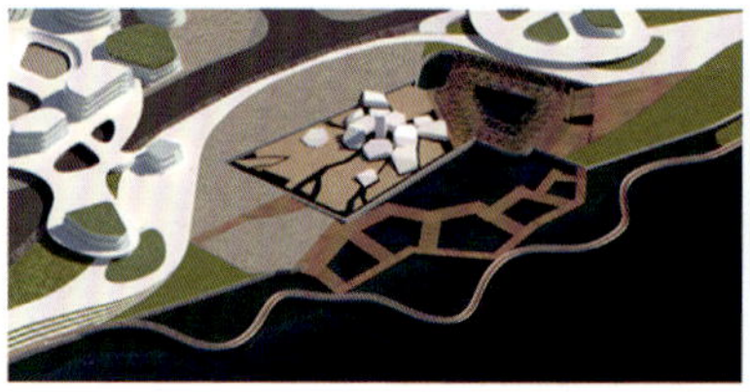

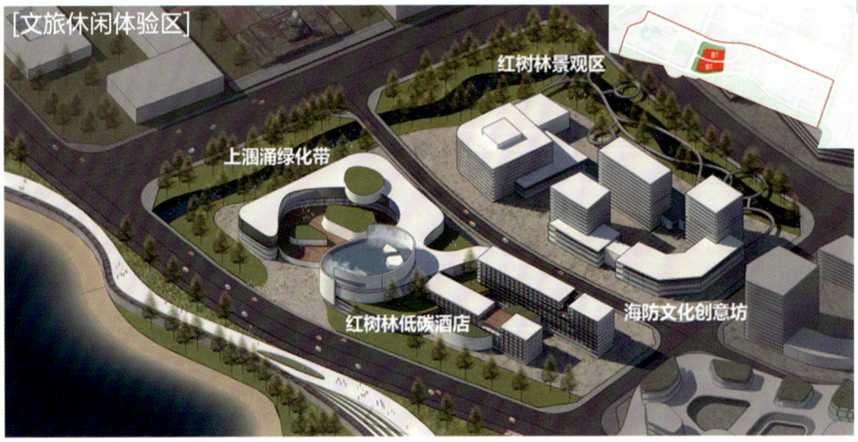

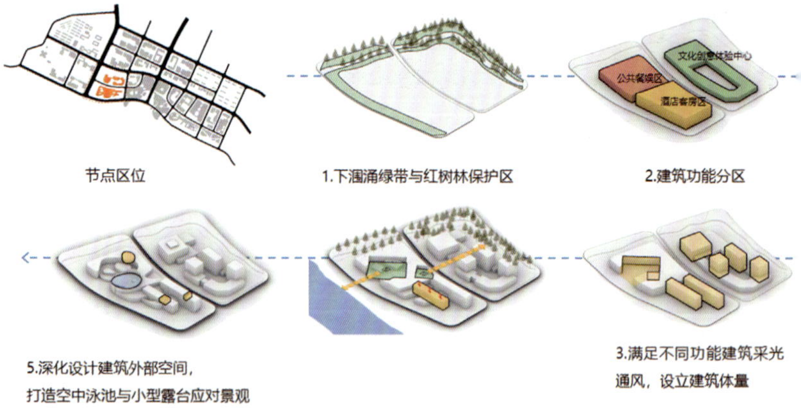

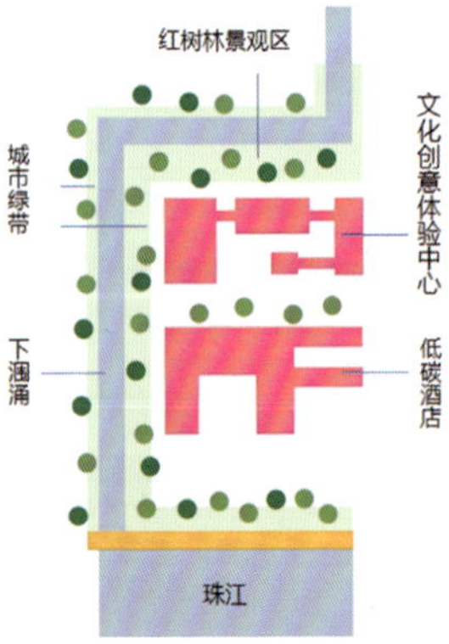

用最轻盈的建设方式达到景观互动的最大化

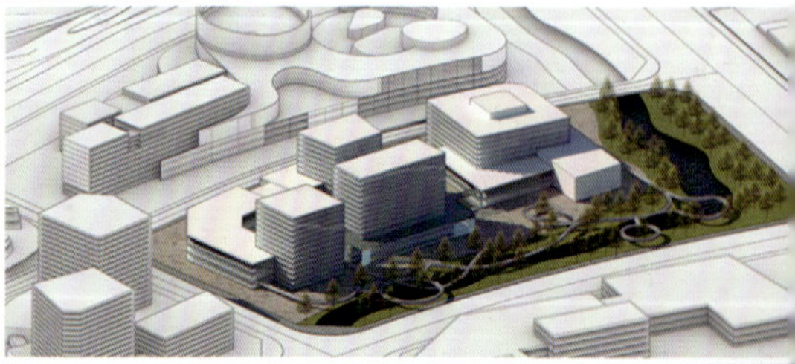

城市设计引导与节点设计

[海防文化博览区]

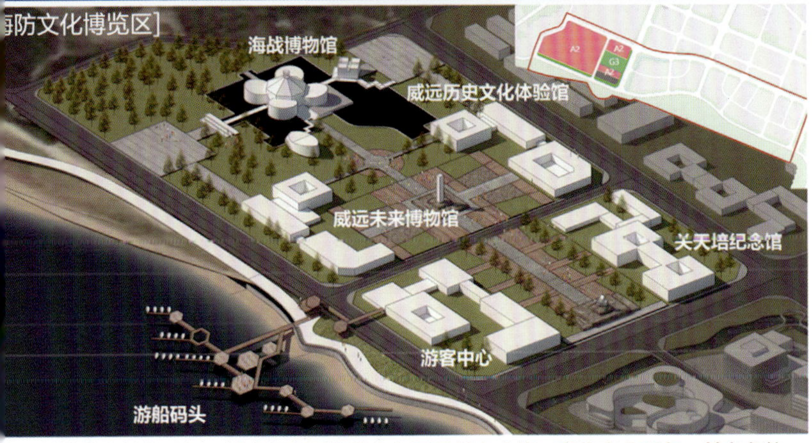

位于基地核心轴线西侧，其内部主要塑造文化展示创意功能，聚集商业服务、特色餐饮、文创销售等多种业态。设计地块中心景观轴，与威远岛山脉形成良好的视线通廊。

1、方案生成

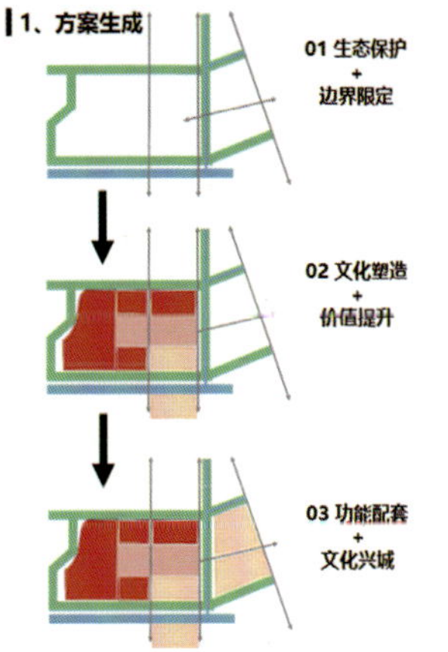

2、整体结构

塑造历史文化区

历史文化区主要依托中央广场为骨架，南北两侧布局文化展示功能。组团东部北侧依水设计海防文化创意坊，南侧面海设计文化酒店。

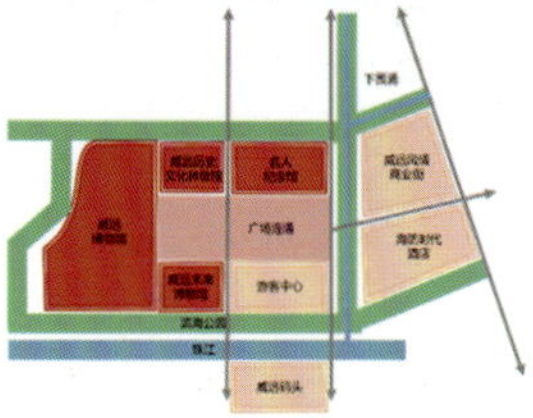

3、整体形式

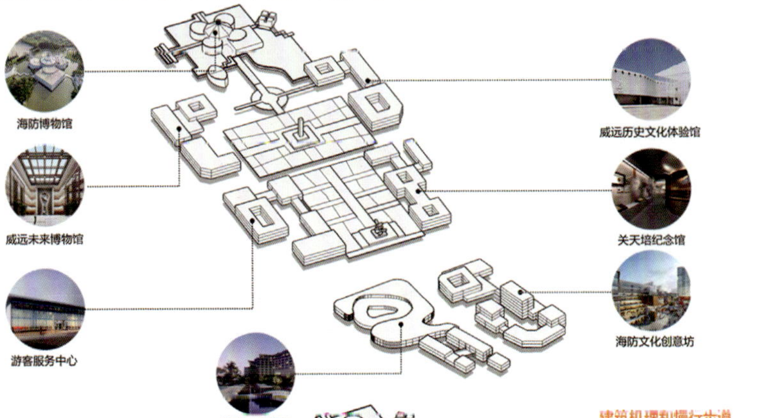

建筑机理和慢行步道

…单一静态的直线路径。

…海防博物馆群步行路径缩影。

…规划在直线路径的基础上，…融入海防历史组团设计理…念，组织步行空间廊道。

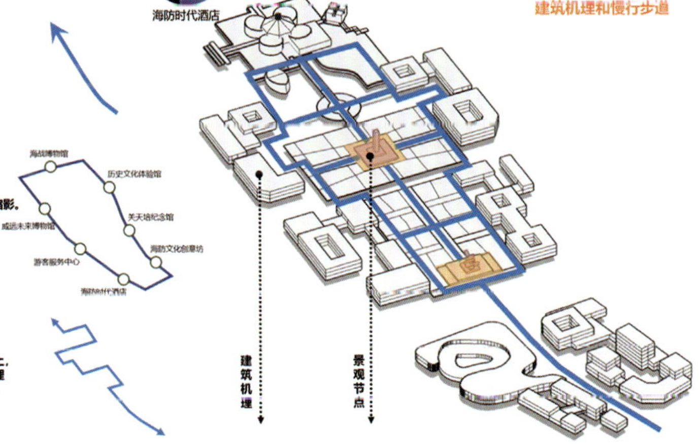

动态活力：多样化的绿色空间

规划动态活力、多样化的空间：塑造多样化步行空间，提升步行体验，强调空间联系，塑造活力街区，融合文化功能，实现文化和配套功能的游线分区。

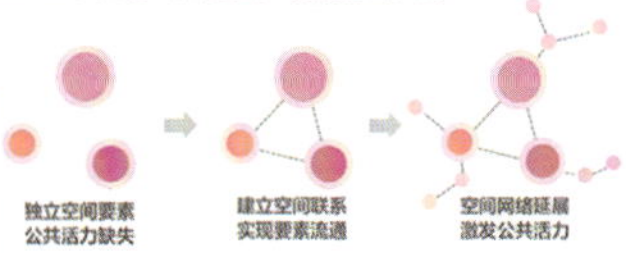

文化体验相连接

公共空间相连接

[基地大际线]

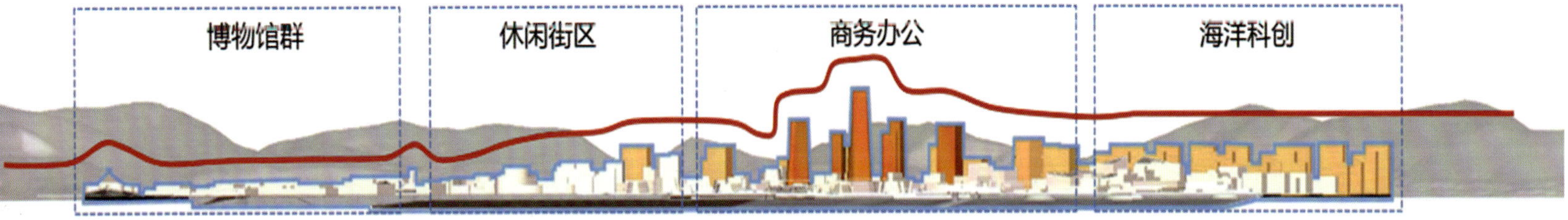

南昌大學

Nanchang University

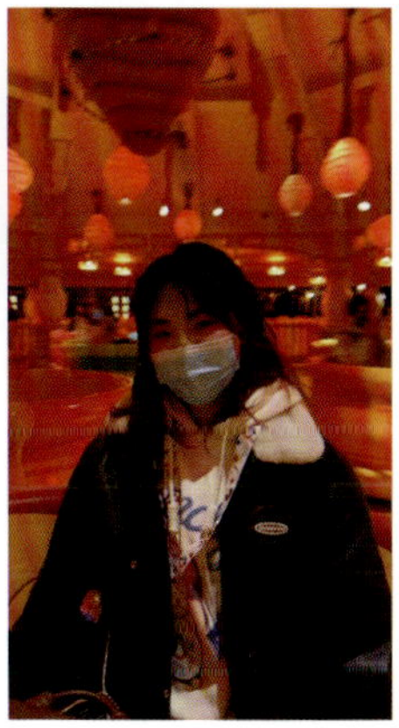

张雨颖 参加这次联合毕业设计，感觉是对自己五年专业学习的一个很好的交代。感谢非常城规“六加一”这个平台，这是一次愉快而难忘的经历。在这次比赛中，我学到了很多专业知识，也明白了很多为人处世的道理，学会了和队友相处，还交到了很多朋友，听了很多大牛的讲座，总之收获满满。非常感谢组员的努力和帮助，也很感谢其他高校老师和同学的关心照顾。感谢梁步青老师和周志仪老师，感谢组长，感谢一切相遇的人们，大家都是最可爱的人！

傅　琦 非常感谢这次难得的机会。本次联合毕设最重要的收获有二，其一是逻辑思维能力的提升。本科教育过程中，课题常常缺乏很多必要性的限制条件，而作为学生的我们缺乏生活经验，常常以一种想当然的心态去完成作业，照猫画虎。但本次联合毕设很好地启发了我，明白所谓合理性，即在限制条件内思考问题，而不是天马行空，缺乏根据。收获之二在于团队合作的有效性，这次我们面临了疫情导致交流困难的挑战。在这个过程中，我经历了很大的情绪波动，但是多亏了组长和组员的努力，在种种不利条件之下，意志上相互支持，学习上相互启发，使得工作能步步推进下去。希望六校联合毕业设计能越办越好。

罗　庆 回望本科五年的学习生涯和一个学期来的毕业设计，原本我对于一个城市的认识只是局限于建筑物的美观性，商业街的繁华程度，交通、街道。现在明白一个城市的发展的规律，城市的经济、布局、交通等设施因素与彼此之间的联系以及影响，使得我对一个城市的认识更加地清晰深入。我也体会到了城市的整体性的规划对于一个城市发展与生存的关键性。城市规划使我明白了一个城市要发展其规划必然是顺应了时代要求，同时要有明确的条理性的侧重型以及结构性。这让我想到我们的平常的生活、学习、工作也是如此，让我懂得的不仅仅是一个城市的布局因素的存在，更是种逻辑性、条理性的思想学习，并将其运用到以后的学习、生活、工作中。

高欣元 今年的联合毕业设计就这样在云讨论、云答辩中落下帷幕。在这三个月的时间里，我们相继经历了疫情封校、单独隔离等种种情况，在这样的条件下，小组连续两个月都无法线下见面，但是最后也顺利完成了设计，这都归功于大家的共同努力。对我来说，这三个月是一次很大的挑战：首先，第一次作为六人组长，并且与队友都不熟悉，还需要时刻分配任务和把控进度。其次，作为建筑专业，第一次做规划专业的设计，在设计思路和方法上都是一次全新的尝试。在这个过程中，我也认识到了自己的种种不足，收获了很多宝贵的经验，相信这会成为我以后专业生涯的一段宝贵的经历。在此感谢老师的辛勤指导、同学们的配合和包容，愿大家恪守初心，前程似锦。

吴明萱 在这次云毕业设计中，接触到了大尺度的城市设计，对于建筑学专业的学生来说是一种全新的视角。在开始的建筑设计中总是囿于一栋建筑的形态，缺乏对于地块整体尺度的把控，导致方案整体显得十分割裂。经过方案的调整也逐渐了解了从更大的尺度去看待建筑在城市中的方法，对于建筑群的设计也有了一定的体会。自己本科时很多自以为融洽的形体在建筑群体中总是显得格格不入，这次毕业设计也给了我许多这方面的感悟。此外由于疫情的影响，第一次完成了两个月不见队友的比赛，也第一次了解到城乡规划专业竞赛的图纸量的恐怖，感谢组长与其他组员的通力合作，使得我们的毕业设计能够圆满完成。

王梓铭 联合毕设是南昌大学里学习的最后一站，也是对整个大学学习的一项综合考验，欢笑与痛苦并存。在这里我们有不知所措的迷茫、痛苦的纠结、出图的烦躁，但更有一路陪伴我们的老师和来自全国各地的小伙伴，因为有你们的陪伴，整趟毕设之旅充满惊喜与挑战。大学生涯最后一次设计，最终落下帷幕。很荣幸参加了这次活动，这是一次很宝贵的机会，让我们收获了新的知识与技能，结交了新的朋友，是一种特殊的缘分，让我们相识相聚，相信在未来，我们仍一路成长，仍会相聚。

文化赋能下的鸦片战争海防遗址公园核心地区规划设计

指导老师：梁步青，周志仪
小组成员：高欣元，张雨颖，傅琦，吴明萱，王梓铭，罗庆

背景研判 | 规划背景

粤港澳大湾区层面——沟通：

将粤港澳大湾区打造成为充满活力的世界级城市群、具有全球影响力的国际科技创新中心、内地与港澳深度合作示范区、宜居宜业宜游的优质生活圈、“一带一路”建设的重要支撑

东莞滨海湾新区位于东莞西南沿海区域，毗邻港澳，是粤港澳大湾区的特色合作平台、“广州–深圳–香港–澳门”科技创新走廊的核心创作平台。

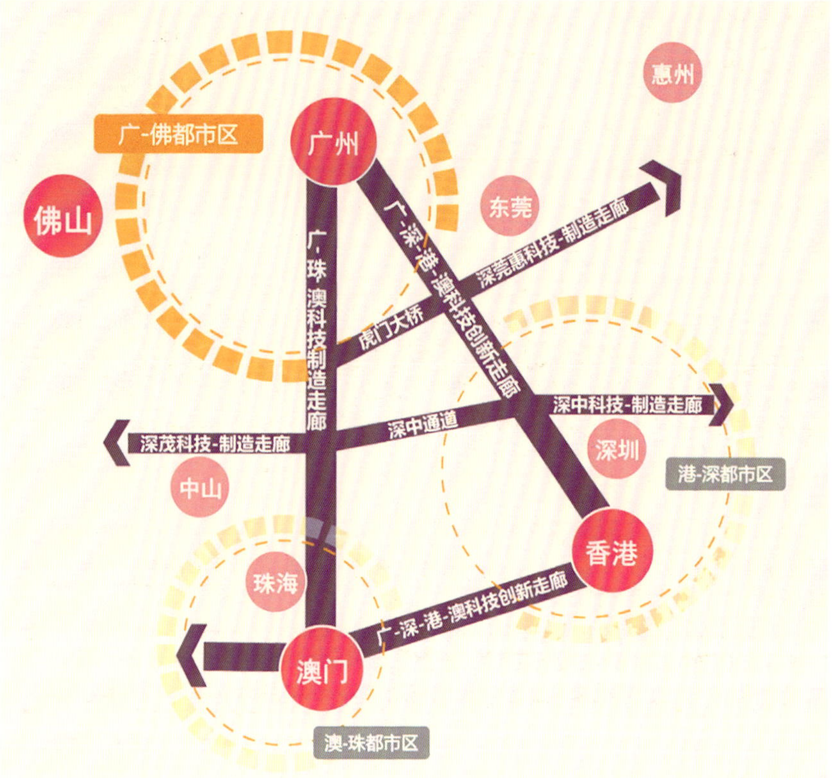

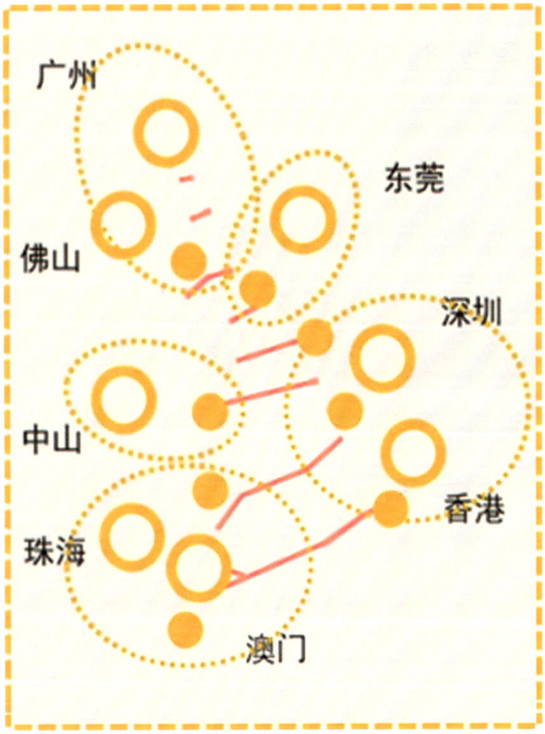

国家、省、市级层面——黏结

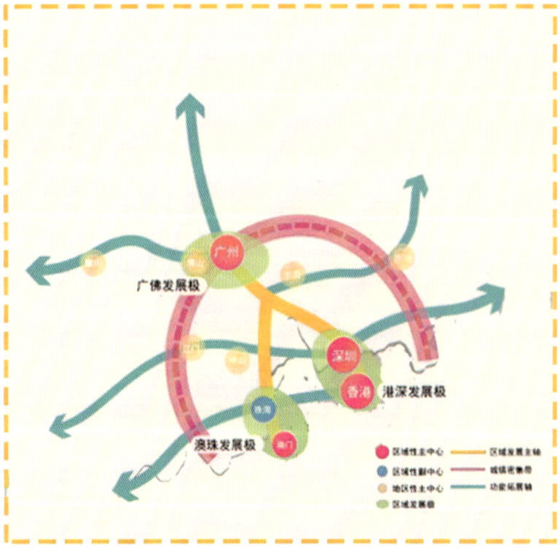

省内多个区域的黏结地区

珠三角核心地区融合发展战略节点

背景研判 | 规划解读

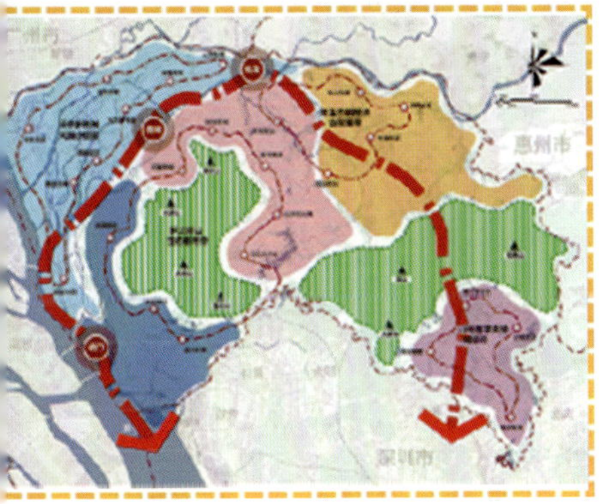

《广东省东莞市土地利用总体规划（2006-2020年）》：

建设“一中心多指点组团式城市”、建设“三位一体”主城区、构筑“一小时生活圈”。

《东莞市城市总体规划（2016-2030年）》：

构筑“沿江、面海、环山、多组团”的城市特色风貌空间。

《东莞滨海湾新区城市总体规划（2018-2035年）草案》：

威远岛板块定位：科创智慧区。

背景研判 | 解读小结

- 规划定位：海防遗址公园及科创智慧区
- 发展目标：依托优质生态文化资源与历史文化资源，重点发展科技创新产业，打造独居特色的生态城、宜居海滨新城，并积极承接广州和深圳的优质资源，融入湾区发展。
- 产业布局：重点发展AI、智慧城市及生命健康等战略性新兴产业，布局金融科技、文化创意及国际交流合作功能。
- 建筑色彩：新建建筑的色彩、体量、风格应与文物历史环境相协调。
- 生态环境：重视海岸线及特有物种的保护与全国文化保护单位，对接湾区文化圈，建设海防遗址公园。
- 历史文化：提取威远炮台群、海战博物馆等历史文化元素，形成历史与未来的对话。
- 滨海界面：临海区域两侧的公共绿化空间内可布置一些公共设施。建筑集中在防洪堤和滨水道路内，通过错层连廊与滨水绿地相连。河涌两侧控制20米以上的绿带并规划慢行道路。威远岛南面达标加固海堤与新建海堤拟采用复合式断面型式；南面涝区内对上下围涌进行水系连通和清淤疏浚，采用斜坡式生态挡墙断面，河道底宽度均采用30～45m。

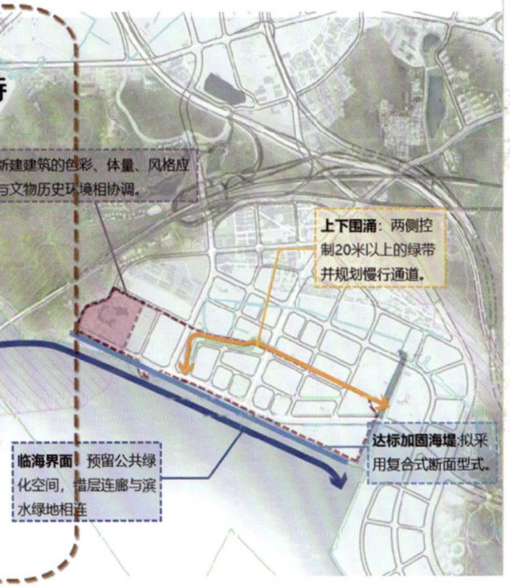

场地现状 | 区位

宏观分析

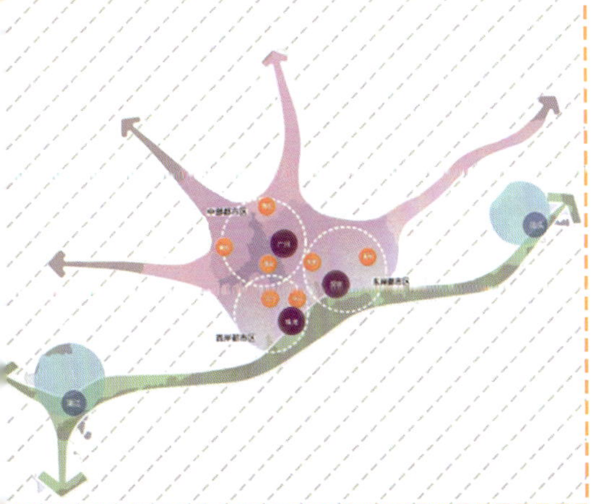

中观分析

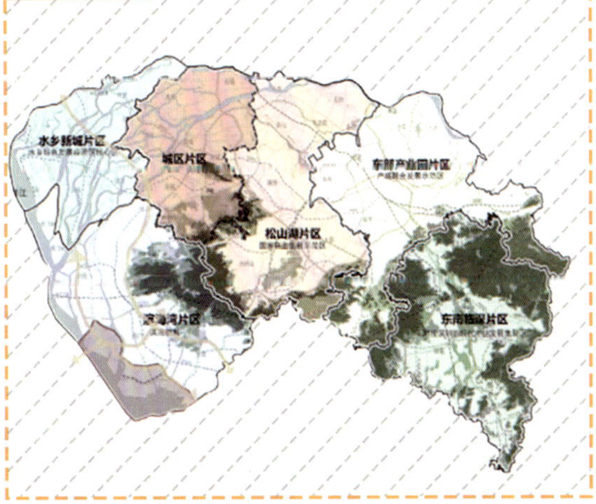

微观分析

背景研判 | 场地现状

用地现状

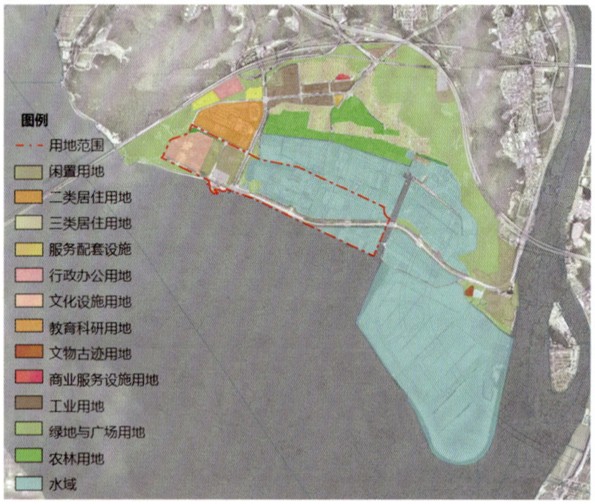

生态资源

红树林湿地 岛内红树林分布于上下围涌等河涌沿岸，以秋茄、桐花树群落为主。

黄唇鱼保护区 保护区东起威远岛西岸，西与广州交界，南起太平水道河口，保护区面积686公顷，分为核心区、缓冲区和试验区。

交通产业

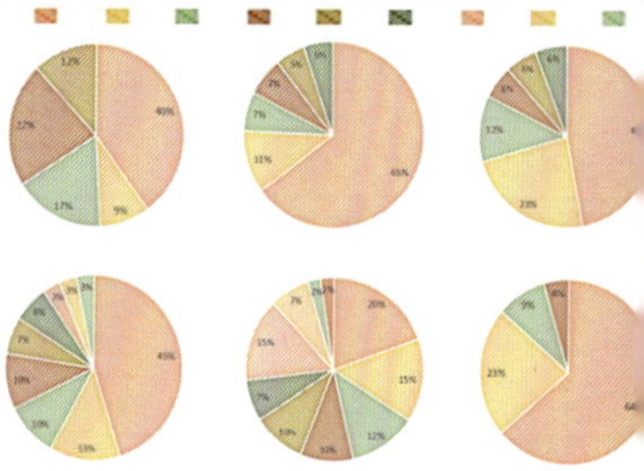

背景研判 | 历史沿革

广州十三行
重要的海上贸易中转站
海防要冲

林则徐虎门销烟

英舰炮击珠江口
鸦片战争爆发
中国近代史开端

抗日战争
广州战役
日军沿珠江进逼广州

爱国教育
海战馆、鸦片战争博物馆建成

18世纪　1839　1840　1938　1998　now　发展开放

文化要素：海运　民族英雄　鸦片　禁烟　军事行动　抗争　战舰　虎门大桥　炮台　博物馆

农林牧渔　“三来一补”　太平手袋厂　远洋货轮　外贸　加工制造　芯片　VR技术

1949　1978　1995　2008　2013　2022　now　文化要素

农耕年代
1949年，农林牧渔业总产值0.54 亿元，占工农业总产值的比重达 65.1%

起步阶段
改革开放以来，大力发展商品农业，同时以“三来一补”为切入点发展外向型经济

腾飞&提升阶段
大规模开展基础设施建设，外来投资大幅增加，从数量型向数量型与质量效益型相结合转变

新时代高质量发展阶段
推动经济由高增长阶段向高质量发展阶段转变，以粤港澳大湾区建设为“纲”，大力实施城市品质提升。创建广东省制造业供给侧结构性改革创新实验区，全市经济社会发展稳中有进、进中向优

城市定位 | 机遇与挑战

生态 机遇1

生态本底优渥，水陆草木构建生态屏障

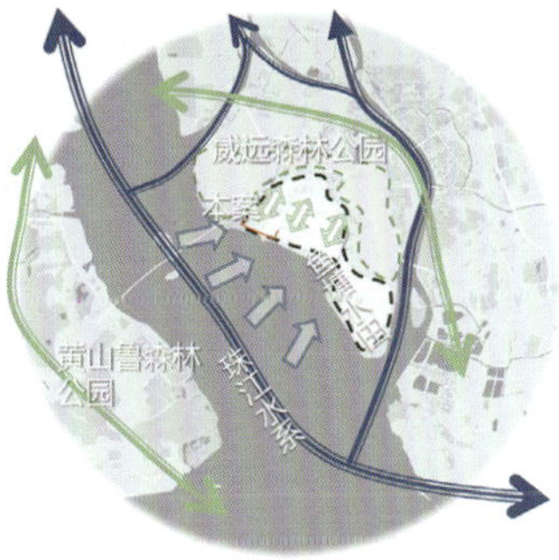

生态资源优势解析

- 《东莞滨海湾新区发展总体规划》提出“营造优美自然生态环境”，构建“一廊三绿心三水系”的山水林田湖草生态格局。
- 威远岛本身生态环境良好，面水背山，生态网络与城市组团镶嵌布局。
- 东莞市政府设置生态文明建设与促进保障条例，注重生态与海绵城市建设。

生态 挑战1

生态环境破坏严重，生态修复刻不容缓

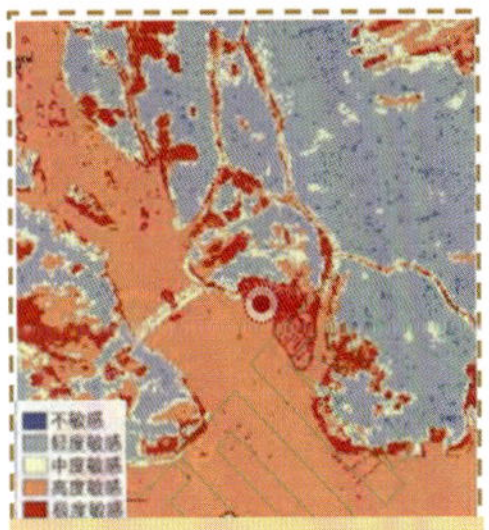

生态系统构成较为单一

造成自然岸线大部分消失

红树林被砍伐破坏

威远岛尚处粗放型开发利用阶段，整体旅游资源丰富但未形成板块效应，岸线人为破坏和环境人为污染严重，生态环境脆弱。当前东莞市已顺利创建成为国家森林城市，正在创建国家生态市，按照生态文明建设思路修复威远岛岸线、改善生态环境，将成为东莞创建国家生态市和改善人居环境的重点。

产业 机遇2

融入湾区发展，智创产业转型

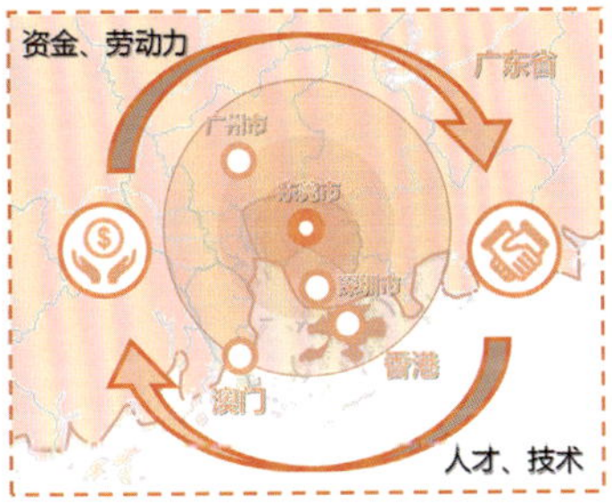

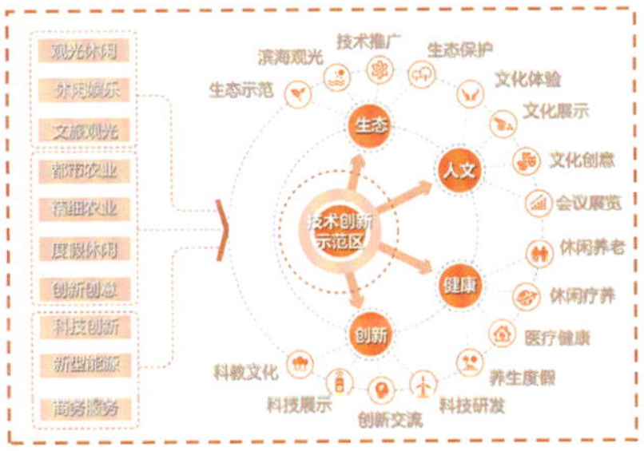

产业资源优势解析

- 东莞已形成巨大劳动密集型企业集群与完整产业链，前后向关联效益大，改造升级较为简单。
- 《广东省十四五规划纲要》、《广深科技创新走廊规划（2017–2030）》。
- 筹建大湾区大学，与众多高校院所组建中科院云计算产业技术创新。

产业 挑战2

优化产业结构，把握机遇迎挑战

升级优化、因地制宜

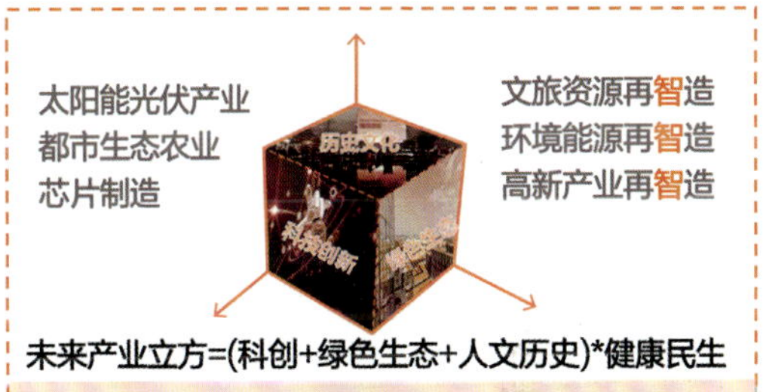

产业定位与发展，要与生态、人文资源紧密结合

- 技术重复引进、布局雷同和低水平竞争，带来产业缺乏竞争力和产能过剩的隐患。
- 产业化链条缺失，高技术产业都位于价值链的低端。
- 核心技术缺乏，产业发展有空心化的危险。

文化 机遇3

建设海防遗址国家文化公园，海上长城重获生机

- 近年来国家高度重视文化建设工作,珠江口穗莞两岸、上下横档岛、大虎岛、大角山炮台群及周边海防历史遗址作为鸦片战争发源地,是珠江两岸特有的历史标志和海防符号。为践行《粤港澳大湾区发展规划纲要》，南沙区提出联合穗莞两地，整合珠江口两岸海防教育景点及周边滨海旅游资源申报建设粤港澳大湾区海防遗址国家文化公园。

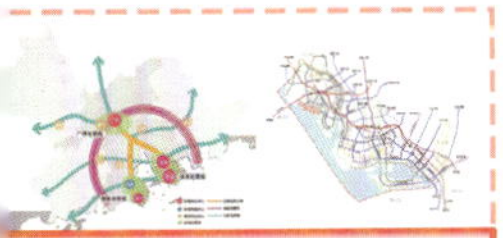

所处区位优越

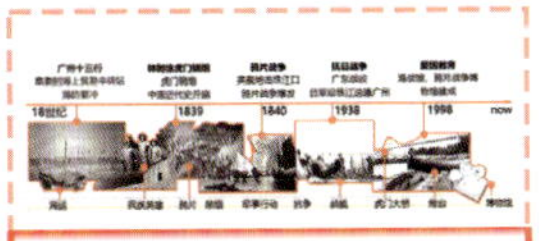

所蕴历史悠远

所拥资源甚多

海防文遗优势解析

- 虎门炮台被誉为“海上长城”，粤海中路咽喉、水路相连的海防要塞。
- 习近平总书记十八大指出“把老祖宗留下的文化遗产精心守护好”。
- 虎门相关文遗规模宏大、信息含量多、利用价值高、社会知名度大。
- 与江对岸广州南沙区形成联动，打造粤港澳大湾区海防遗址国家文化公园。

文化 挑战3

以区域协同建设，在遗产保护的基础上发展经济

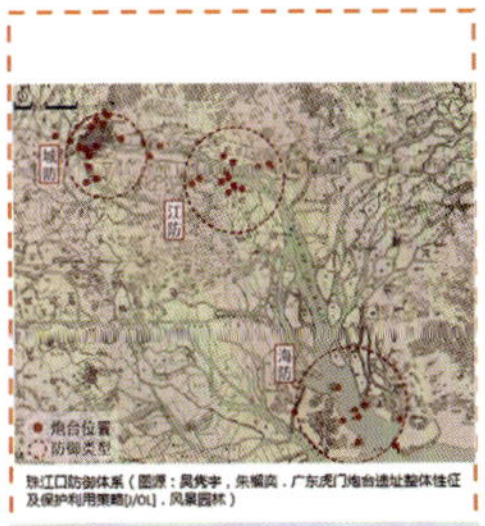

虎门炮台遗迹状况不乐观

文物遗址缺乏统一规划

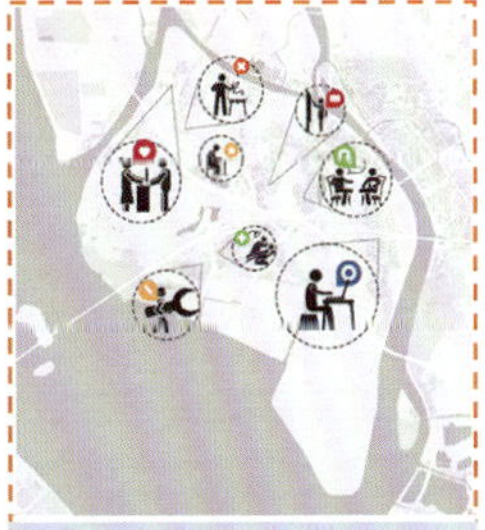

重点培育创意文化产业

当前文物遗址跨东莞虎门镇和广州南沙区两地，缺乏统一规划和协调机制，难以保护利用发展。通过文旅融合大力发展特色经济，推出大湾区国家海防遗址公园观光航线，同时建设大湾区近代历史文化主题创意产业园，打造国家独特的历史记忆。

城市定位 | 回顾威远与未来展望

□ 古代——水乡泽国，鱼米之乡

自给自足——动态平衡的初级稳态模式

□ 近代——战争频繁，内忧外患

列强入侵——平衡破裂的负向稳态模式

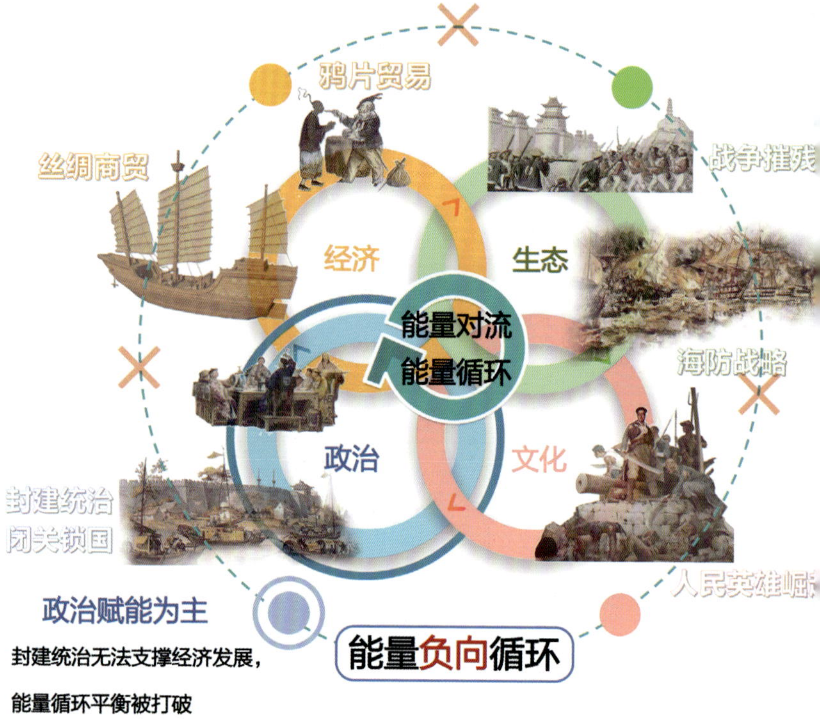

□ 现代——产业转型，经济复苏

改革开放——竭泽而渔的脆弱稳态模式

· 盲目重视经济增长

· 忽略生态环境与文化疗愈效用

· 粗放型的经济发展模式

□ 未来——文化赋能，可持续发展

未来发展——文化焕活的可持续良性循环模式

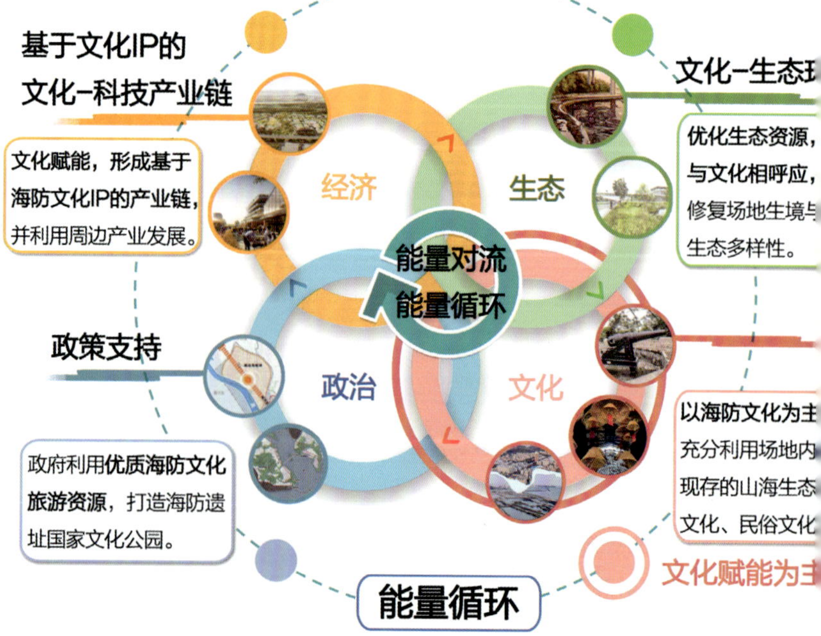

城市定位 | 理念综述

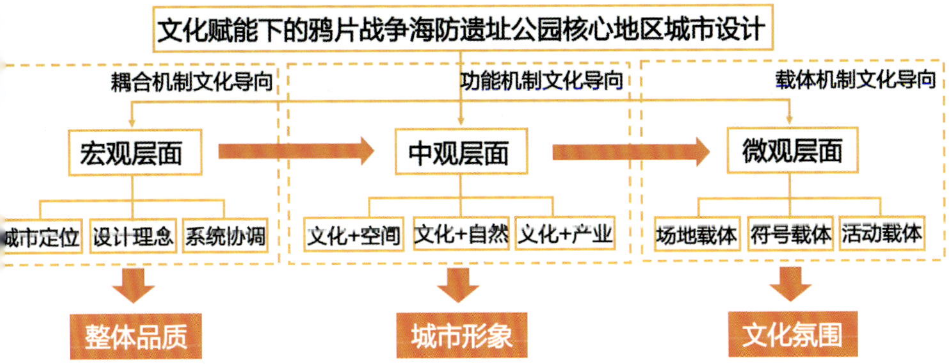

以文化为导向的城市设计理念是：以文化价值为核心，按照城市可持续发展的需要，寻找人、自然、社会三者的联系纽带，使其形成统一的有机体，从而达到人与自然、人与社会和谐发展的理想目标。

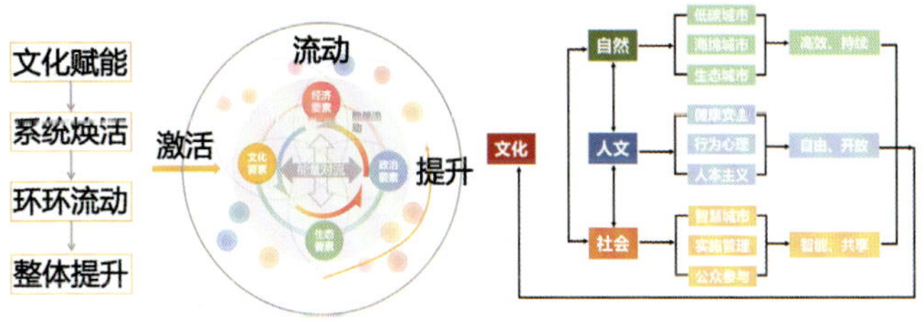

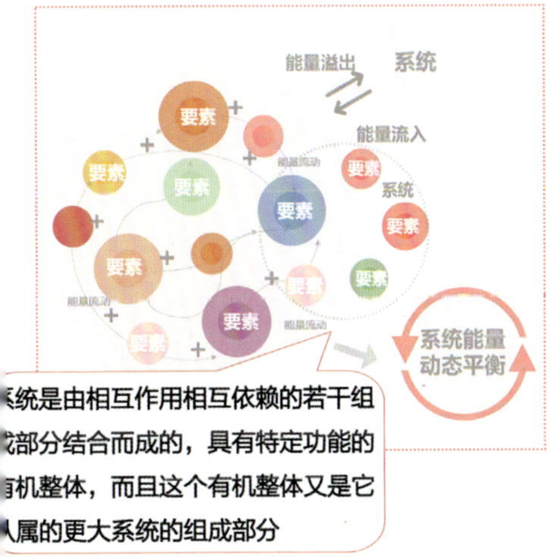

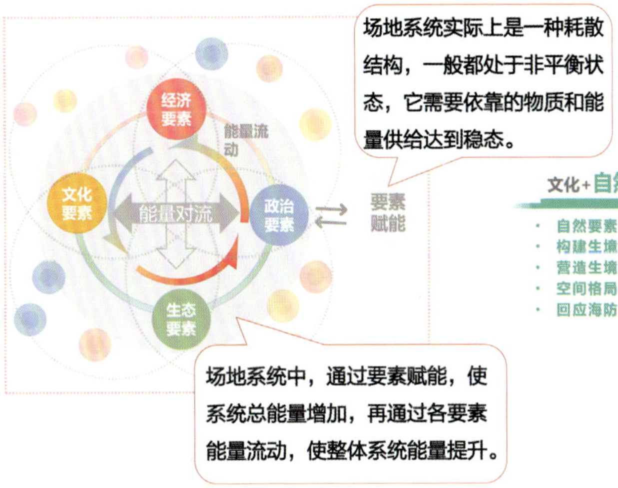

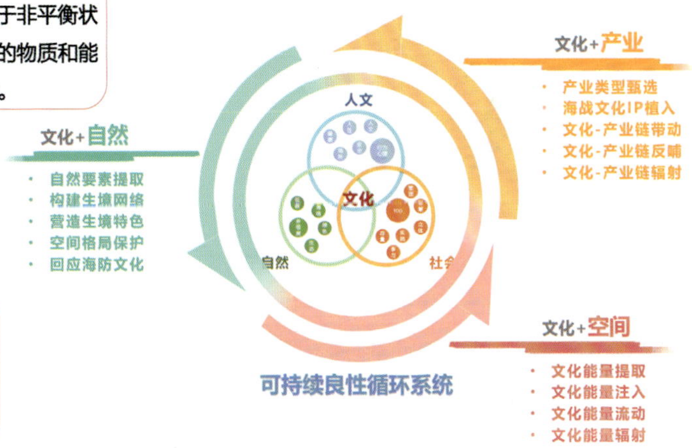

城市定位 | 定位与目标愿景

定位：具有国际视野、中国高度的**国家级海防遗址文化展示重点区**

目标愿景：以**爱国主义教育**为核心主题，以**海防文化遗产保护利用**为主导功能，以**文旅融合发展**为重点方向，以**区域协同建设**为主要思路，建设推动**粤港澳三地文化共融的大湾区海防遗址国家文化公园**。

铭记

虎门要塞作为广东海防体系的“核心枢纽”，是目前我国海防遗址中规模最大、保存最完整的军事防御设施，具有不可替代的国家历史记忆

重生

促进广州南沙新区与东莞滨海湾新区的深入合作，依托双方丰富的历史文化旅游资源优势，共同打造海防特色的文化旅游品牌

展望

海防文化遗产实现科学保护、活态传承、合理利用，全面建成现代化展示体系，初步形成“海防遗址国家文化公园”文化品牌知名度和吸引力

方案规划 | 方案生成

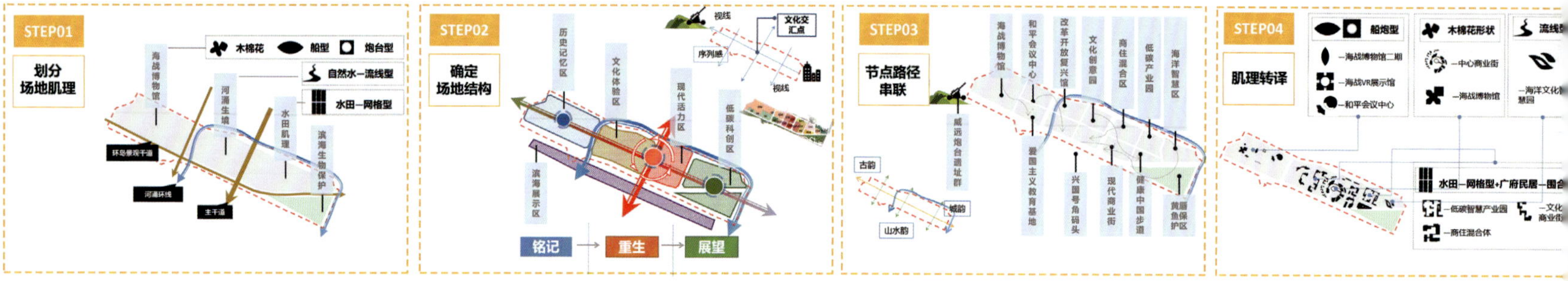

方案规划 | 系统规划

构建主干道系统，包括主干路、景观性主线路、次干路与规划支路。结合主要功能区布置公交线路与公交站点，并沿江设置特色游览公交路线，打造公共交通。

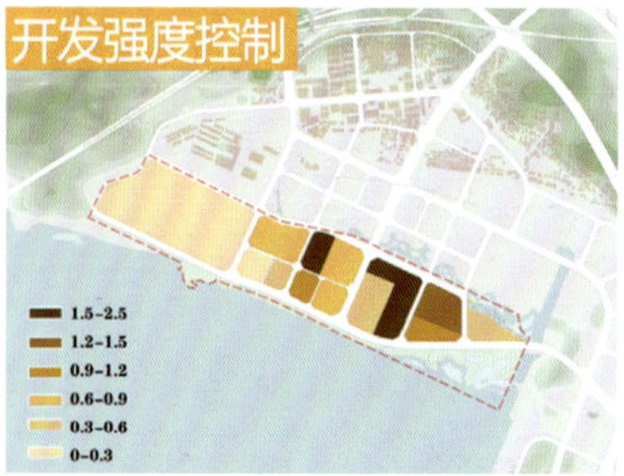

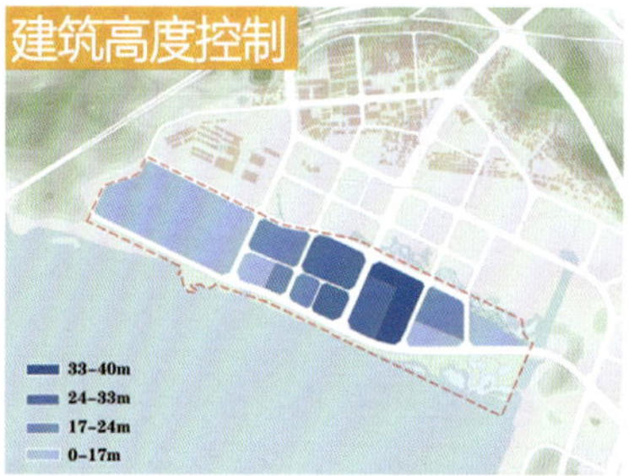

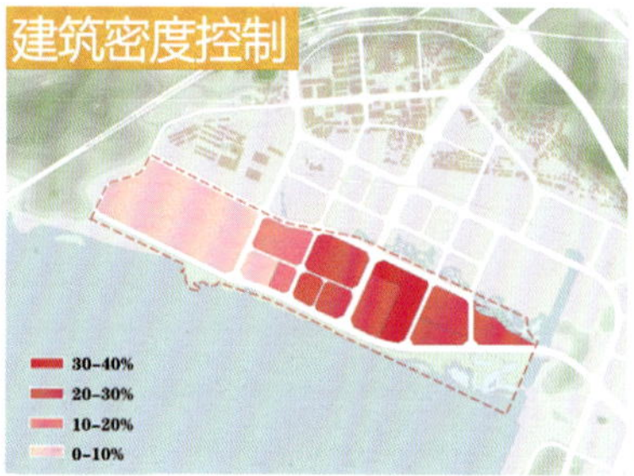

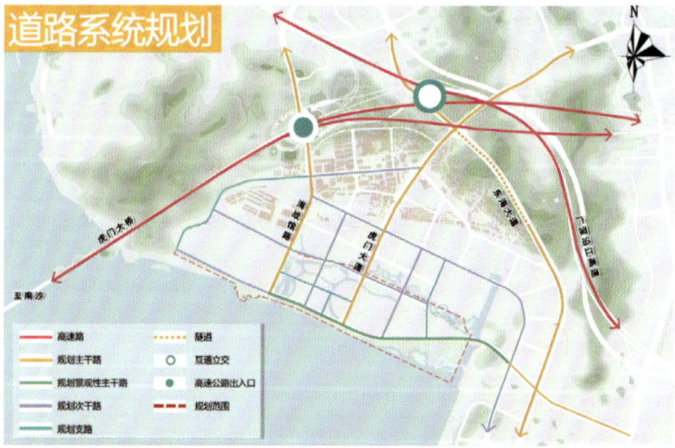

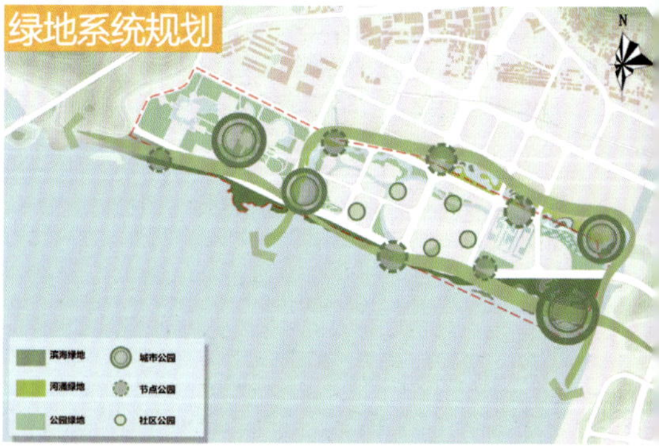

方案规划 | 开发策略

扩建、改建现有海战馆文化公园片区，带动区域地块文化联动。同时辐射地块其他片区。创造流动的文化氛围，使文化传播融入地块发展。

推进科创文化产业园建设，建设全龄化、智能化、生态化新一代居住区。吸引高新技术人才落户，为产业转型及文化传播提供新的契机。

滨水岸线改造开发，改善提升人居环境。推进以黄唇鱼为代表的海洋生物保护科研产业发展。进一步推进文创产业园建设（文化馆、英雄纪念馆等）完善地块产业链类型。

方案规划 | 土地利用

用地代码			用地名称	用地面积（hm²）	占城市建设用地比例（%）
类	中类	小类			
			居住用地	7.98	7.77
	R2		二类居住用地	4.30	4.19
R		R21	住宅用地	2.86	2.79
		R22	公共服务设施用地	1.44	1.40
	R5		商住混合用地	3.68	3.58
			公共设施用地	43.33	42.19
	C2		商业金融业用地	10.55	10.27
		C21	商业用地	6.55	6.38
		C25	旅馆业用地	1.83	1.78
C		C26	市场用地	2.17	2.11
	C3		文化娱乐用地	28.15	27.41
		C32	文化艺术团体用地	2.67	2.60
		C34	图书展览用地	25.48	24.81
	C6		教育科研设计用地	4.63	4.51
		C65	科研设计用地	4.03	4.51
			道路广场用地	28.58	27.86
	S1		道路用地	21.13	20.58
S	S2		广场用地	6.24	6.10
	S3		社会停车场用地	1.21	1.18
			绿地	18.77	18.27
G	G1		公园绿地	13.94	13.57
	G2		生产防护绿地	4.83	4.70
			水域和其它用途用地	4.03	3.92
E	E2		耕地	4.03	3.92
		E22	灌溉水田	4.03	3.92
计				102.69	100

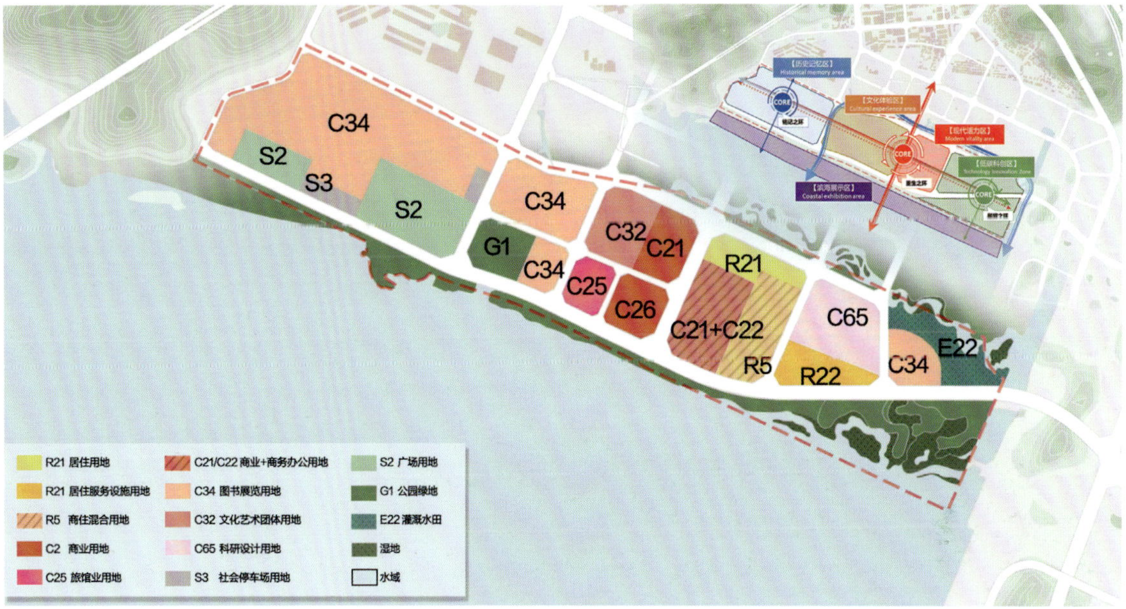

方案规划 | 总平面图

设计说明：

本次设计以文化为导向，紧扣“铭记 重生 展望”的主题，探讨了文化赋能视角下的鸦片战争海防遗址公园核心地区设计。分别从宏观、中观、微观三个层面分析，确定了地块“国家级海防遗址文化展示重点区”的定位，进一步提出“文化+空间”、“文化+自然”、“文化+产业”三大策略，最后通过细部节点塑造文化氛围。以期打造一个以爱国教育为核心主题，以海防文化遗产保护为主导功能，以文旅融合发展为重点方向的国家文化公园片区。

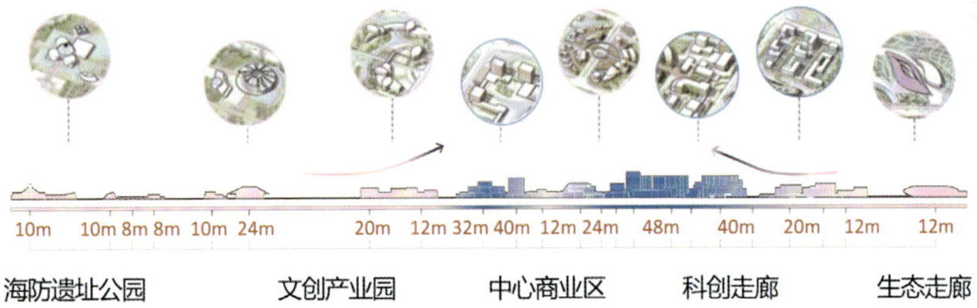

设计策略 | 文化+空间

历史沿革

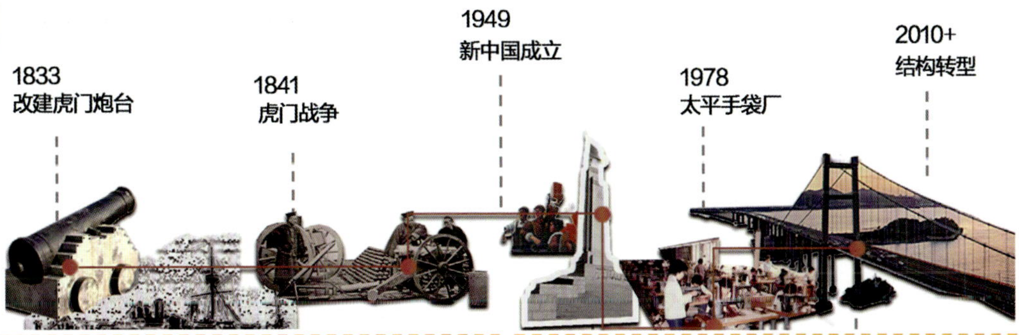

1 海洋文化

公元前21-16世纪，人类进入新石器时代并留下了贝丘遗址。此时的威远岛居民以渔猎为生，为典型的水乡泽国。

3 鸦片战争

1840年1月，英女王鼓吹侵华战争，16艘军舰共4000名英兵到达广东海面，封锁珠江口，鸦片战争爆发。

2 虎门销烟

1839年6月，在虎门海滩销毁收缴的两百三十七万多斤鸦片。这成为了外国列强发动鸦片战争的导火索。

4 改革开放

21世纪后，虎门着力引进高精尖工业企业，把产业与电子商务相结合，成为了国家电子商务示范基地。

空间现状评估

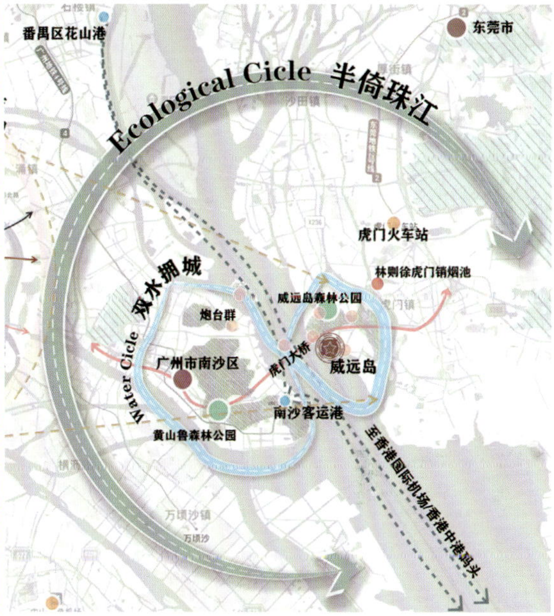

文化能量提取：民俗文化、海防文化、海洋文化

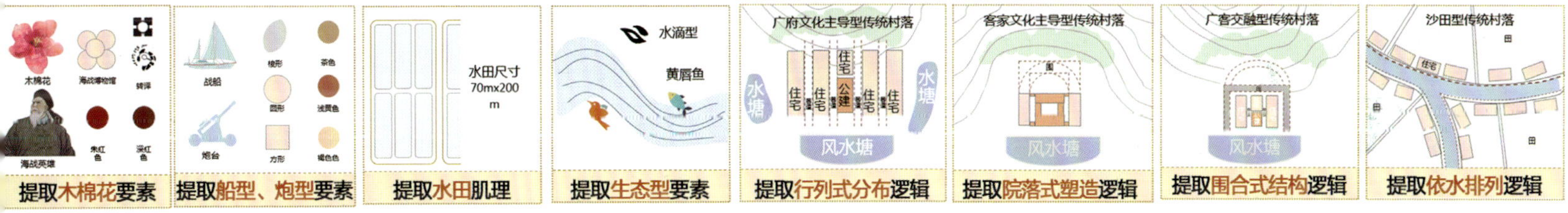

文化能量注入

铭记板块

展望板块

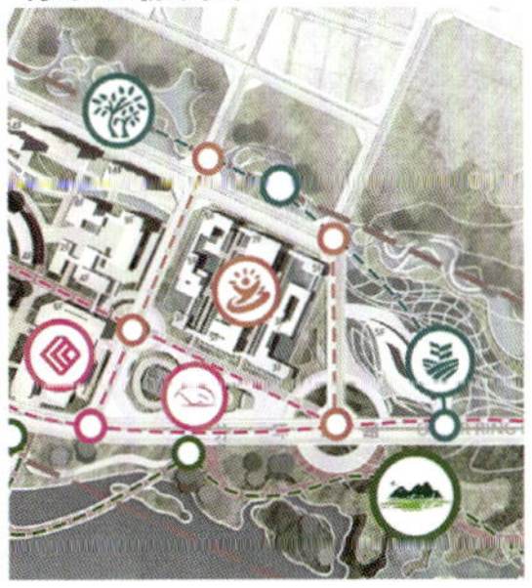

重生板块

产业现状评估

东莞市经济发展状况

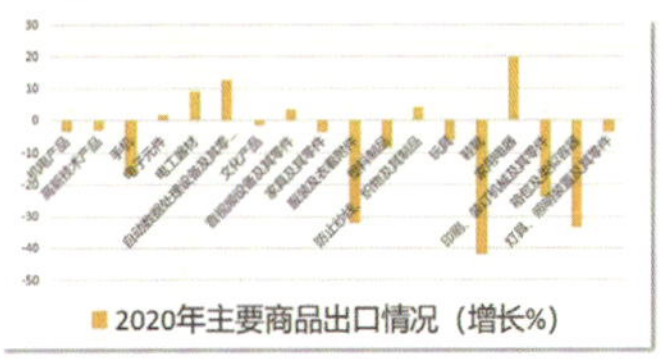

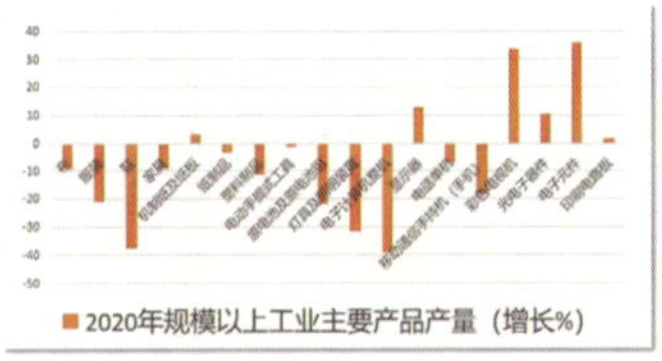

东莞市历年相关行业从业人员变动情况

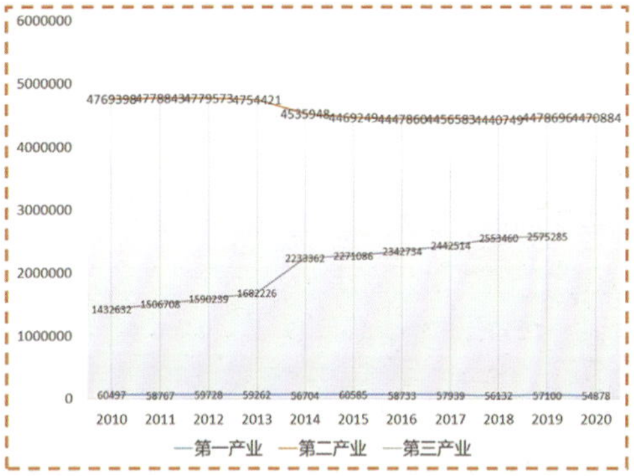

"东莞模式+?"未来趋势

机器设备代替手工劳动

劳动密集型产业的改造升级=高新技术产业发展的基础

产业类别甄选

文旅产业趋势

文旅产业转型

迎来新时代

文旅消费

融合日常生活

千禧一代

文旅产业消费人群

基地发展机遇

滨海湾新区

创新合作极

核心位置

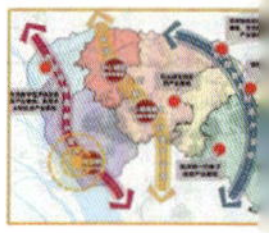

松山湖生物医药产业基地

东部智能制造产业基地

东莞新材料产业基地

数字经济融合发展产业基地

东莞水乡新能源产业基地

临深新一代电子信息产业基地

基地产业资源

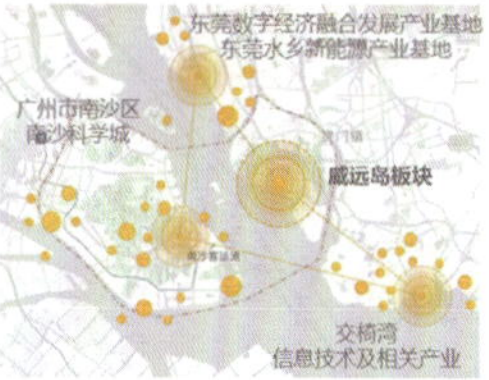

定位：能量对流&循环

新时代智慧文旅展示平台

新时代科创研发聚集平台

新时代生态自然融合平台

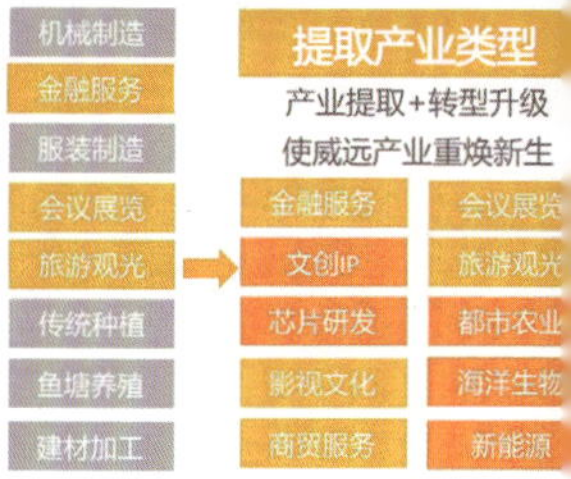

一产从业人员下降趋势；二产从业人员陡增，后趋于稳定；三产从业人员自2013年起陡增，且在后续发展中能再次增长。

东莞经济特征：基于资源比较优势的外源型经济，相关企业生产总值占80%，出口额占全市90%。　　东莞经济主体：港台资金企业。

东莞地区产业转型：在强调新产业的培育时不能忽视对传统的劳动密集型产业的就地改造和升级。

文化——产业链　环环相生，古今对望，文化相融

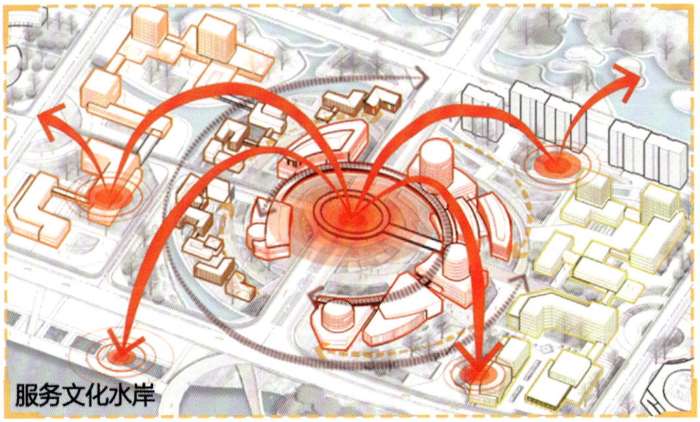

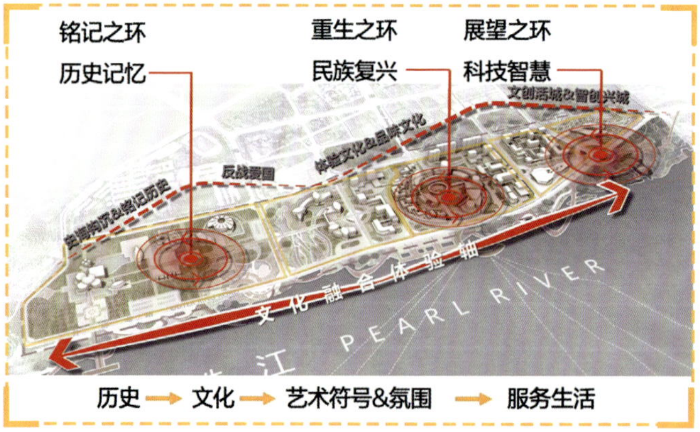

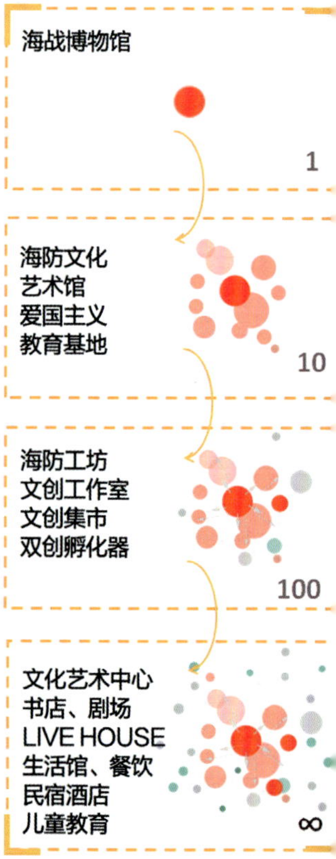

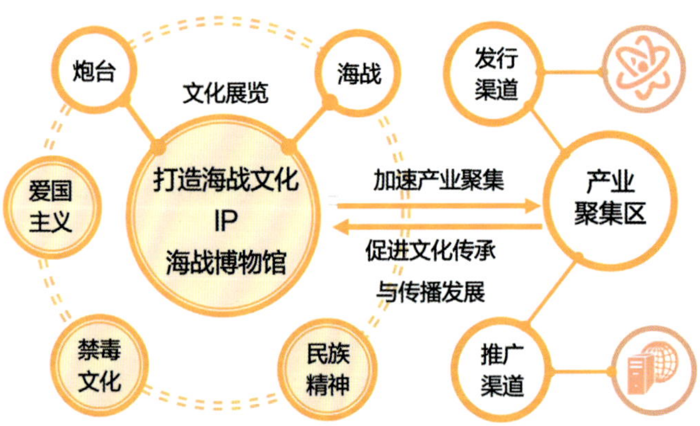

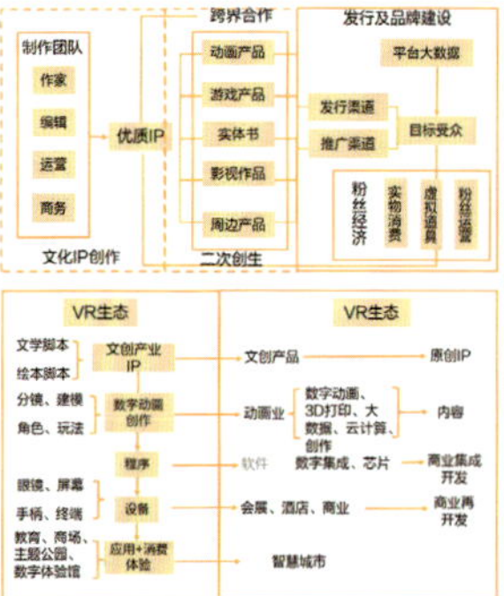

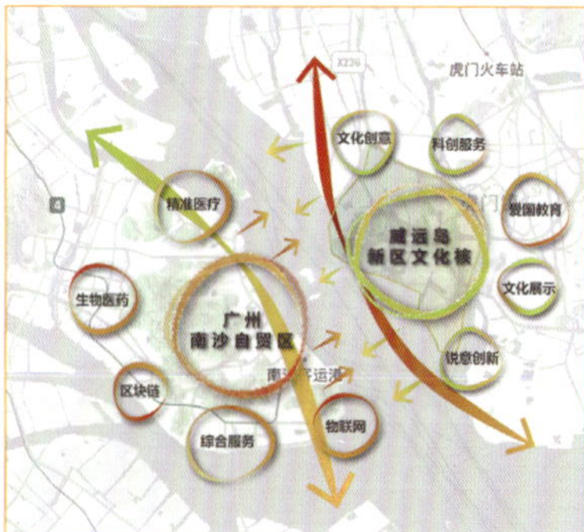

文化——产业链 文化积淀引领产业发展，产业进步带动文化繁荣

促进文创设计与传统产业的融合
发展品牌授权产品
发展创意设计产品
加速推动文创数字化平台建设
以及产业园区智慧化运营
强化公共服务体系建设
文化科技和资本环境不断优化

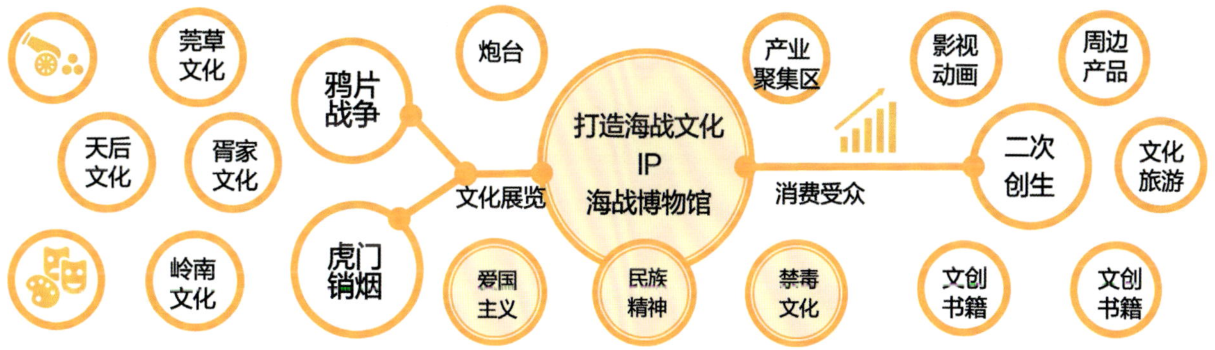

设计策略 | 文化+自然

自然要素提取

构建生境网络

营造生境特色

河涌设计与改造

“低冲击”原则

保护现有绿地与水系，对自然环境进行有限度改造，将人的活动有机融入水与绿的基底中。

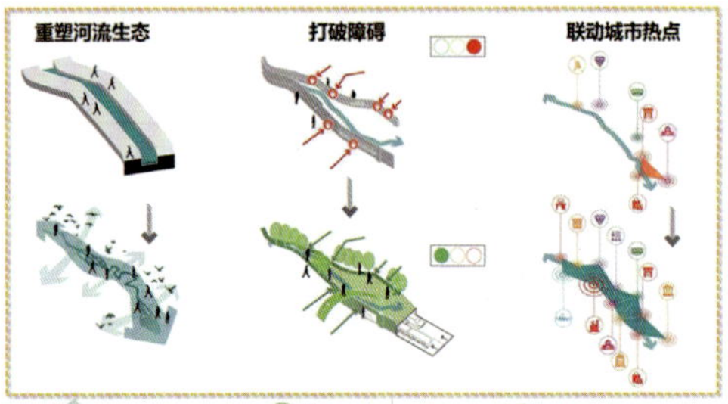

自然生态型

生态建设结合型

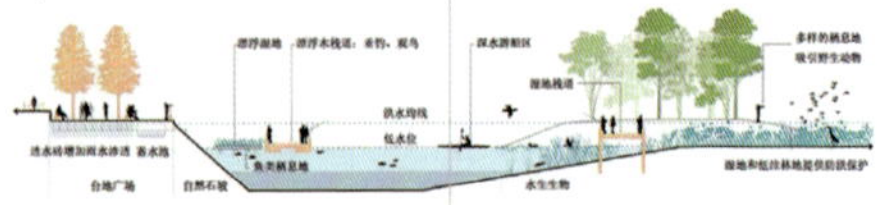

城区设计与改造

□ 海战博物馆片区 □ 文创园片区 □ 低碳智慧产业园片区

规则型水环境+大片绿地 生态型水环境+适量绿地 水田型水环境+屋顶绿化

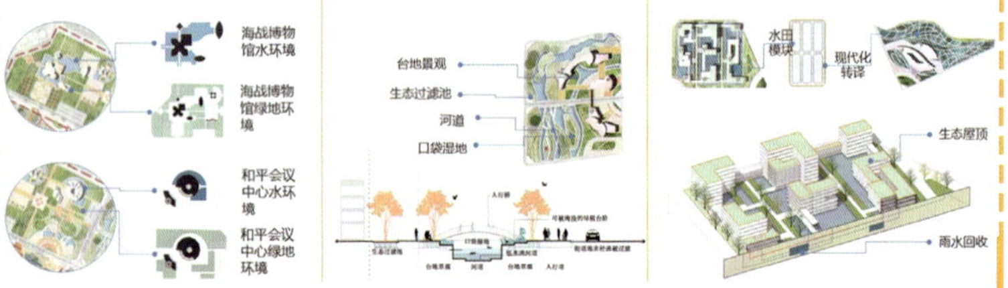

滨海设计与改造

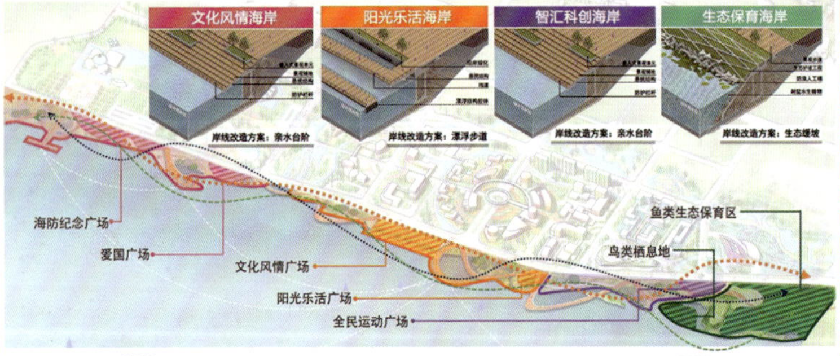

STEP 1 基地海岸线种植绿化与红树林修复生态多样性

STEP 2 结合红树林打造生态缓冲带以及生态湿地预留活动空间

STEP 3 将线性滨海界面拉升为非线性，并根据场地功能打造不同岸线与活动场地

生物多样性修复

红树林修复

水体修复：引入潮汐流恢复适合红树生长的潮间带环境

植物修复：根据场地内不同区域的情况考虑不同的策略

动植物生物多样性修复

鸟类：营造滨海鸟类栖息地

鱼类：通过水质的提升吸引鱼类回游

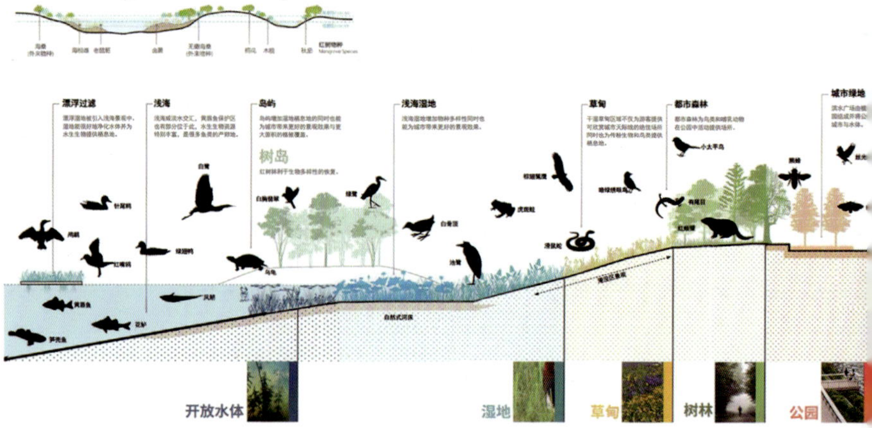

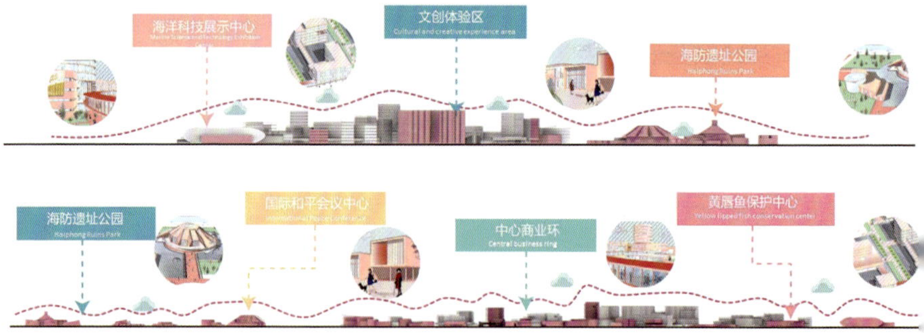

回应海防文化

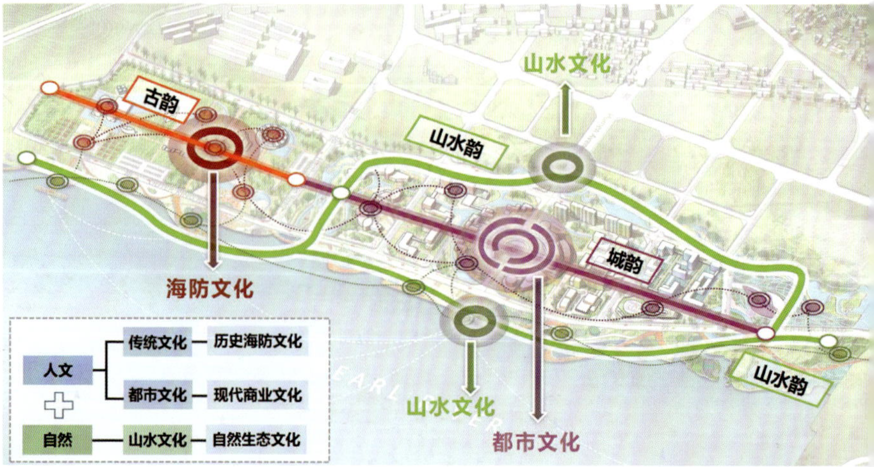

节点塑造 | 铭记–海战博物馆片区改造

场所载体：沉浸式海防历史体验路径

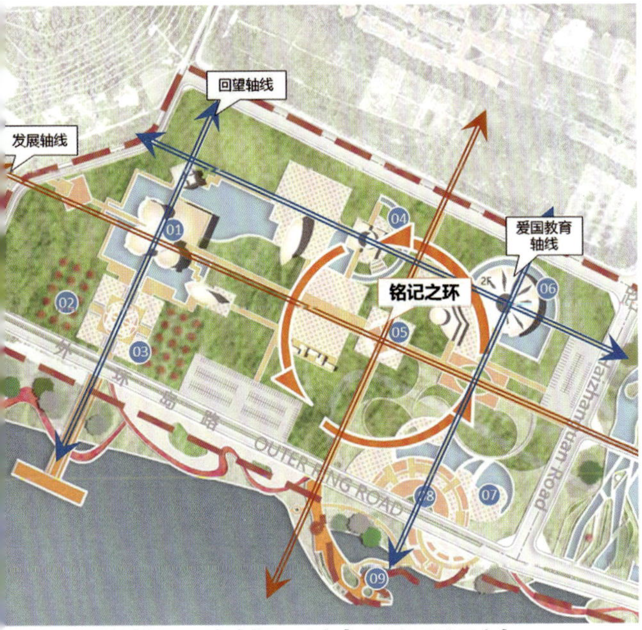

活动载体：爱国主义教育

微观层面城市设计的文化导入离不开文化载体，利用文化载体将抽象的文化概念通过显而易见的事物进行表达会显得更加生动直观。载体机制文化导向策略是通过充分挖掘该片区的文化特色、将代表性文化元素提取后，进行再组织，形成体系后使城市空间实现全方位重构，最后进行价值再生。从载体类型上可将文化载体分为场所载体、符号载体与活动载体。

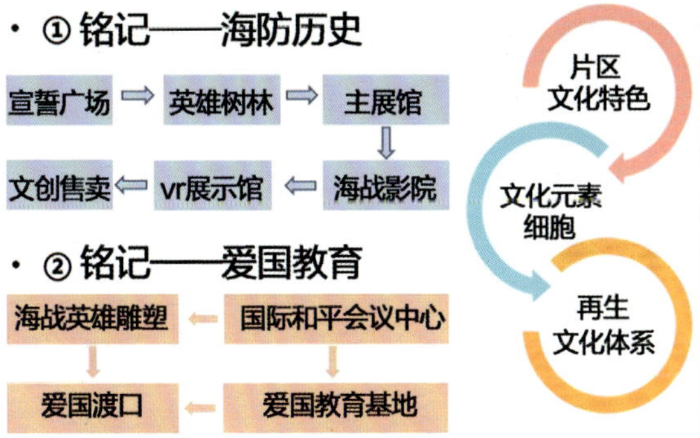

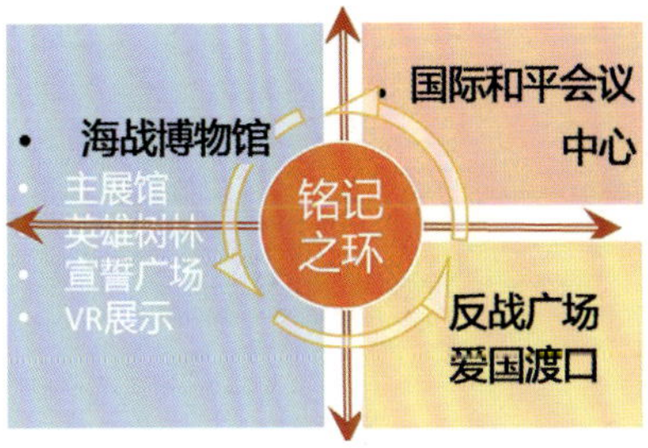

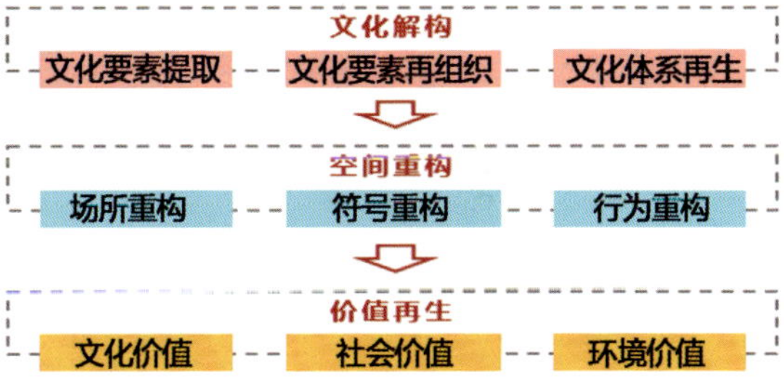

符号载体：建筑设计与景观设计

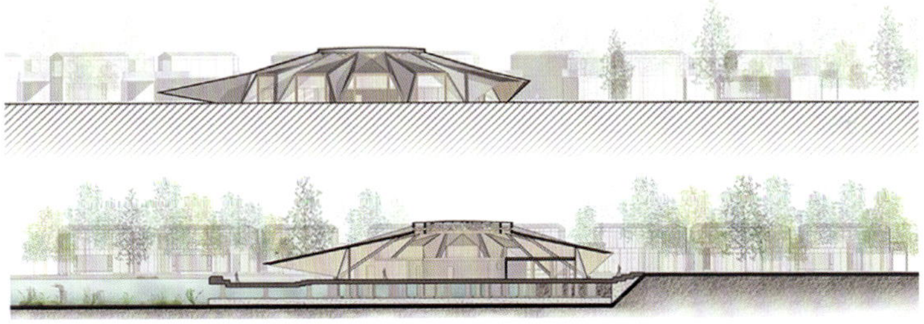

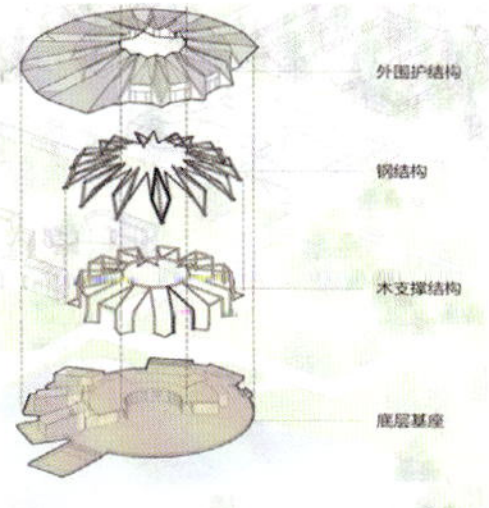

空间明线：游线设计

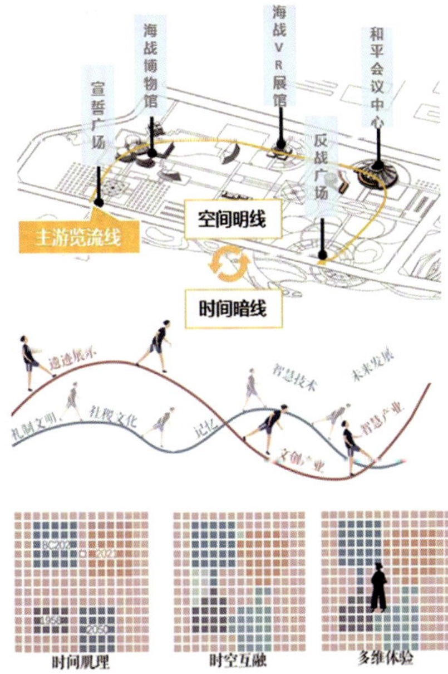

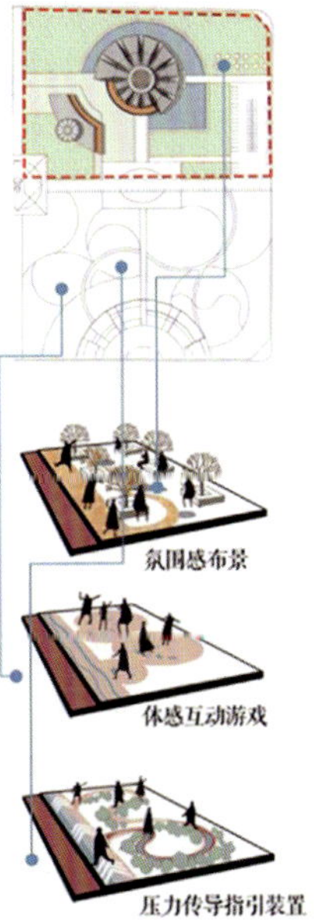

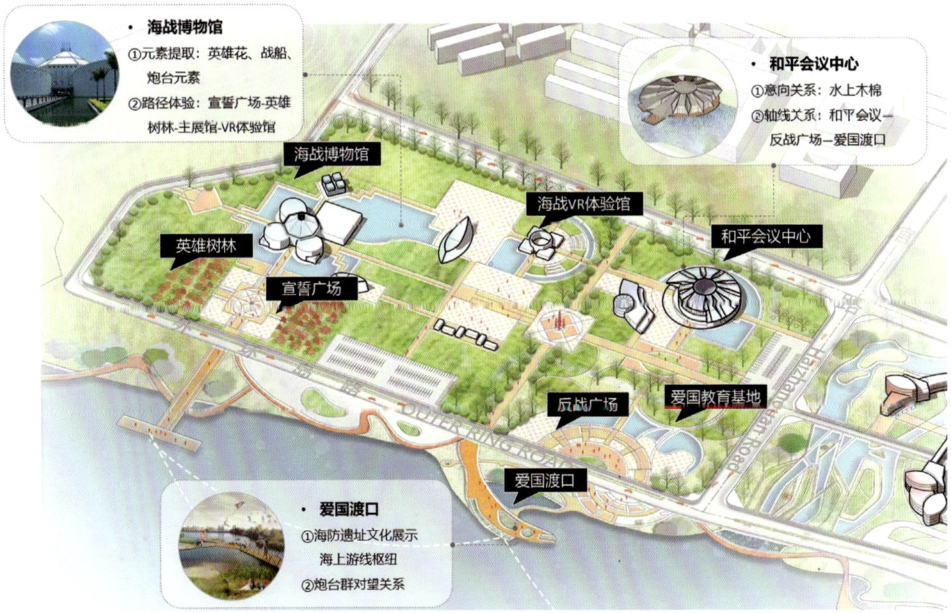

节点塑造 | 重生—中心商住活力片区塑造

场所载体：交融式新老文化融合

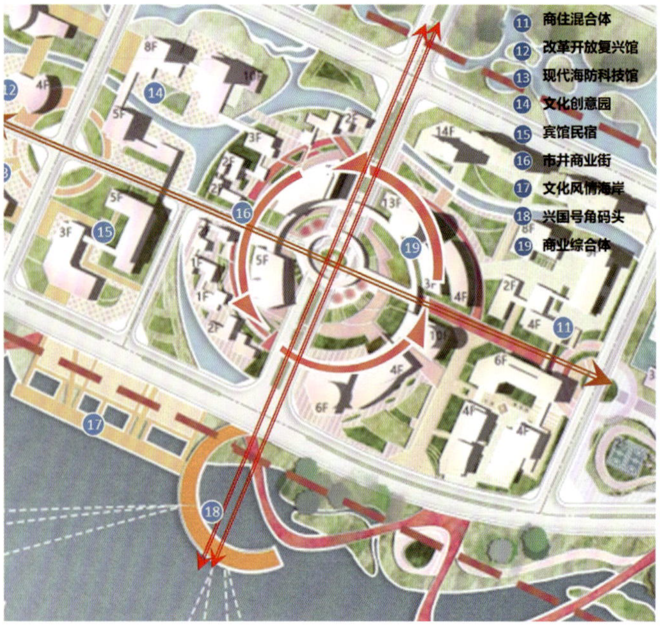

符号载体：植物选配与场景塑造

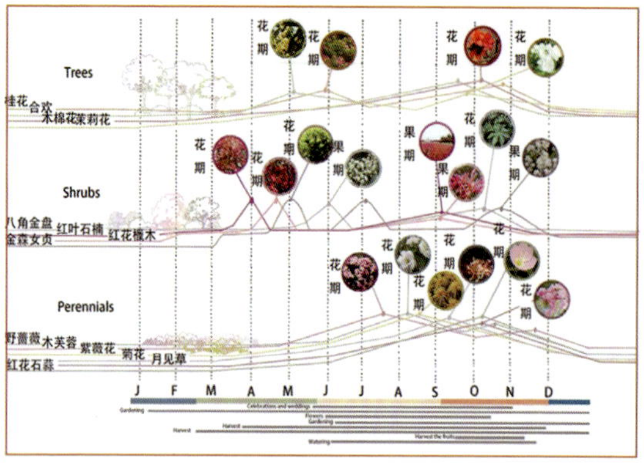

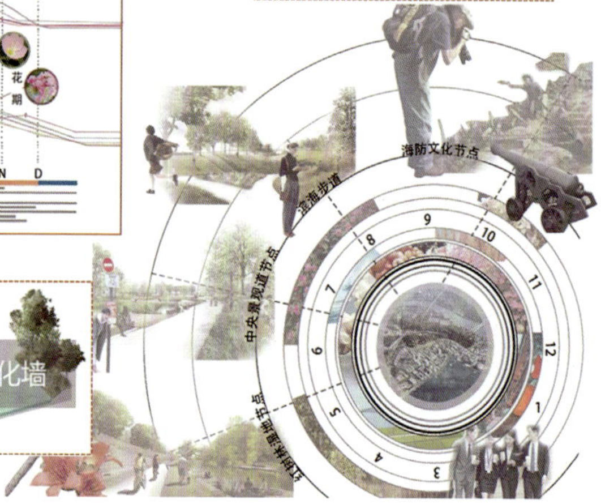

符号载体：建筑设计

空间明线：街道空间

交通性主干道

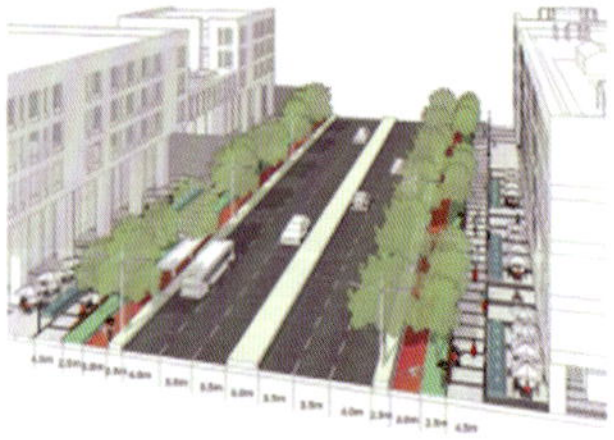

景观性主干道

商业休闲类道路

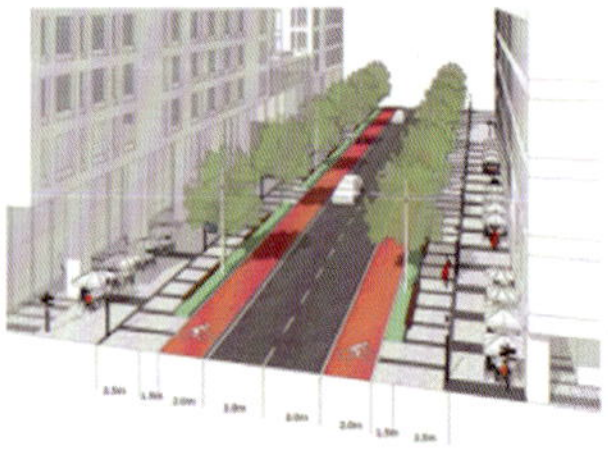

生活性支路

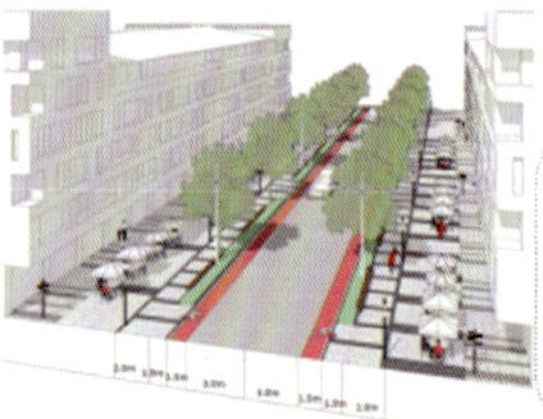

节点塑造 | 展望—低碳健康城市形象塑造

场所载体：碳中和之路

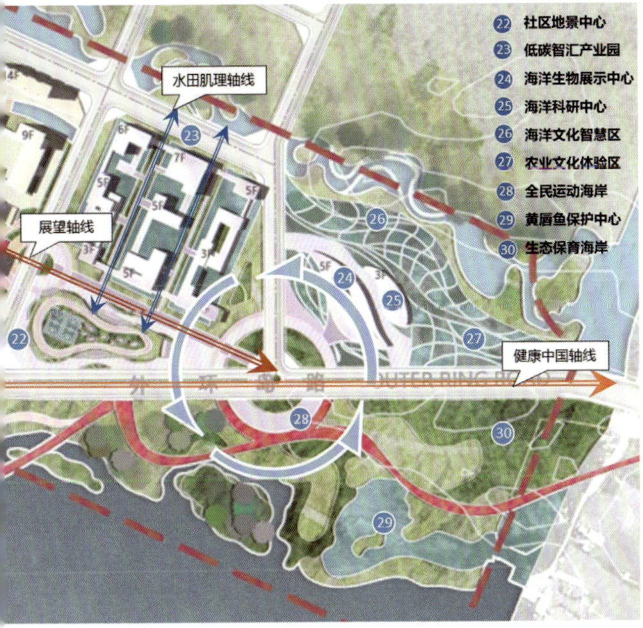

活动载体：环境保护教育

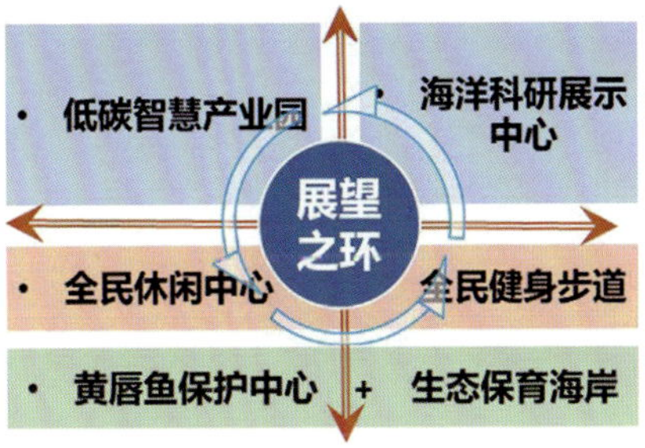

- ① 低碳智慧产业

低碳产业园区 | 海洋智慧展示 | 亲子农业体验

- ② 环境保护教育

生物保护教育 | 垃圾处理教育
黄唇鱼保护展览 | 红树林湿地体验教育

- ③ 健康中国之路

模块化产业园区

根据水田肌理，形成三组纵向建筑组团。建筑组团依照8mx8m模块排布，组团内通过连廊连接，形成产业单元。

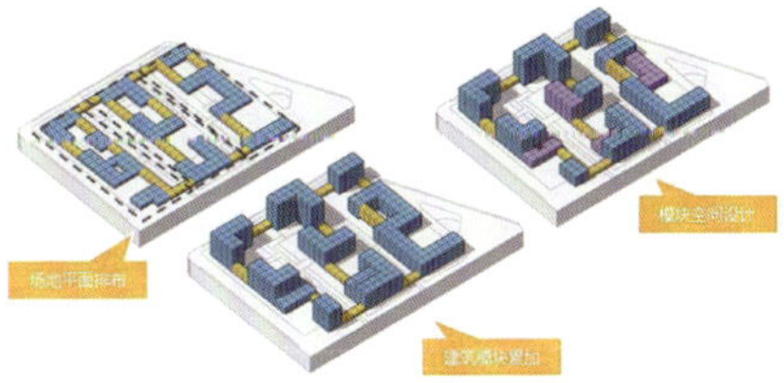

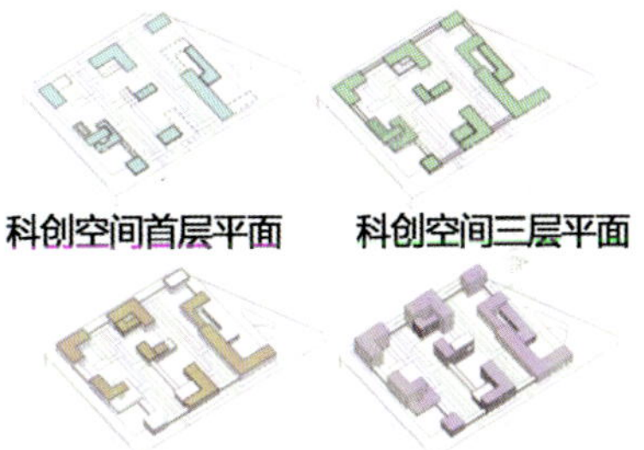

科创空间首层平面　科创空间三层平面

科创空间四层平面　科创空间顶层平面

符号载体：园区设计

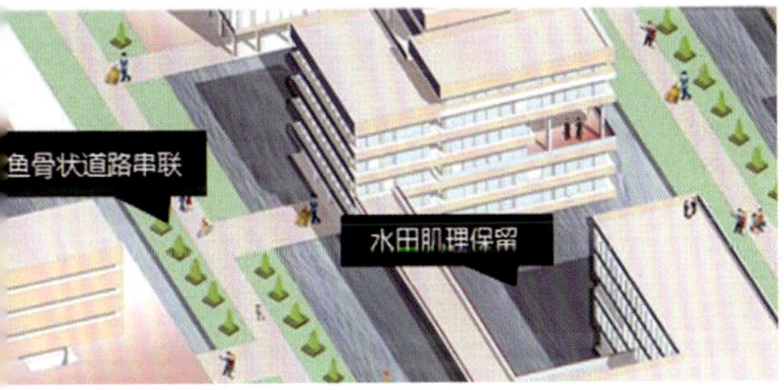

低碳化智慧园区

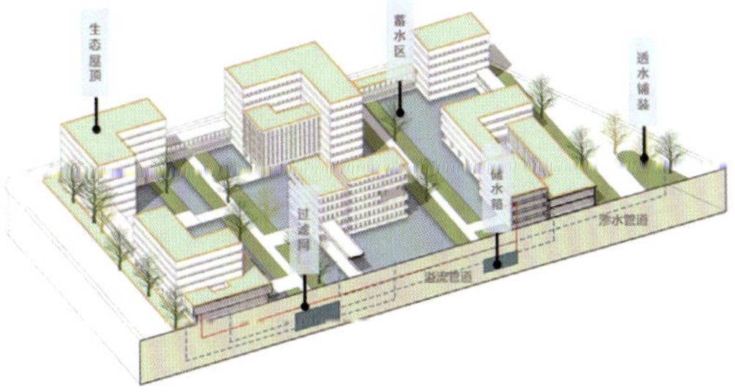

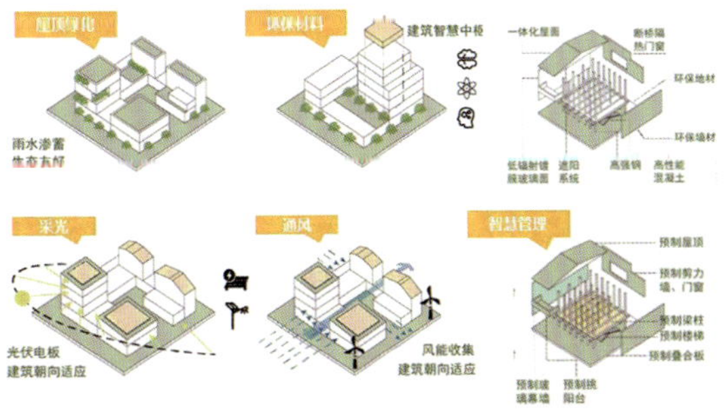

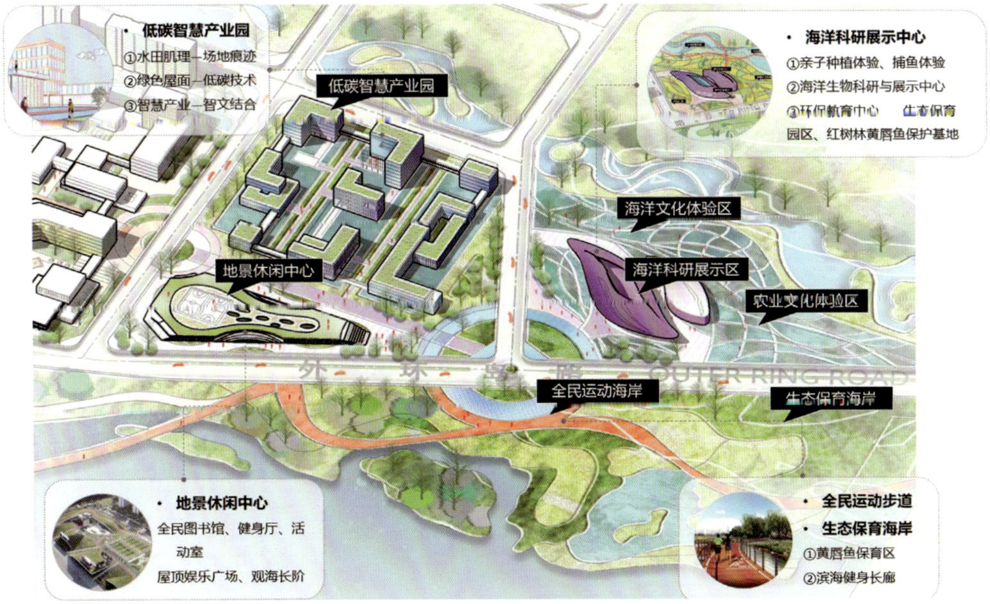

厦门大学

Xiamen University

李玉珊 很荣幸能在本科的最后一学期参加“南粤杯”联合毕业设计，感谢组委会为我们提供这一个交流学习、展示风采的平台；感谢整合毕业设计过程中尽心尽力指导我们的三位老师；感谢小组六名成员始终坚持、共同坚守完成这份任务。

感谢这段时间认真付出的我们，给我们的本科生涯留下一段珍贵的回忆。小组的讨论，一次次的灵感迸发，一起加班，一起玩耍！通过这次联合毕设，给本科生涯画上圆满的句号，未来可期，继续努力！

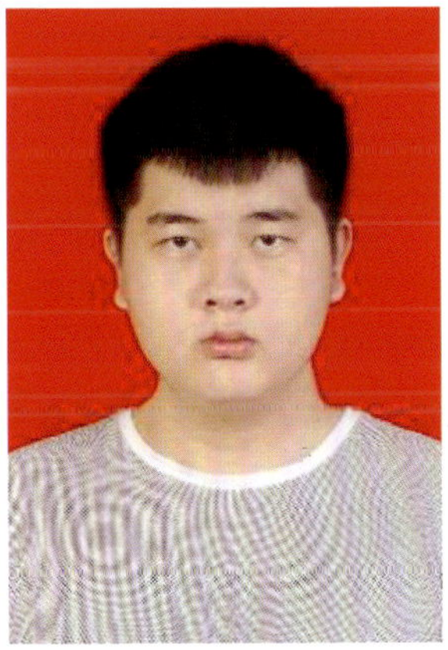

李建禹 很荣幸2022“南粤杯”联合毕设，这既是对我设计的肯定，也是对我做好今后学习生活的的一种鼓励。虽然在学习专业的五年里没有获得非常亮眼的成绩，但在自己的学习上始终刻苦钻研，认真对待每一件事，思考和关注不同的想法，为祖国未来的建设尽自己的一份力。

张倩雯 始于2017年的初秋，终于2022年的盛夏。回首这五年光阴，如烟火一般，落人满眼繁华，目之所及，心之所向，皆是满满的回忆。联合毕设给本科生涯画上了句号，也为之后的人生开启新的篇章。一次次思维碰撞后不断有的火花，也化为纸上的符号离我们远去，其中人与事，纵有万般不舍，但仍旧心怀感激。

戚俏蓉 历时三个月，终于为自己的本科学习生涯交上了一份不错的答卷。感谢老师对我们毕业设计的耐心指导，感谢组委会对本次联合毕设的支持。更要感谢组员们一起为毕业设计付出的努力，从最初的场地研究、理念构思到最后的方案设计、出图，大家辛苦了！

作为一名城乡规划专业的学生，将弹性生长作为我们毕业设计的主题概念，不仅是我们对东莞威远岛的美好畅想，更包含了我们对未来城市科学可持续发展的期待。最后，希望“南粤杯”联合毕设能够越办越好！

廖倩琪 感谢本次联合毕设举办方，让我们和别的学校有交流共同进步的空间，感谢我们的三位导师，陪着我们一起完善了生长中的白地的理念，感谢我们整个小组，大家互相帮助，取长补短，最后一起完成了一件了不起的事：自上而下地重构了一套规划体系。

杨晟一 由于疫情，没有能够去现场调研，也没能见到各位优秀的老师、专家、同学，十分遗憾。从东莞用地的供求关系出发，在整个大湾区转型的背景下进行的这次方案设计使我受益匪浅，提高了宏观分析能力。接着要衷心感谢郁珊珊老师、沈洁老师和王量量老师的辛勤指导，以及各学校、省规院的老师们的努力和付出，感谢组长玉珊和各位组员同学的努力，让我们的方案从一颗种子生长成一片树林，虽然仍有诸多不足，但也进步非凡。最后愿大家都能保持理想和热枕，继续努力，将来为世界城乡发展贡献力量。

生长中的白地 Growing white ground

——基于弹性生长理念的鸦片战争海防遗址公园核心段规划设计

Planning and design of core section of opium Defense site Park based on elastic growth concept

区域分析

场地位于广东省东莞市滨海湾新区，其中海战遗址公园位于威远岛南侧，对于东莞融入大湾区战略具有重要作用。形成历史与未来对话，城市与生态对话。

虎门镇 Humen

宏观区位

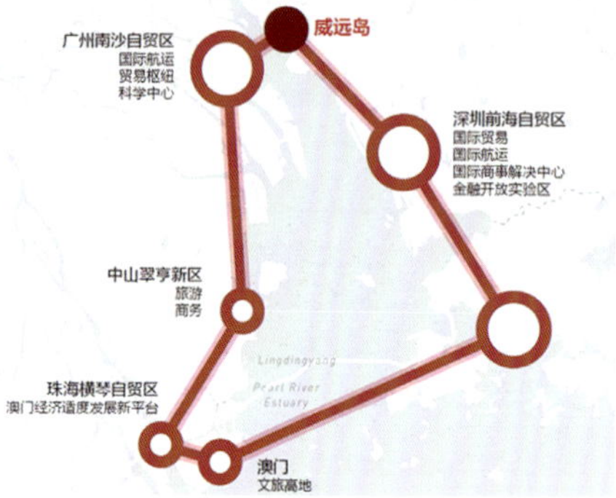

微观区位

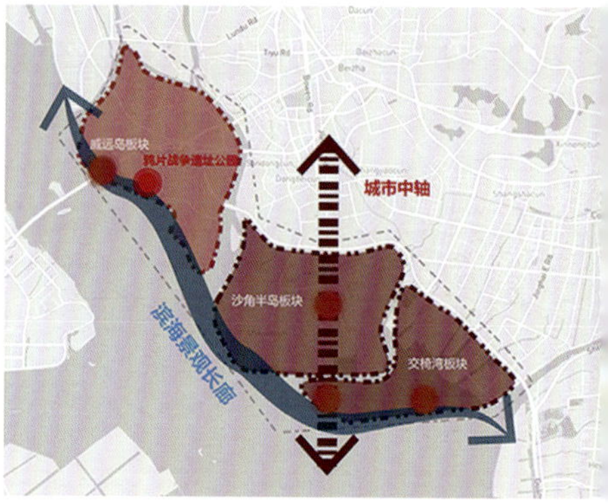

相关规划

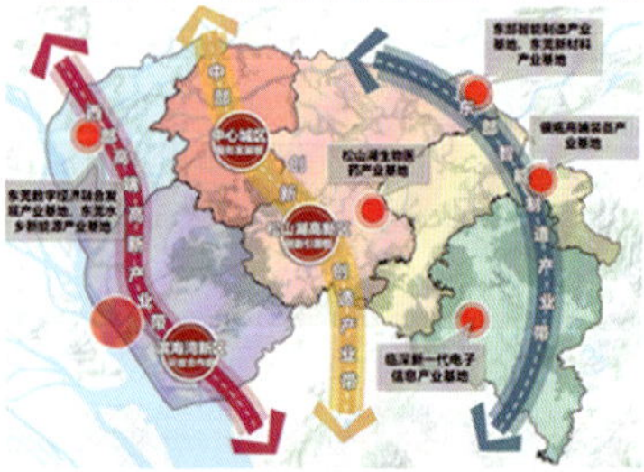

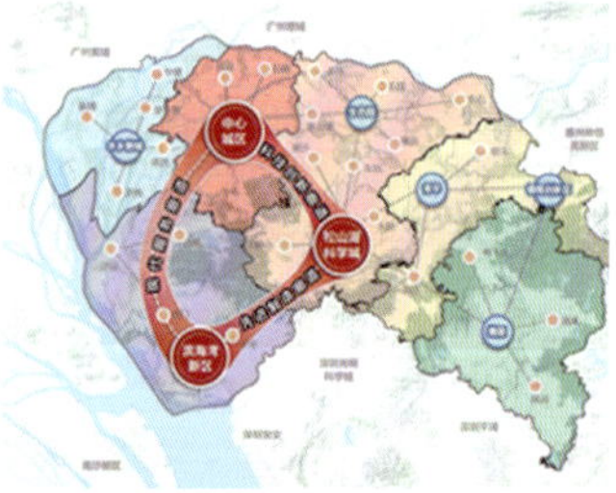

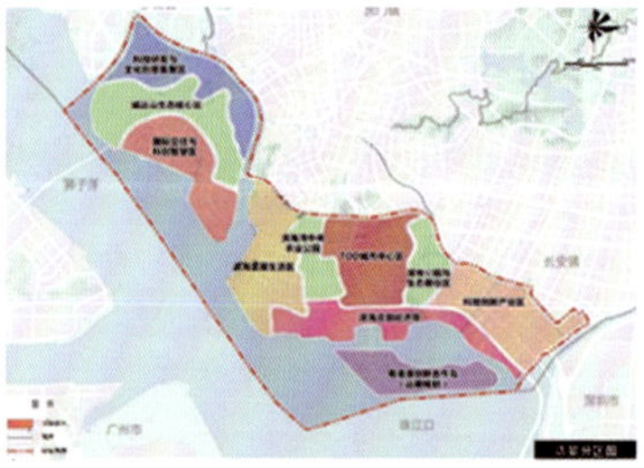

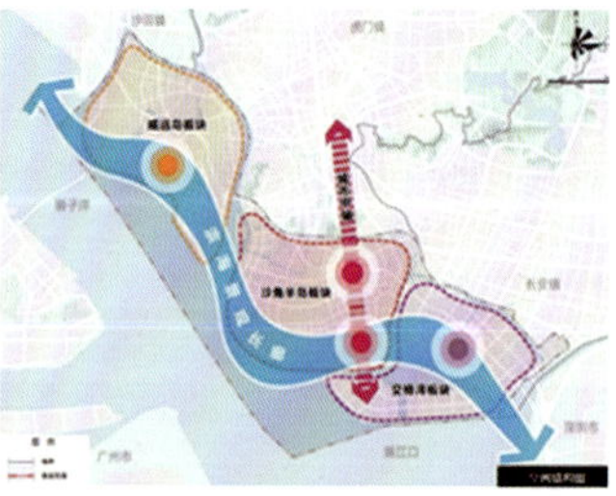

□《粤港澳大湾区发展规划纲要》

东莞借助粤港澳大湾区的东风，提升城市经济质量，由传统产业基地升级转型国际制造中心。

□《东莞市城市总体规划（2016–2030年）》

构筑“沿江、面海、环山、多组团”城市特色风貌空间。

□《东莞市国民经济和社会发展第十四个五年规划》

位于沿海科技产业创新带，发挥滨海湾新区、虎门高铁站片区等创新平台节点的创新发展功能。主动承接广深产业和创新资源。

位于西部高端高新产业带，打造东莞数字经济融合发展产业基地、东莞水乡新能源产业基地。

□《东莞市滨海湾新区城市总体规划（2018–2035）》

规划建设国际会议中心及配套设施，打造粤港澳大湾区国际合作交流中心。

探索国际合作办学模式创新，谋划建设湾区高水平大学打造创新集聚区。

发展机遇

粤港澳大湾区融入世界经济圈，带来绝佳发展机遇。

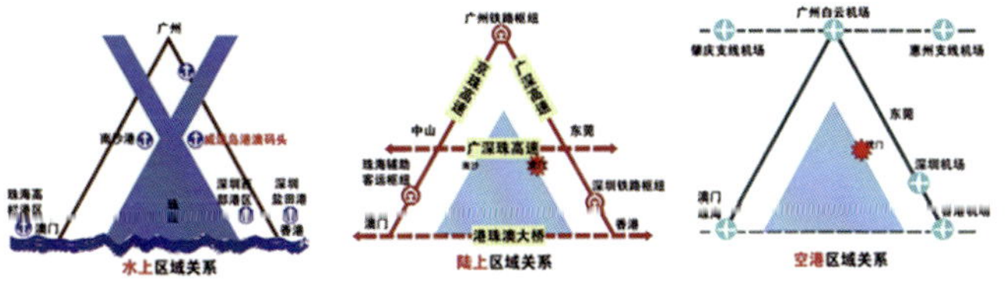

东莞层面

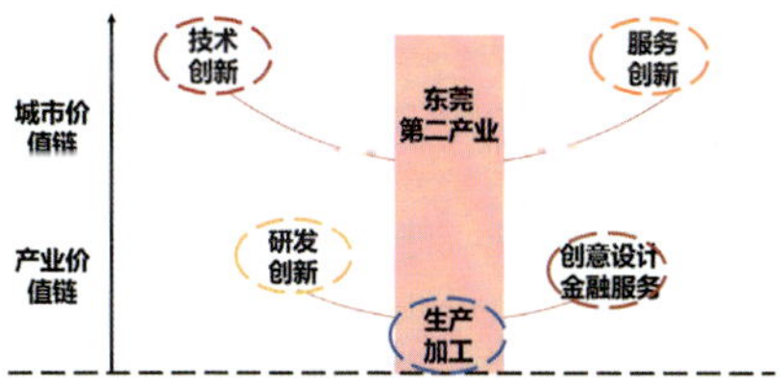

快速工业化带来了严重的早熟危机，东莞建设用地接近了市域面积的60%，传统莞港合作模式难以为继。对低端制造业长期的路径依赖使得东莞转型艰难,城市更新需要大量要素投入，无法全面展开，必须以一个战略支点作为突破口，以点带面地带动整个城市转型升级。

当下，港珠澳大桥刚建成通车，要素流通尚处于发展阶段，而深中通道等也仅处于规划建设阶段，暂未对虎门大桥的地位产生颠覆性影响，东莞必须抓住还未彻底错失的良机，在发展窗口期完成城市的转型。

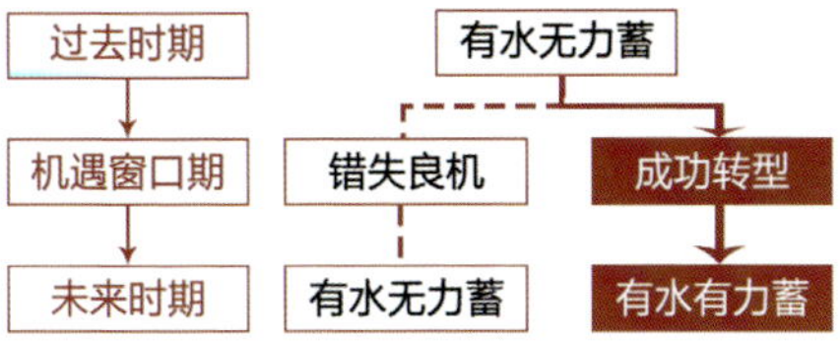

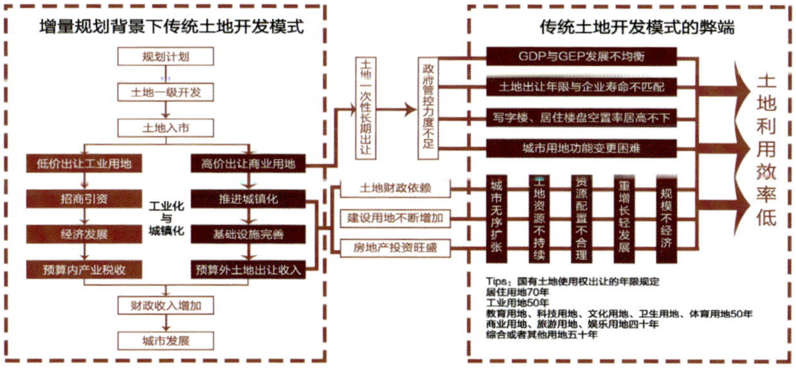

现状分析

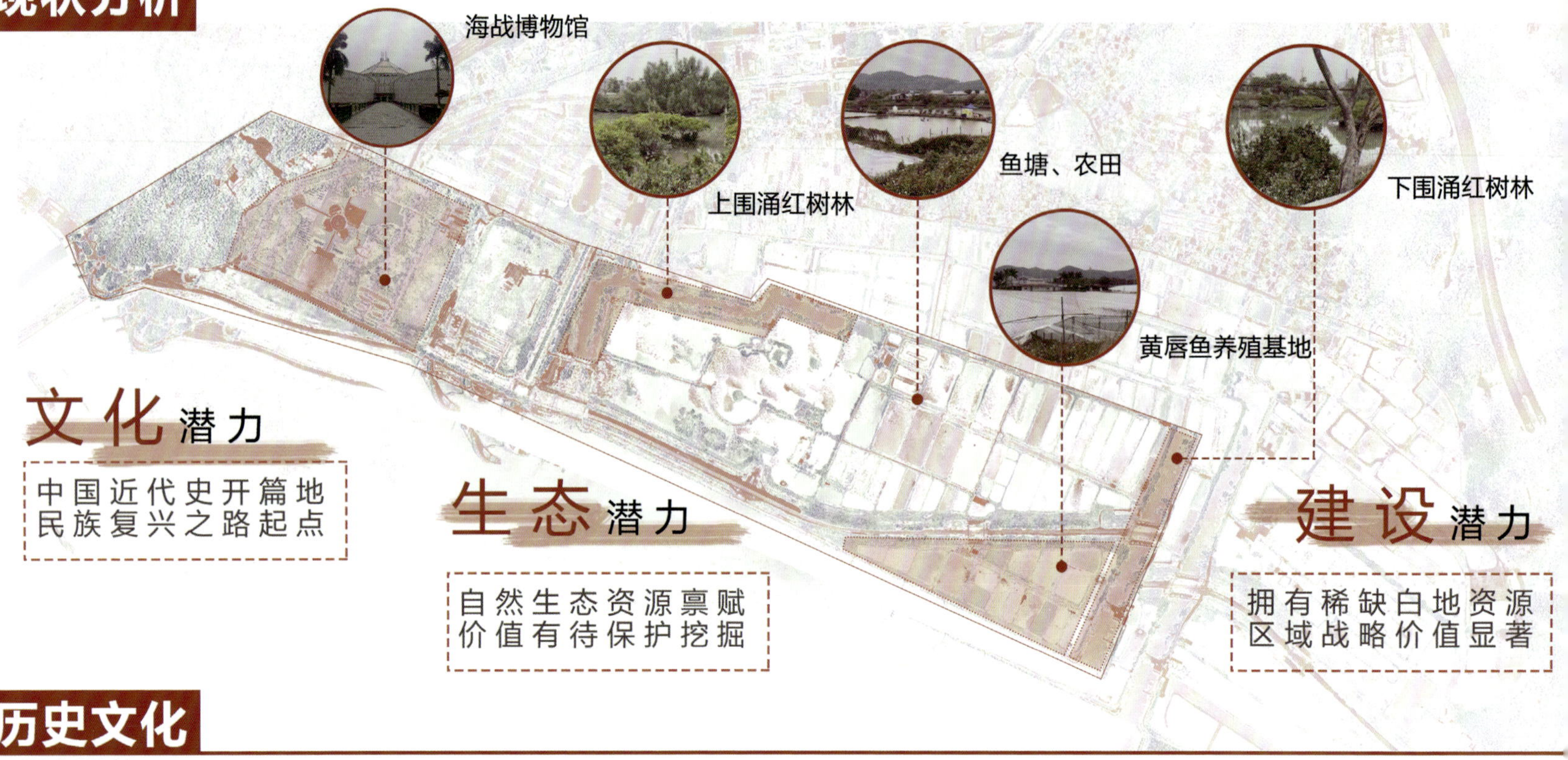

历史文化

■ 历史沿革

中国近代史开篇地，历史发展悠久

公元前16世纪 水乡泽国 → 1835年 虎门炮台 → 1839年 虎门销烟 → 1840年 鸦片战争 → 1874年 炮台重建 → 1937年 抗日海战

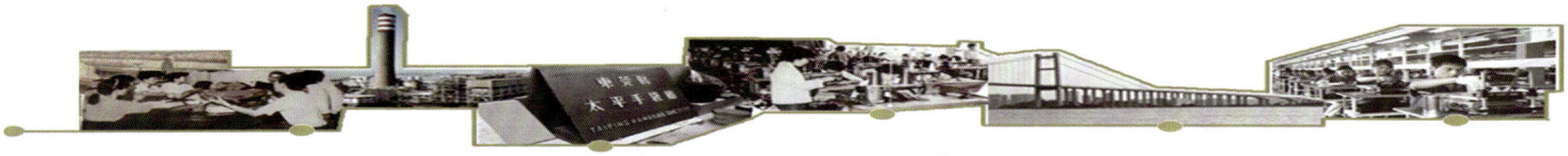

1949年 开国大典 → 1971年 产业起步 → 1978年 改革开放 → 1994年 品牌成型 → 1999年 虎门大桥 → 21世纪后 产业转型

■ 在地文化

非物质文化繁多，文化底蕴丰厚

■ 要素提炼

■ 问题与挑战

厚重而沉痛的历史价值与大众日常难以匹配，应如何讲述?

厚重历史与日常的调和

自然生态

■ 生态格局

背靠威远山，面朝珠江口，生态格局优越

■ 生态要素

生态要素多样，生态资源禀赋

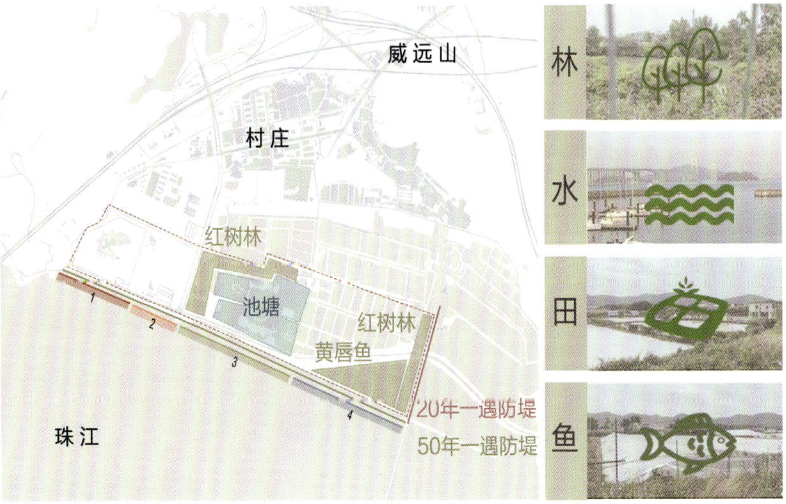

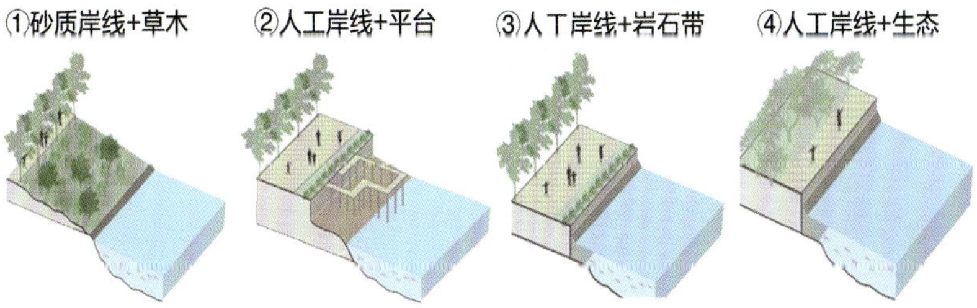

■ 问题与挑战

脆弱生态环境保护与经济发展之间如何进行有效协调?

生态保护与发展的协调

建设情况

■ 土地利用

待开发白地占比大，规模连片，利于开发建设

白地成片规模
现状多规则连片用地，能满足未来多种发展需要

建设基础良好
原有的建设区多集中布置，提供较好的建设基础

开发难度较小
威远岛上待开发白地占比较高，有利于开发建设

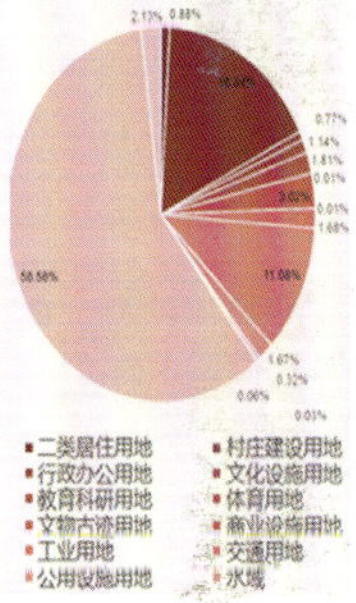

■ 社会经济

人口活力凸显，产业逐步转型升级

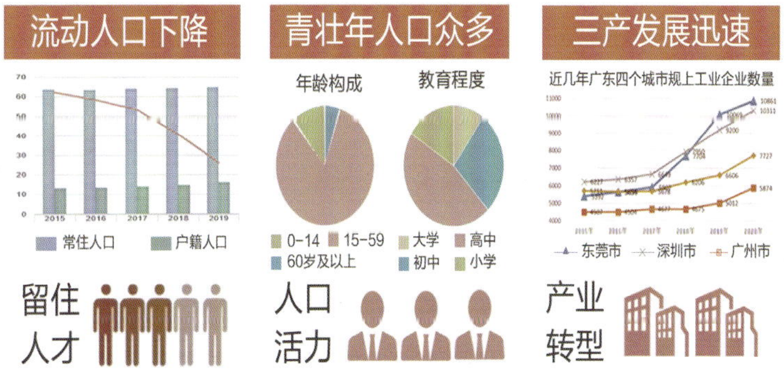

■ 问题与挑战

在当前建设过载的情况下，稀缺白地如何发挥价值最大化?

稀缺白地与开发价值的平衡

□ 发展定位

高质量发展示范区、国际化综合服务片区
新一代文化展示样板区

高质量发展

高质量服务

高质量文化

□ 研究框架

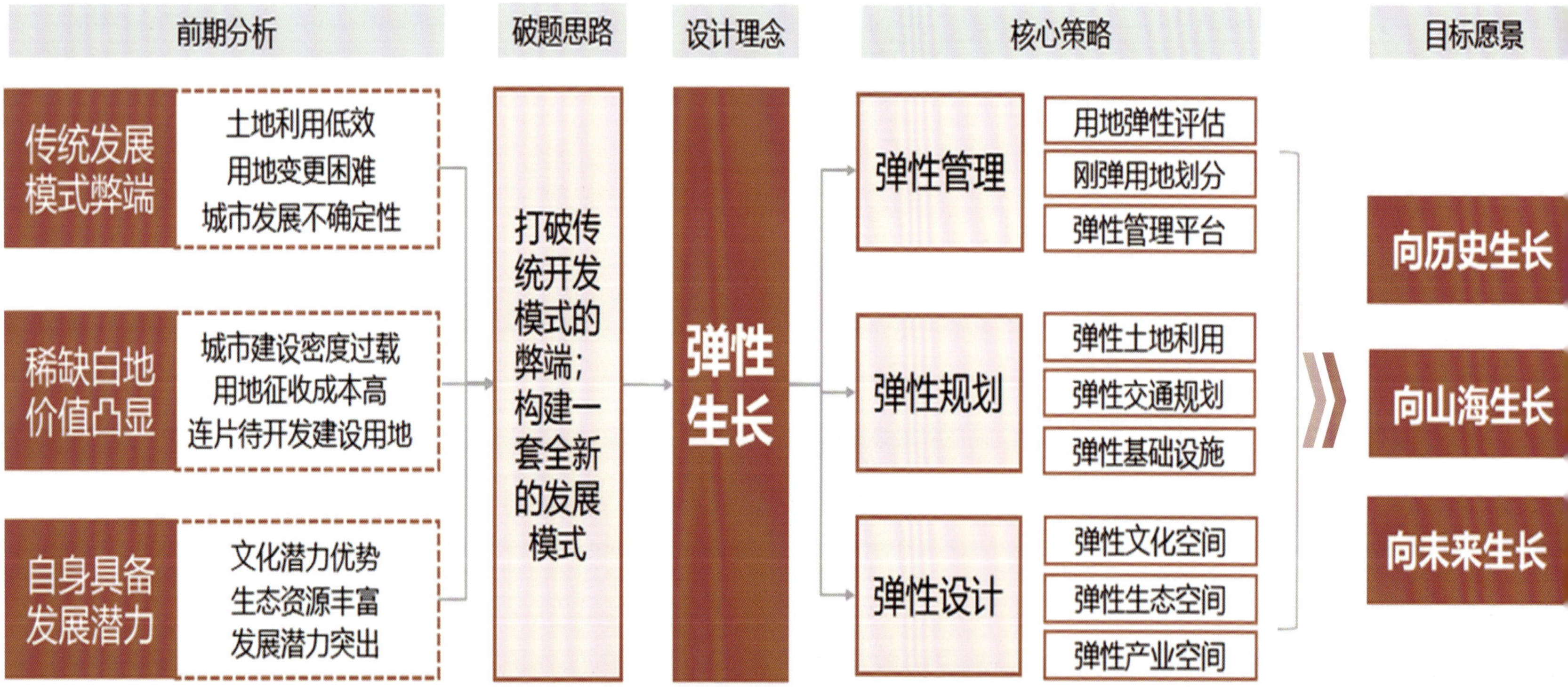

设计理念

理念

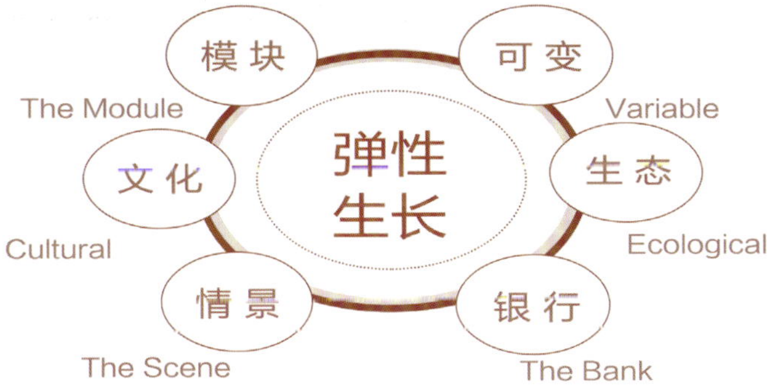

实现城市的弹性生长

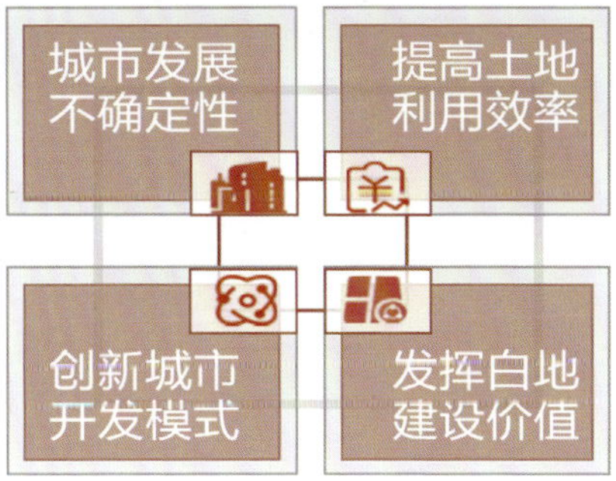

探寻生态与经济的平衡

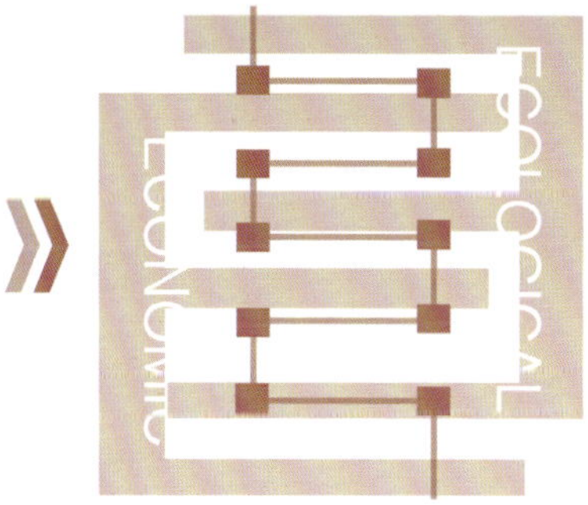

工具

Elastic Bank

弹性银行为工具，对用地潜力进行调蓄

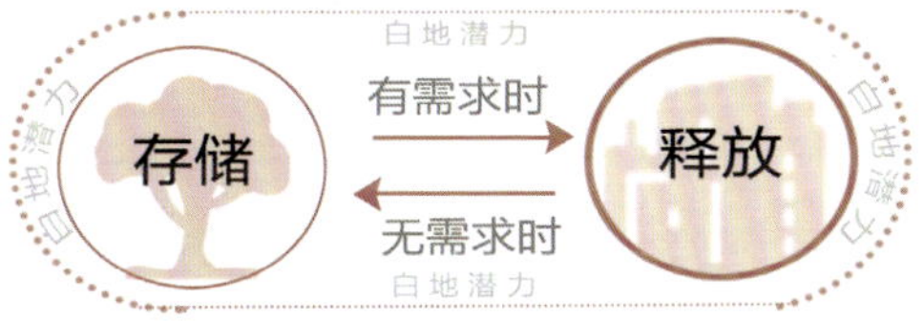

E Ecological Economic

B 存—存储 取—释放

生态化≠倒退

弹性平衡点

经济化≠开发

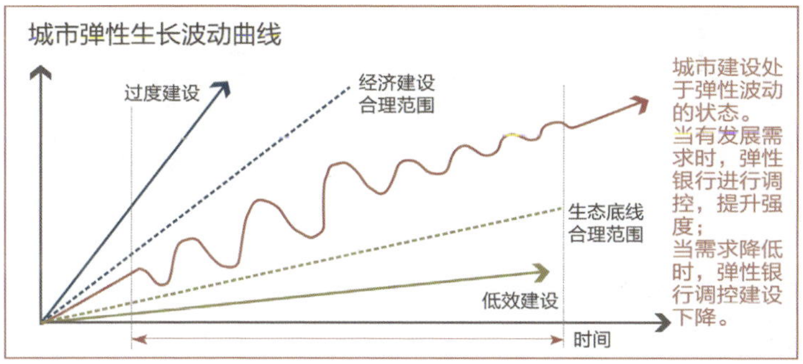

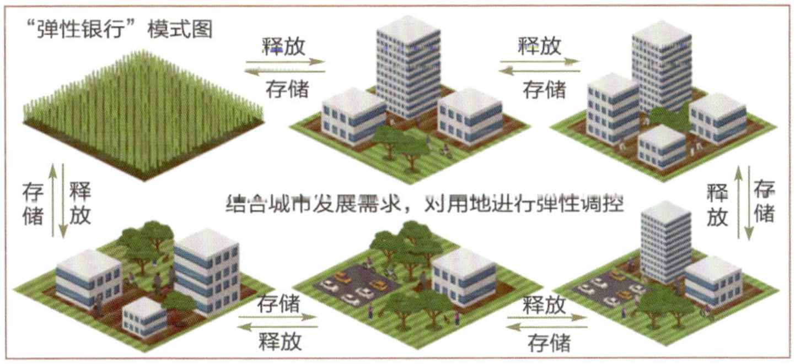

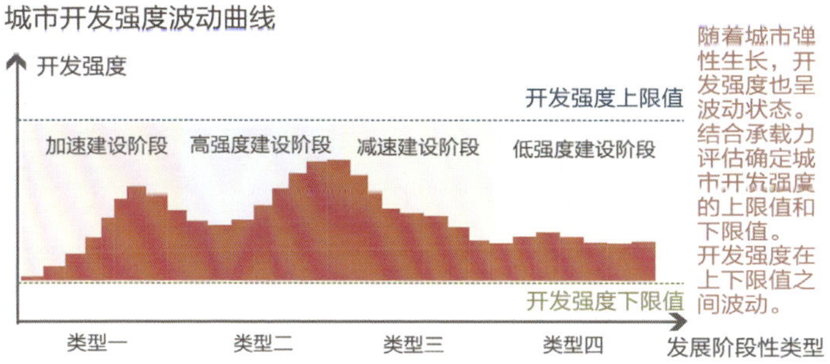

体系

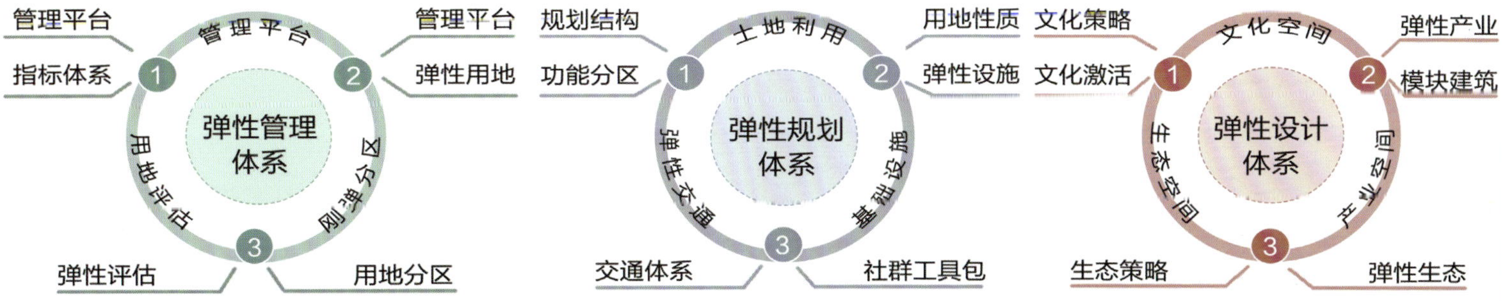

弹性管理落保障　弹性规划定纲领　弹性设计保实施

弹性管理

搭平台

弹性管理体系构建

将弹性管理的全过程梳理为管理导则制定、弹性用地评估、弹性功能置换、弹性指标实施，并确定各阶段的工作重点。当城市发展需要减量时，可以将用地动态存储起来，待有需求时再进行建设，实现白地的弹性生长。

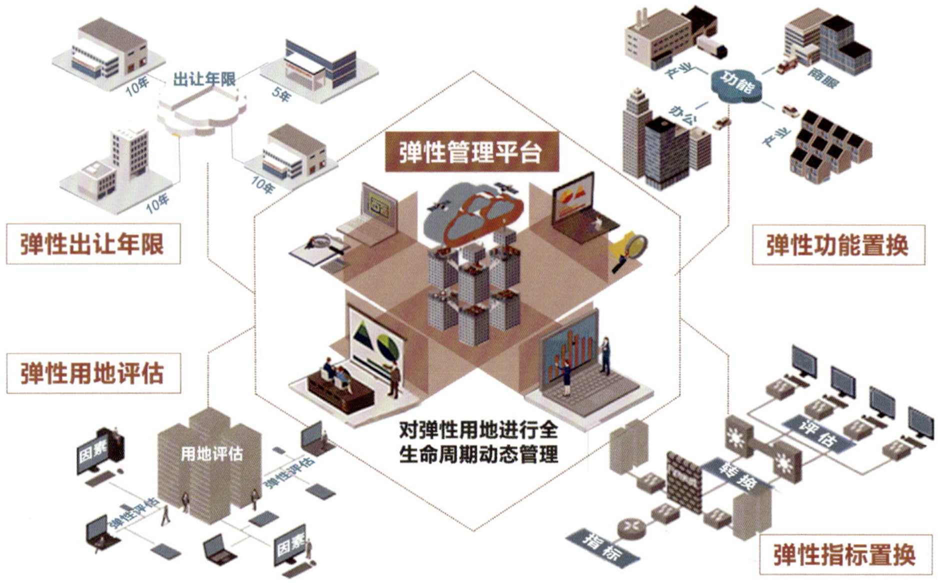

出让年限

土地出让年限与企业生命周期相匹配

长期租赁 + 先租后让 + 租让结合

用地评估

评估具有弹性发展潜力用地，划分区域

识别用地　评估体系　土地评分　刚弹分区

功能置换

允许土地同时多种不同功能混合利用

功能转换　商服 ⇄ 居住 ⇄ 产业

指标置换

允许弹性地块内进行一定程度指标置换

指标转换　制定指标置换导则　指引不同类型置换

定评估

弹性评估体系

用地弹性影响因素

历史潜力　生态潜力　开发潜力　交通潜力

用地弹性决定了城市建设中土地可转换程度。分析场地内的历史、生态、开发、交通潜力，评估土地的弹性。

低 → 影响因素权重 → 高

强 ← 土地弹性 ← 弱

影响因素权重越高 》 用途转换、空间腾退难度更高 》 土地弹性越低

用地弹性评分表

地块	A1	A2	A3	A4	A5	A6	A7	A8	A9	B1	B2	B3	B4	B5	B6	B7	B8	B9
弹性值	3.4	2.4	2.1	5.8	6.0	6.2	6.5	7.5	7.5	7.8	8.9	8.4	8.6	8.1	7.8	9.4	9.1	9.2
历史	9.8	8.6	7.8	8.9	7.8	6.2	8.5	8.8	8.8	8.5	4.5	4.8	4.5	6.2	6.2	7.2	3.2	3.2
生态	9.2	7.8	7.6	8.6	4.0	9.0	8.8	8.5	8.5	8.5	4.2	4.0	3.8	4.0	4.2	4.3	3.2	3.0
建设	8.9	9.8	9.9	2.0	6.8	2.8	8.8	2.8	4.2	4.2	2.0	3.2	2.0	2.1	3.5	2.1	3.2	3.2
交通	9.8	4.0	2.0	3.5	2.3	8.6	4.0	3.8	2.5	2.3	3.8	3.5	2.5	2.2	2.2	4.1	3.8	2.5

交通要素评估

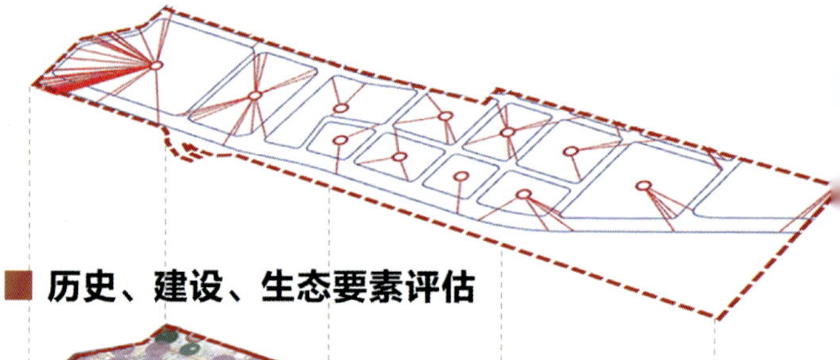

历史、建设、生态要素评估

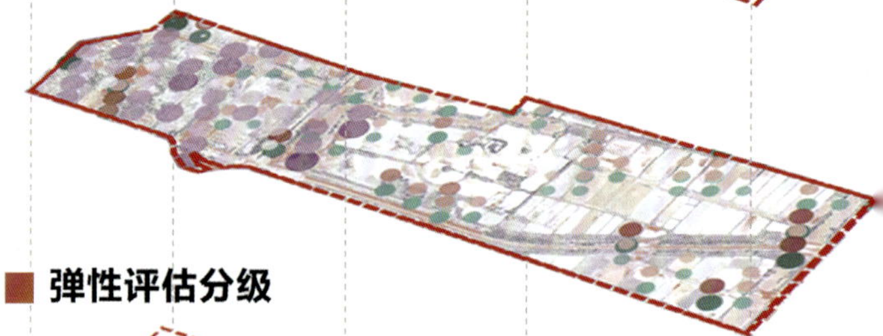

弹性评估分级

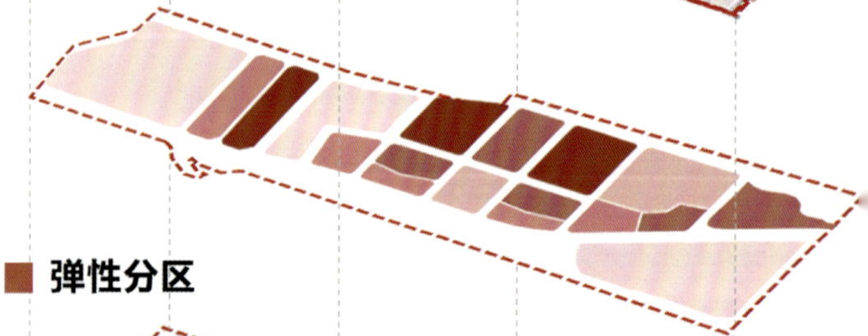

弹性分区

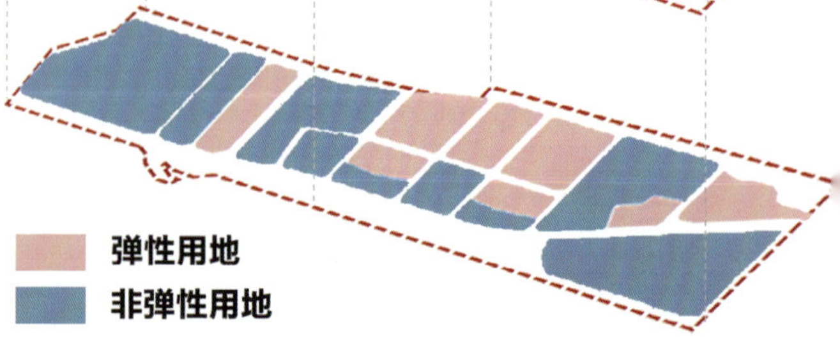

弹性用地

非弹性用地

划分区

划分刚弹分区

**基于弹性评估结果，划分刚弹分区应对未来的发展需求
让弹性分区成为土地交换、价值循环的工具**

非弹性区域

文化空间	城市紫线建设控制范围以传承和保护文化为主
生态空间	生态红线管控范围，保障城市生态绿地系统等
基础空间	城市公共服务设施、基础服务设施，保障需求

非弹性区域根据上位要求布置文化空间、生态空间和基础设施空间，固定其开发建设强度，以保障城市发展的基本需求。

非弹性区域及占比	
46.6ha	63.67%

上位用途 | 固定指标 | 容积率：2.5

弹性区域

弹性产业空间

具备弹性发展潜力的地块。可针对性制定土地出让年限、灵活变更用地功能的地块

功能置换 | 指标转换 | 出让年限

弹性区域内，不做具体用地性质的先导分配，依据地块发展需求和潜力，跟随具体开发项目确定性质并同步完善相关指标和管理规定，允许其开发强度在弹性导则范围内动态浮动或在弹性出让周期内进行功能置换。

弹性区域及占比	
26.6ha	36.32%

弹性用途 | 灵活指标 | 容积率：2.5~4.0

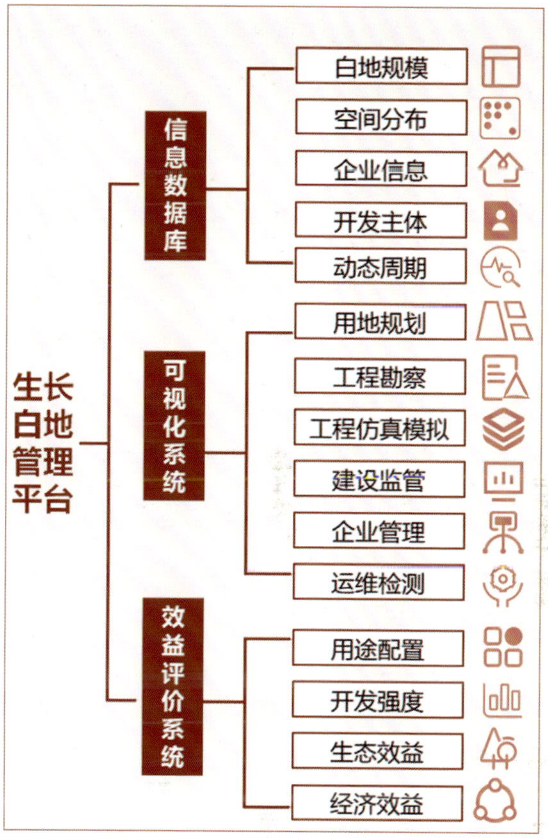

落实施

弹性实施内容

良性循环模式

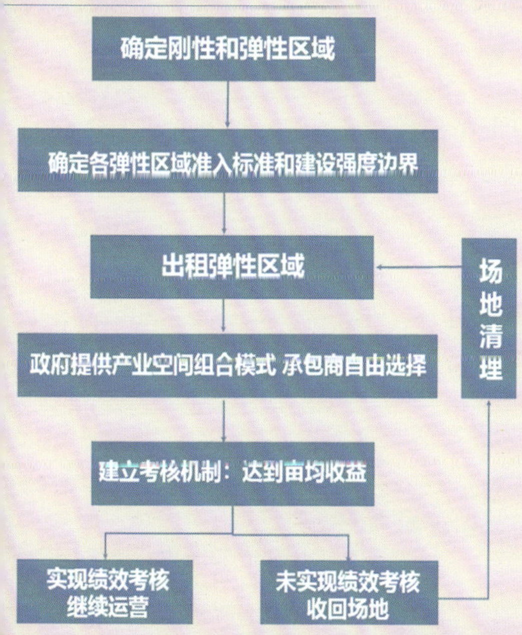

低开发强度
中开发强度
高开发强度

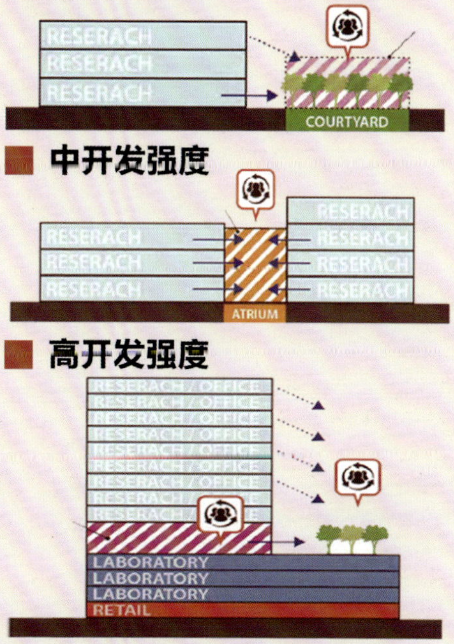

考核要求：亩均产值

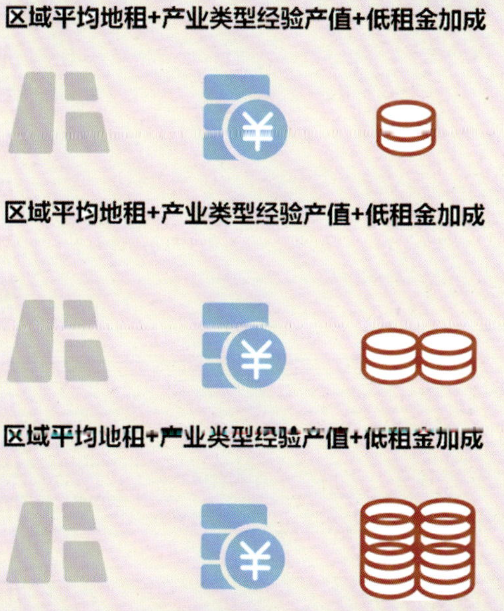

弹性规划策略 Elastic Planning Strategy

土地利用规划

- 弹性用地
- 文化设施用地
- 体育用地
- 商业用地
- 科研用地
- GIC政府/机构/社区用地
- 居住用地
- 公园绿地
- 防护绿地
- 交通场站用地
- 综合发展用地1（以艺术文化娱乐、国际交往、商业为主导功能）
- 综合发展用地2（以商业性办公、商业为主导功能）

空间结构规划

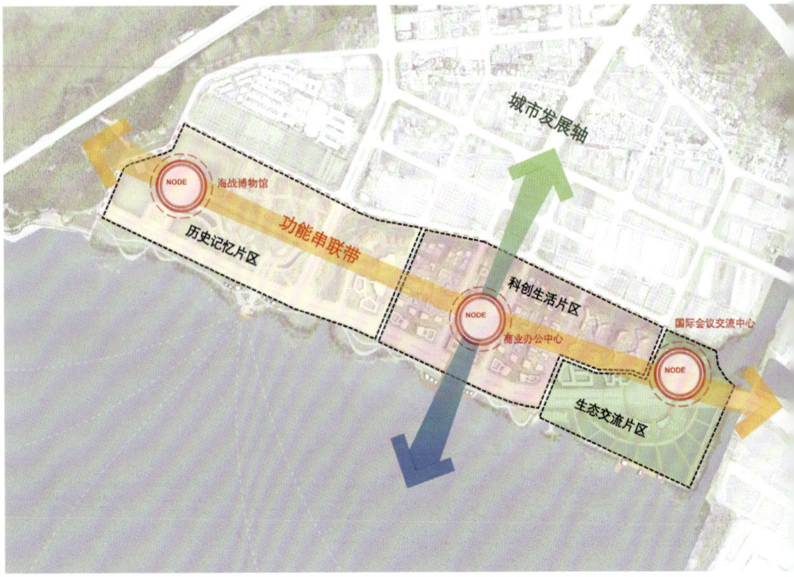

一轴一带·三区三心

铭记·展望·重生

一轴——城市发展轴

一带——功能串联带

三区——历史记忆片区、科创生活片区、生态交流片区

三心——海战博物馆、商业办公中心、生态交流片区

生态景观系统规划

- 主要生态廊道
- 次要生态廊道
- 景观界面
- 主要景观节点
- 次要景观节点

以刚性的景观系统奠定场地整体绿色生态格局，弹性的景观系统主要体现在弹性用地的随需求变化的动态生长中。

综合交通规划

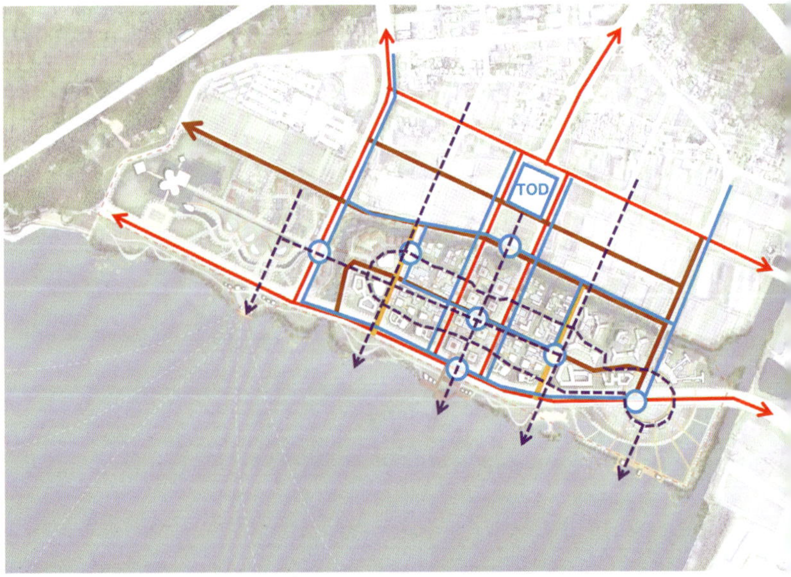

- 城市主干道
- 城市次干道
- 城市支路
- 云巴
- 慢行步道

场地的刚性道路以上位规划道路系统为基础，形成城市主次干道。在弹性方面，将原有的城市支路全部升级成为弹性街道；同时架设云巴连通场地，形成与场地外TOD站点的高效交通互动；结合云巴系统布设慢行空间以减小交通设施对生态和功能的割裂。

总平面图 Masterplan

文化空间设计

要素提炼

形态生成

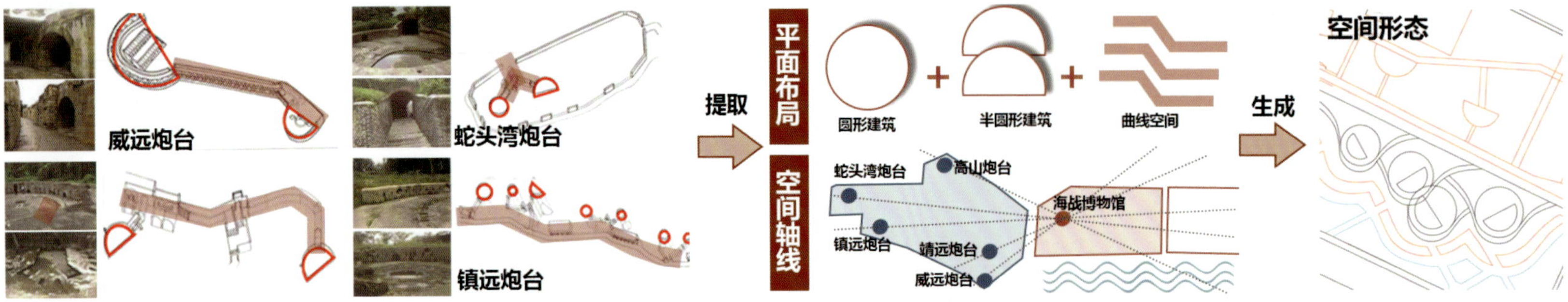

核心策略

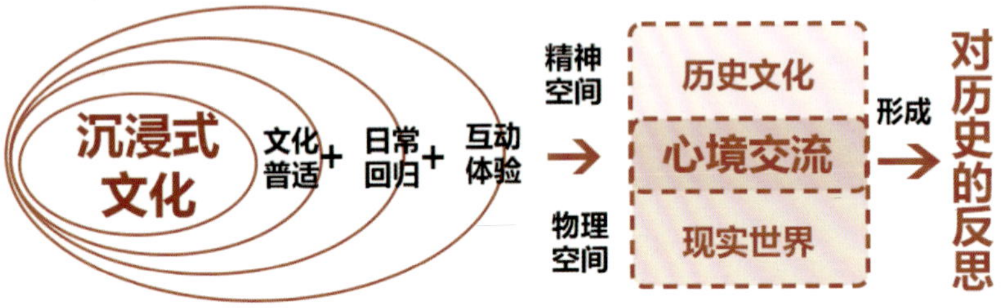

沉浸式历史文化主题环境渲染

提炼历史碎片营造记忆场景

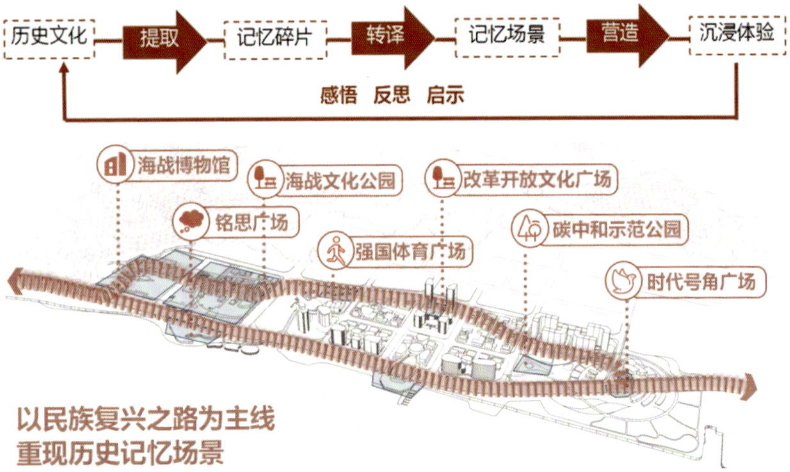

强化海战文化 IP 实现赋能文旅

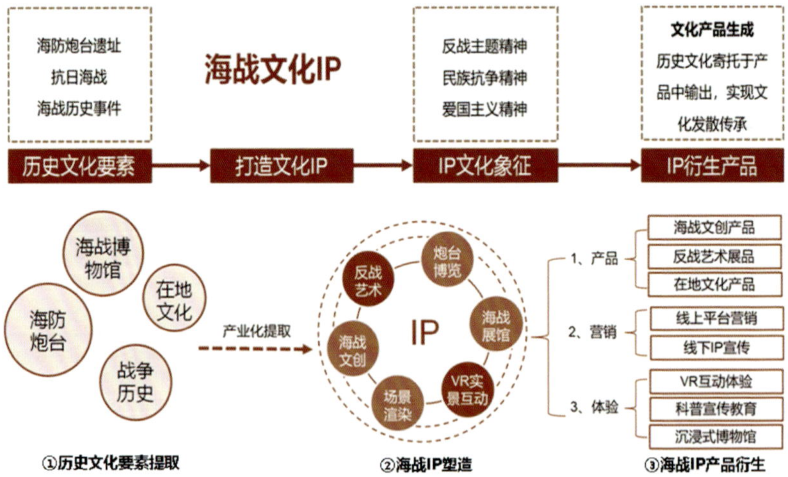

节点展示

生态空间设计

核心策略

EOD 模式

EOD模式将生态治理带来的经济价值内部化，从**生态环境**、**产业结构**、**基础设施**、**城市布局**等方面综合考虑。

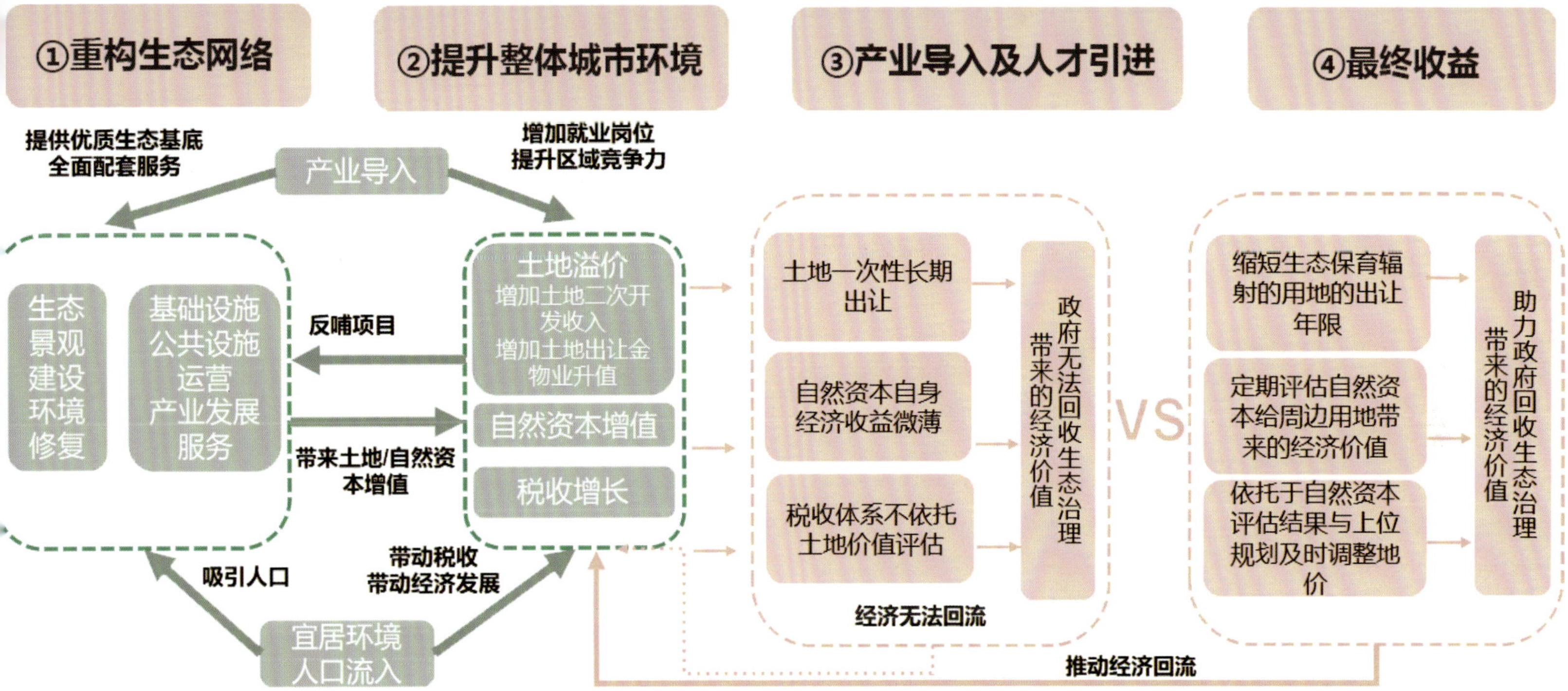

第二岸线 - 上下围涌贯通

堵塞到疏通

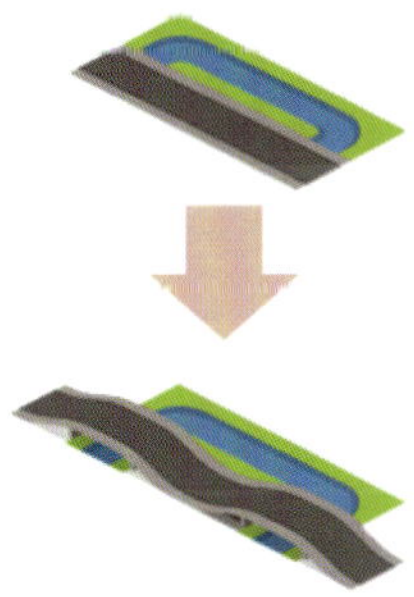

场地水系连通

场地水系工程

道路下穿 | 水闸建设 | 表面浅挖

场地水系工程

硬质的海堤工程建设，阻断了上下围涌的路径，对水交换产生了严重影响。本次设计针对水质改善，提出打造透水廊道的改造建议，从而缓解末端效应，实现场地围涌与海洋之间的水连通。

道路下穿改造模式

水闸建设模式

表面浅挖的改造模式

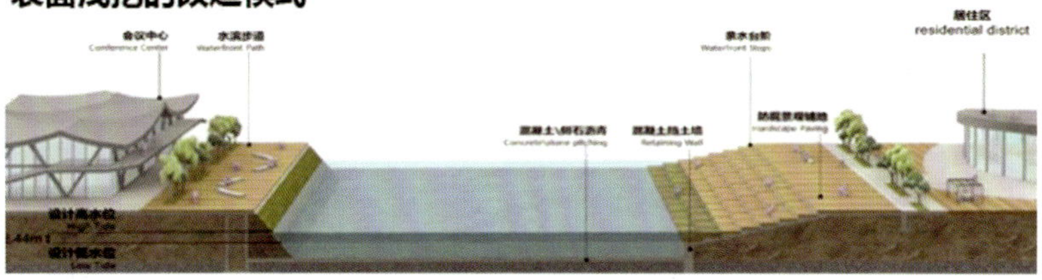

弹性设计策略

弹性空间设计

聚焦产业

弹性产业空间

具备弹性发展潜力的地块，可针对性制定土地出让年限、灵活变更用地功能的地块.

功能置换　指标置换　出让年限

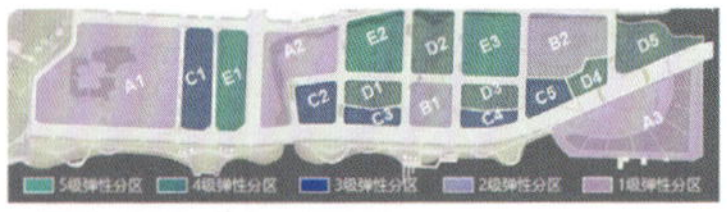

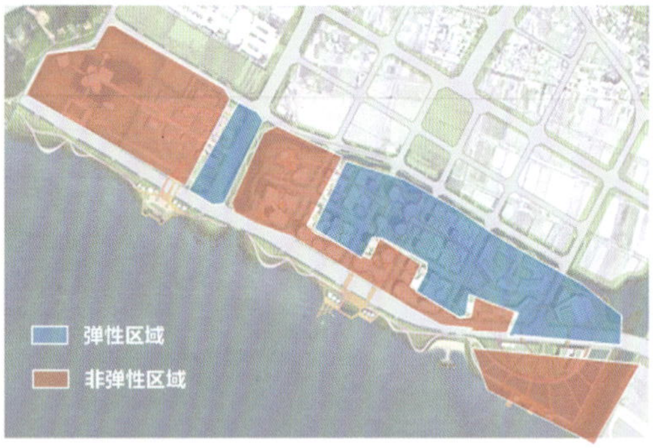

黑名单

产业负面准入清单

制定评估标准，划定产业负面准入清单，把建设及生产过程将对生态环境造成影响的产业纳入负面清单。

禁止入内 + 限制入内

- 上位已明令禁止准入的产业;
- 高污染、高排放等产业;
- ……

白名单

产业类型分类

综合城市未来发展需求，划分可准入的产业类型：

大类	中类	小类
现代服务业	创新服务	现代商贸、商业服务、科技服务、金融服务
	文化创意	文化旅游、创意休闲、文化服务等;
	会议交流	会展会馆、会议中心等;
战略性新兴产业	数字技术	信息技术、智慧经济、数字孵化、数字创意
	生物医药	生命健康、生物医药等;
先进制造业	高端制造	服装制造、智能装备等;

场地可准入的弹性产业类型主要划分为创新服务、文化创意、会议交流、数字技术、生物医药、高端制造六种模块。

模块化集成建筑

快拆快建模式

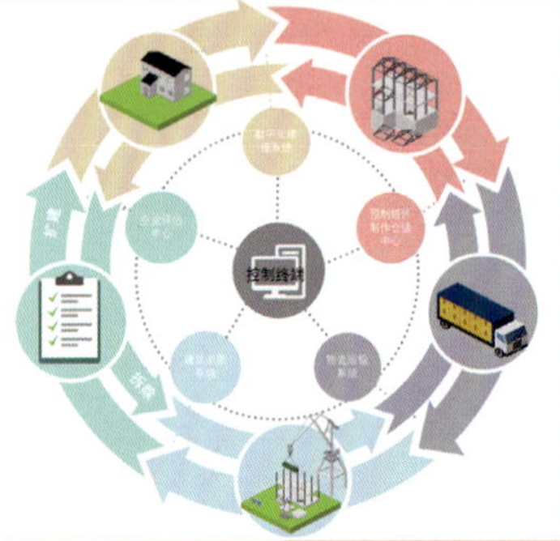

企业评估——扩建模式	企业评估——拆除模式
数字化建模	预制组件的拆卸
制作预制组件	物流系统——运输至仓储中心
物流系统——运输至场地	存储于仓储中心
安装预制组件，建成建筑	……

智慧控制终端贯穿整个流程,起协调评估的作用，实现了建筑资源的多次利用，最终使得建造集成建筑就像搭乐高积木一样，可以低成本自由拆建。

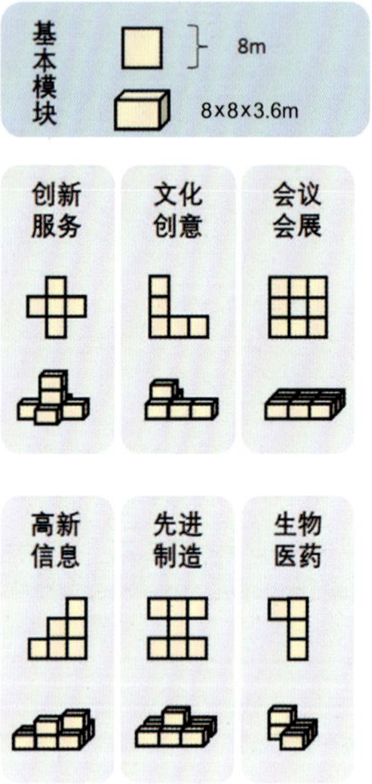

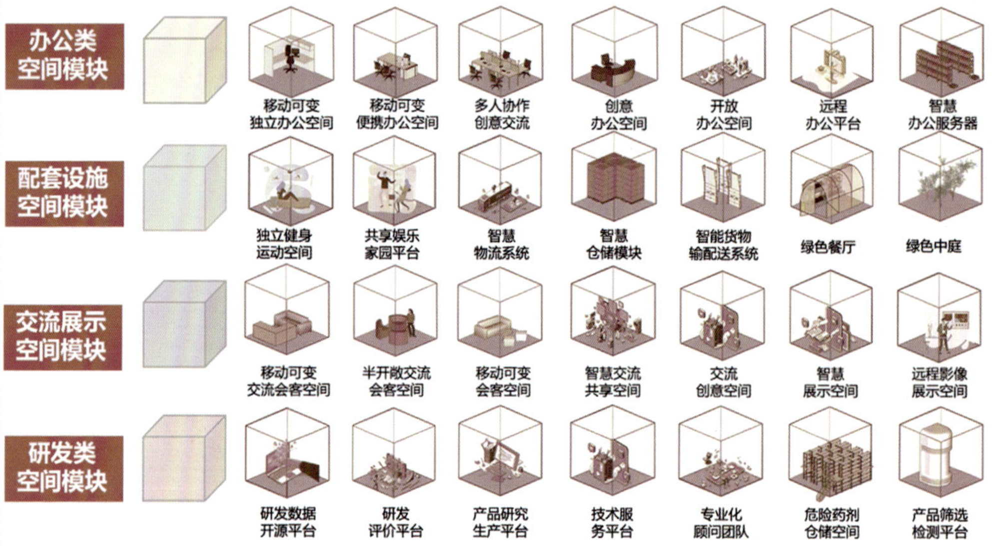

低成本、高效、可再生的原生绿地

临时覆绿模式

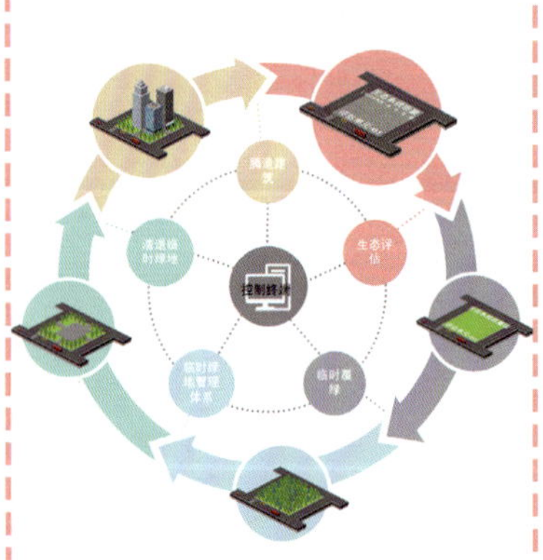

临时覆绿模式
腾退建筑
生态评估
临时绿地
临时绿地管理
清退临时绿地

智慧控制终端贯穿整个流程，起协调评估的作用，实现了绿地资源的多次利用，最终使得建筑腾退后能快速恢复为低成本建造绿地。

遥感数据 / 数据预处理 / 其他辅助信息 → 遥感生态数据 + 生态功能分区 → 植被覆盖度相对密度 / 叶面积指数相对密度 / 总初级生产力相对密度 → 生态系统质量 → 生态系统质量分级

$$生态系统质量 = \frac{叶面积指数相对密度 + 植被覆盖度相对密度 + 总初级生产力相对密度}{3} \times 100$$

原生绿地级别	优	良	中	低	差
生态系统质量	EQI≥75	55≤EQI＜75	35≤EQI＜55	20≤EQI＜35	EQI＜20
描述	生态系统质量为优	生态系统质量良好	生态系统质量为中等水平	生态系统质量较低	生态系统质量较差
后续发展模式	景观式覆绿	交流式覆绿	生产式覆绿	苗圃式覆绿	草坪式覆绿
发展模式示意图	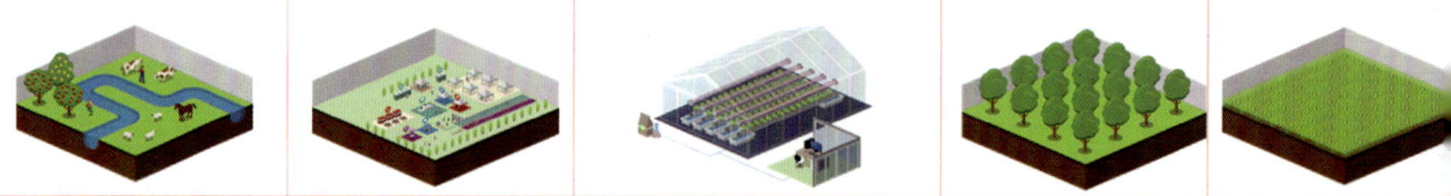				

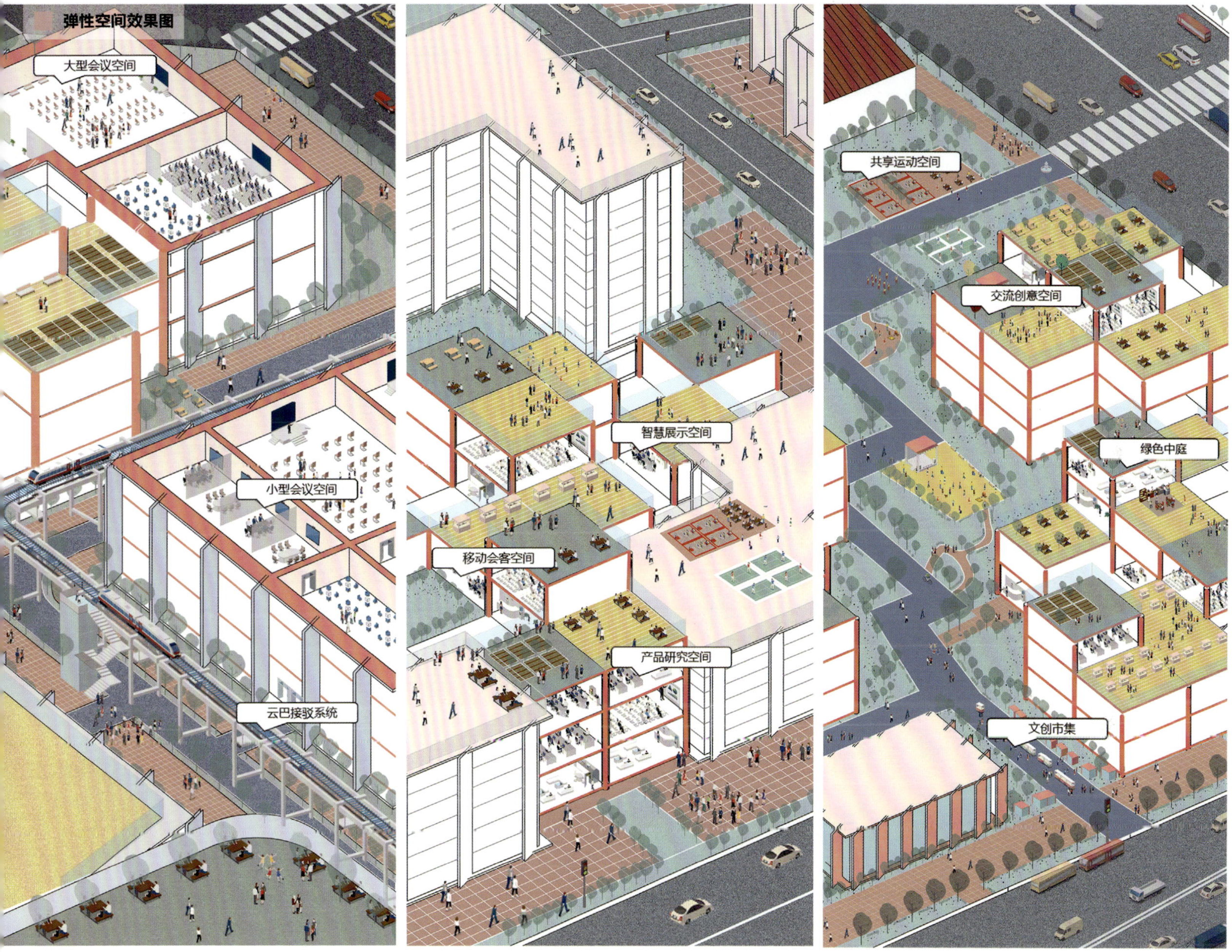
弹性空间效果图
大型会议空间
小型会议空间
云巴接驳系统
智慧展示空间
移动会客空间
产品研究空间
共享运动空间
交流创意空间
绿色中庭
文创市集

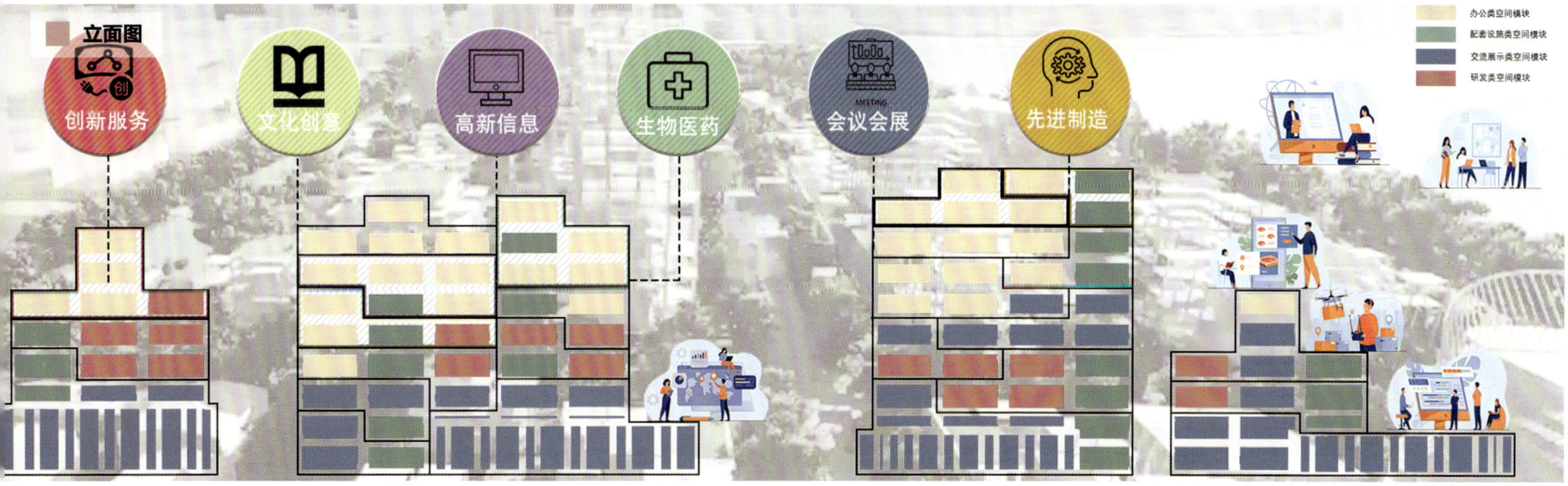
立面图
创新服务
文化创意
高新信息
生物医药
会议会展
先进制造
办公类空间模块
配套设施类空间模块
交流展示类空间模块
研发类空间模块

弹性生长

——多种场景的生长状态

弹性生长理念下，这块“白地”摆脱定性发展的模式，可结合城市需求，适应环境变化，具备多种发展可能性。

白地的生长过程，会随之演绎出多种生长情景。面对复杂多变的环境，白地的弹性生长模式可以进行灵活应对。

弹性生长阶段		场景类型		弹性生长状态
低开发阶段	→	场景A	→	生态主导型生长
增速发展阶段	→	场景B	→	建设增量型生长
减速发展阶段	→	场景C	→	建设减量型生长
高建设阶段	→	场景D	→	产业主导型生长

城市生长的N种可能

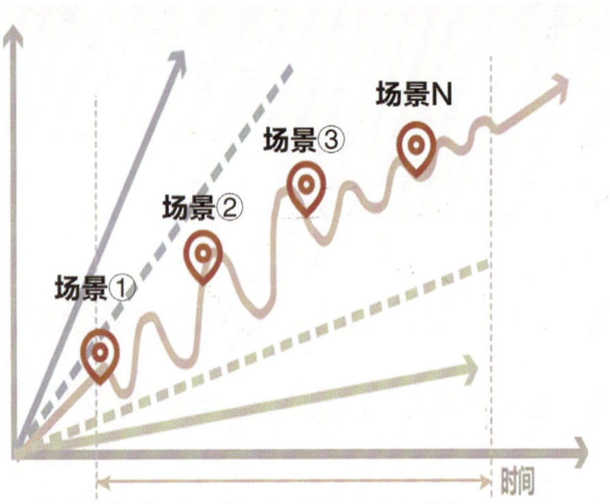

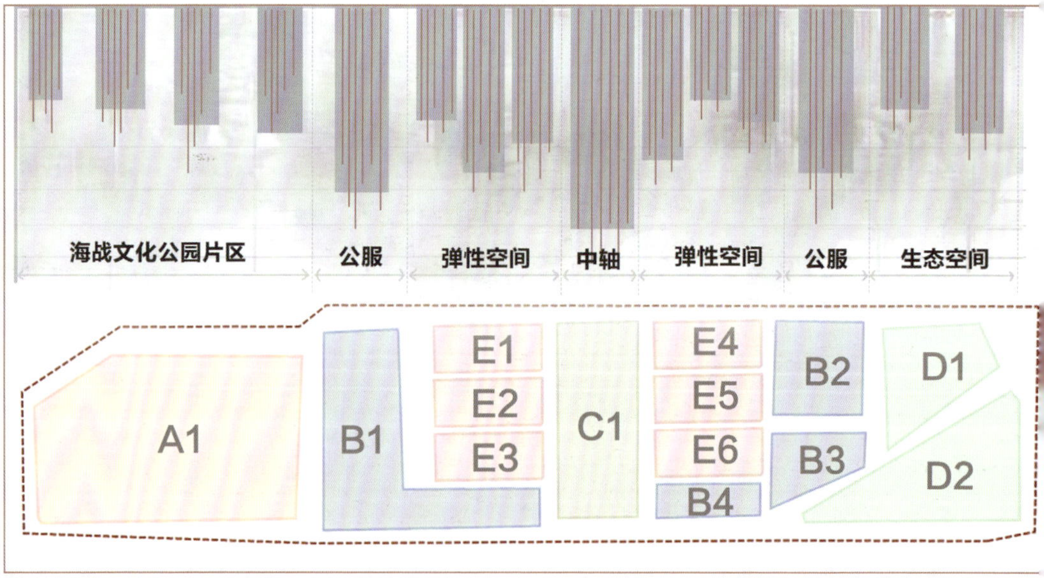

场景① 生态主导型场景

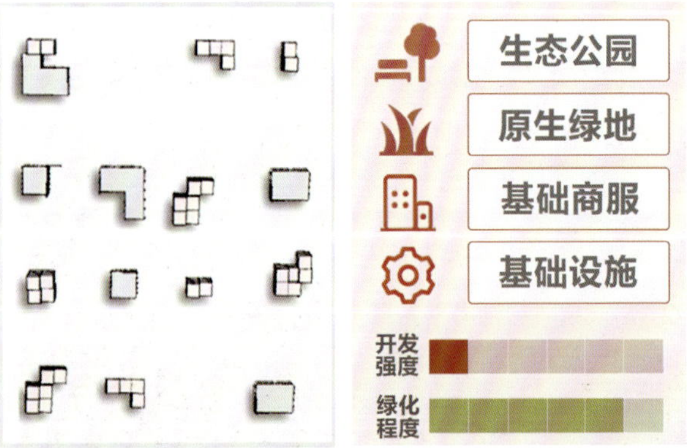

场景②文化主导型场景

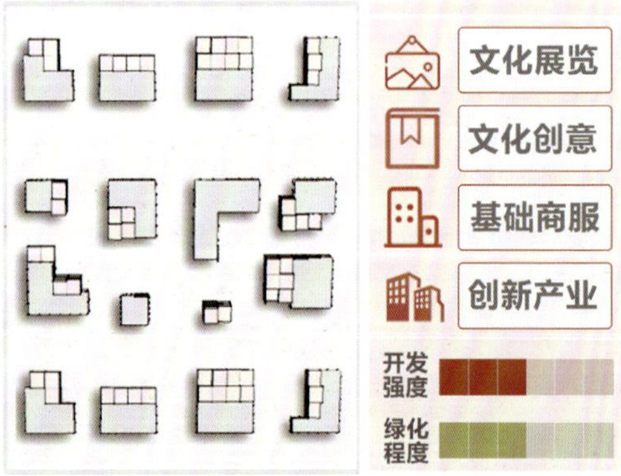

场景③ 产业主导型场景

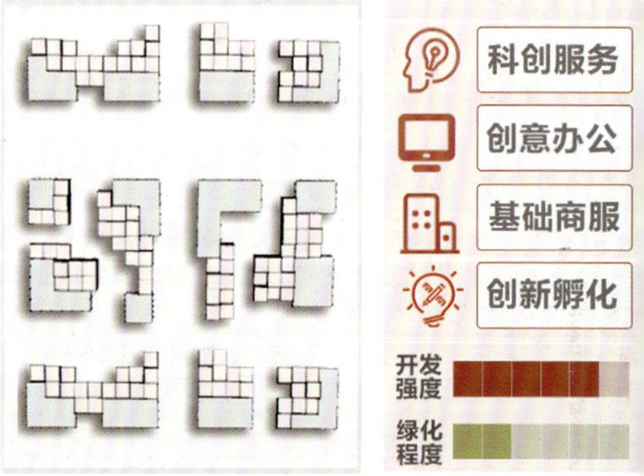

弹性
生长
情景
弹性单元
模块建设
工程要能快拆快建，
利于腾退。
灵活腾退
价值循环
成片的红树林也太
壮观了。
生态保育
要素转化
关于黄唇鱼的药用
价值，近期本中心
又有了新发现。
把握机遇
弹性开发
在这里能实现中小
企业的快速孵化
弹性机制下政府可
以可以灵活收回闲
置用地的容积率。
顺应需求
弹性收缩
纪念
是为了不忘却
伤疤会愈合
但历史永远值得纪念!
风云开阖会有时
弹性生长自常青

四川大學
SICHUAN UNIVERSITY

彭维康 光阴荏苒，五年的本科时光已经接近尾声，非常感谢“南粤杯”为这段时间的我们提供了这样一个优质的学习交流平台。 对我来说，它不仅是一次毕业设计，一次对本科学习成果的检验；它更像一场打破原有视界的同好交流会，一场充满着思维碰撞的学习之旅。虽然遗憾因疫情没能在线下开展，但这依然不妨碍它为我本科生活画上圆满且精彩纷呈的句号。最后，在这十周年纪念之际，祝“南粤杯”生日快乐，也祝愿在今后的日子里大家能够继续开拓创新，严谨认真地投入到行业建设之中。

雷成涛 本次毕业设计让我学到了许多，在毕业前夕又对规划设计和思路想法有了新的体验。十分感谢各高校的老师们对我们方案的精彩点评，感谢赵炜老师与王超深老师孜孜不倦地教导，同时也感谢同组其余五位伙伴的努力奋斗。时光荏苒，很快就要和本科生活说再见了，我会继续努力奋进，将五年间的知识运用到未来工作中。

连　丹 随着毕业日子的即将到来，我们的毕业设计也划上了圆满的句号。这一次的“南粤杯”机缘巧合地选择在了我家乡附近的东莞市，让我有幸在本科学习的最后阶段接受了这次设计的挑战。在此感谢赵老师和王老师的指导鼓励，也感谢小伙伴们半年以来的团结协作，大家一起熬夜画图虽然辛苦但却充满欢乐。感谢那些我们共同创造的回忆，祝福大家的回忆都充满芬芳。

田德平 在没有做毕业设计以前觉得毕业设计只是对这几年来所学知识的单纯总结，但是通过这次做毕业设计发现自己的看法有点片面。它不仅是对前面所学知识的一种检验，而且也是对自己能力的一种提高。参与“南粤杯”城市设计后，从前期调研到草图构思再到方案设计，我们遇到了许多困难，也克服了困难，这让我们都因自己的努力而收获了许多，让我们学会用认真严谨的态度，脚踏实地地去做每一件事。

谭　量 我们的大学生活即将结束，时光如白驹过隙，回望作毕设的整个过程，收获颇丰，也从实践中找到了自己的不足。一路走来，要感谢很多人，特别是赵炜老师与王超深老师，为我们的毕业设计作品操碎心，给予我很多的指导和关心，一路上为我答疑解惑。在最后，祝福所有我的同学们在未来的日子里砥砺前行，坚持我们一直以来所坚信的理想。

陈怡可 一月隆冬，毕设紧锣密鼓地开始，我校六人小组初成立，是新奇、期盼、跃跃欲试；三月初春，开题已过中期将近，一稿又一稿的方案，和老师一次又一次的讨论，是迷茫、探索、砥志研思；五月夏至，方案定稿静待终期，是思忖再三、字斟句酌，又信心满满，翘首以盼。而如今回望过去，千言万语汇成一句“谢谢”，给老师给同学也给在毕设中成长的自己。

岛岸重生·烟火未来

铭记历史、重焕活力、面向未来的国家文化公园海防文化展示重要策源地

指导教师：赵炜 王超深
作者：彭维康 田德平 连丹 谭量 雷成涛 陈怡可
学校：四川大学

鸦片战争海防遗址公园（东莞段）核心地区规划设计

Planning and design of the core area of the Opium War Coast Defense Site Park (Dongguan Section)

第壹幕

阿娘鞋岛与海上长城

A-Niang Shoe Island and the Great Wall of the Sea

■岁月中的威远岛

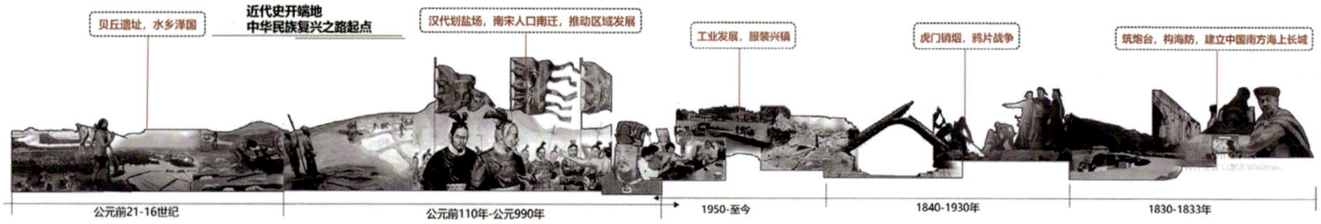

致·威远

时钟的指针回拨岁月	命运的齿轮开始转动	年轮的故事露出痕迹	时空的长廊通向未来
咆哮的海湾、满目疮痍的山林	改革的号角、敢为人先的精神	温暖的海绵、季风冲刷的山谷	智慧的海湾、活力包容的街道
火石、硫黄和英雄的土地	工厂、大桥、轮渡和集体的村寨	河涌、水塘、展馆和沉寂的炮台	平和、开放、健康和深刻的历史
这是威远岛1842	这是威远岛1997	这是威远岛2022	这是威远岛2035

■烟火与日常

“我家住在珠江口，妈妈常带我岸边走”

“悠悠珠江口，风景如画赛锦绣”

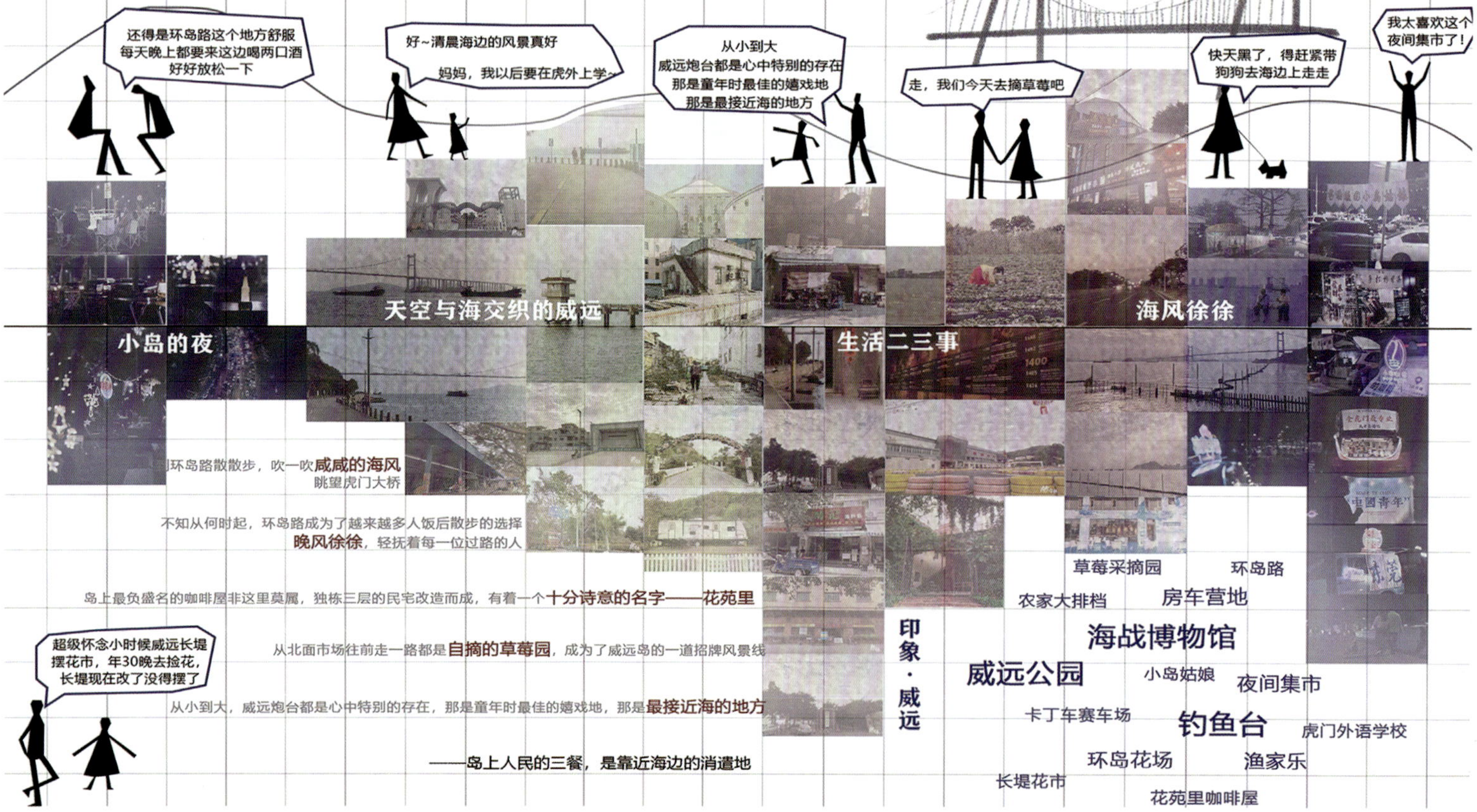

■大湾区城市分析

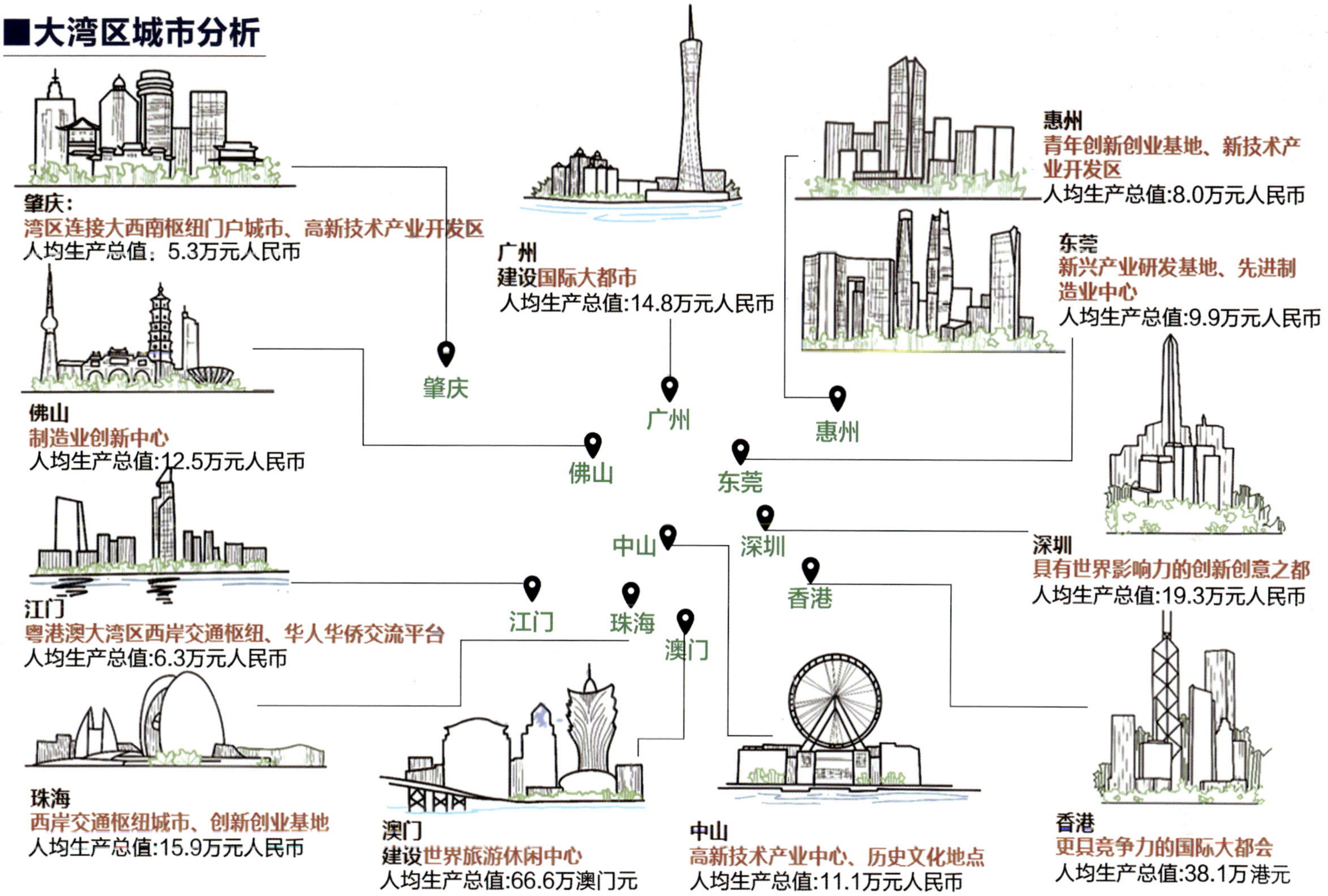

■东莞发展分析

东莞市在粤港澳大湾区城市各项指标分析中，位次排在2~4名。具有较好的产业发展基础与前景，东莞市服务业增长较快，制造业发达但增速缓慢，面临产业升级情况。

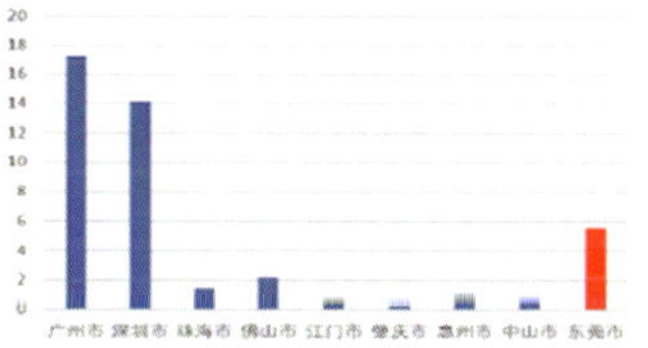

大湾区各城市科学研究/技术服务业就业人口（万人）

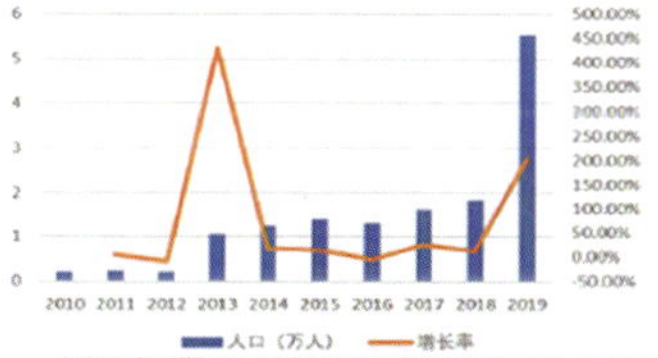

东莞市科学研究/技术服务业就业人口历年变化（万人）

大类	工业行业	工业增加值（万元）	营业收入（万元）
五大支柱产业	电子信息制造业	13570884	112701631
	电气机械及设备制造业	9738083	38194817
	纺织服装鞋帽制造业	2271133	8065575
	食品饮料加工制造业	1152023	10663325
	造纸及纸制品业	2036024	8879379
四个特色产业	玩具及文体用品制造业	1174634	3945634
	家具制造业	1002821	3533789
	化工制品制造业	995587	4486579
	包装印刷业	739165	2612810

东莞市制造业支柱及特色制造业营收情况

■滨海湾新区形象分析

区域层面：

《粤港澳大湾区发展规划纲要》将新区开发建设纳入国家战略，支持东莞与香港合作开发建设东莞滨海湾地区,打造粤港澳大湾区特色合作平台.

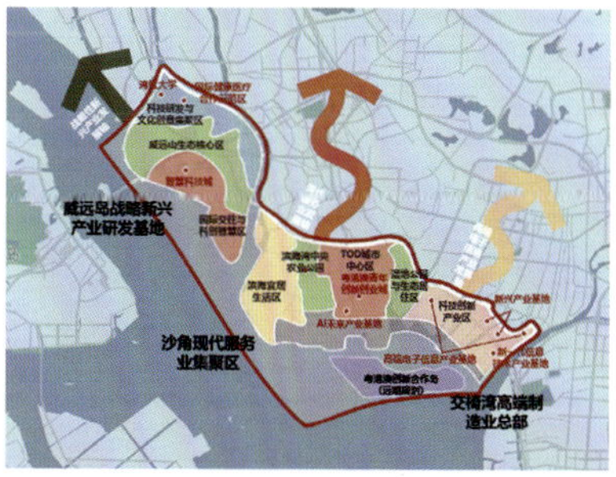

新区本身：

滨海湾新区地处粤港澳大湾区几何中心，集聚高端制造业总部，发展现代服务业，建设战略性新兴产业研发基地.

滨海湾新区是东莞融入粤港澳大湾区发展的桥头堡！

■基地区位分析

大湾区的几何中心

基地毗邻穗深，紧连港澳，位于“广州-深圳-香港-澳门”科技创新走廊。四大中心城市深度合作，优势互补，合作共赢，生态优先，绿色发展。塑造地块滨海生态宜居智慧新城战略定位。

联动发展 合作共赢是关键

基地位于“广州-深圳-香港-澳门”科技创新走廊。同时滨海湾新区、南沙自贸区、空港新城构成三角发展之势，基地承担着对南沙自贸区的联系作用。同时，在东莞内部，中心城区，松山湖科技中心和滨海湾新区分别承担不同功能，基地承载着出对外展示窗口的职能。

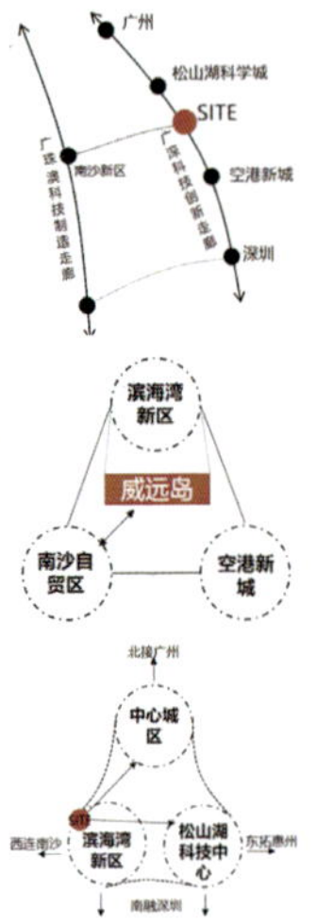

山 水 城 绿地 海洋

基地所在威远岛板块与南沙新区以及位于滨海湾新区的沙角半岛、交椅湾板块有着重要的生态联系。

■时代使命

《粤港澳大湾区发展规划纲要》

与香港合作开发建设

集聚高端制造业

科技创新成果转化

《广深科技创新走廊规划》

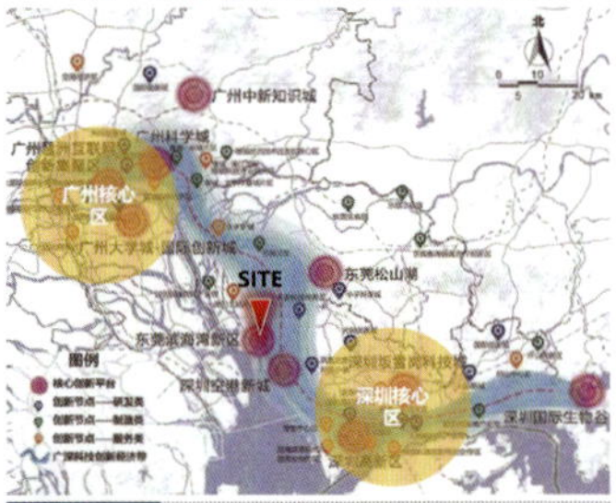

东莞	全球先进制造基地
东莞	华南科技成果转化中心
滨海湾新区	核心创新平台

《东莞市国民经济和社会发展第十四个五年规划和2035年远景目标纲要》

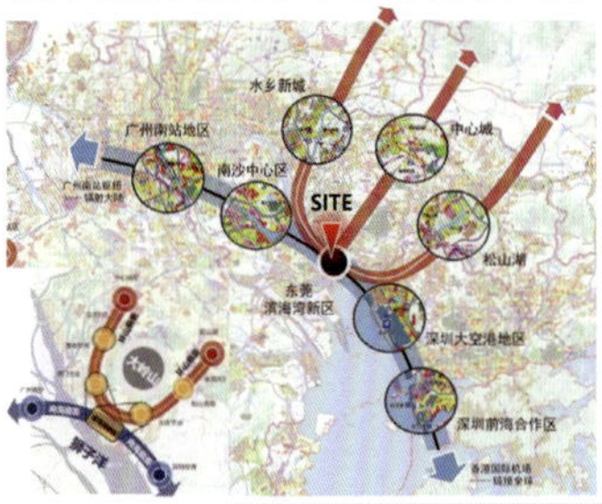

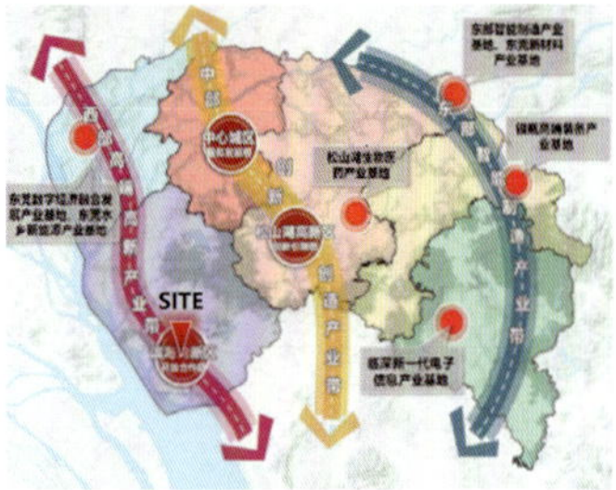

发挥创新平台节点的创新发展功能

承担开放合作区使命，共建沿海科技产业创新带

《东莞滨海湾新区城市总体规划》

国际交往与科创智慧区

大湾区国际交往场所

东莞城市新名片

《东莞滨海湾新区发展总体规划》

威远岛起步区	人文、自然资源
威远岛起步区	科技金融集聚区
威远岛起步区	智慧城市创新中心

海防遗址公园·东莞部分

历史	历史核心事件所在地：虎门销烟、关天培战死、孙中山视察，同时也是水师提督门所在地
现在	虎门炮台海防遗址的主导地区
基地	海防文化中心 复兴公园

海防遗址公园·海防文化展示园

依托威远炮台、海战博物馆等重要资源点，建设成为一个以“1840纪念”为主题，以“历史教育”为导向的1840

如何应对生态气候挑战，完善韧性低碳的山海生境

如何延续威远文化脉络，传承弘扬岛岸历史记忆

如何在国际化交互背景下，塑造兼具水乡魅力的未来家园

如何回答湾区时代使命，塑造多元灵活的产城空间

粤港澳大湾区下的威远岛该何去何从

生境破碎加剧自然威胁

低效保护削弱文脉传承

可续发展需要复合空间

多元人群产生多元需求

■建设现状

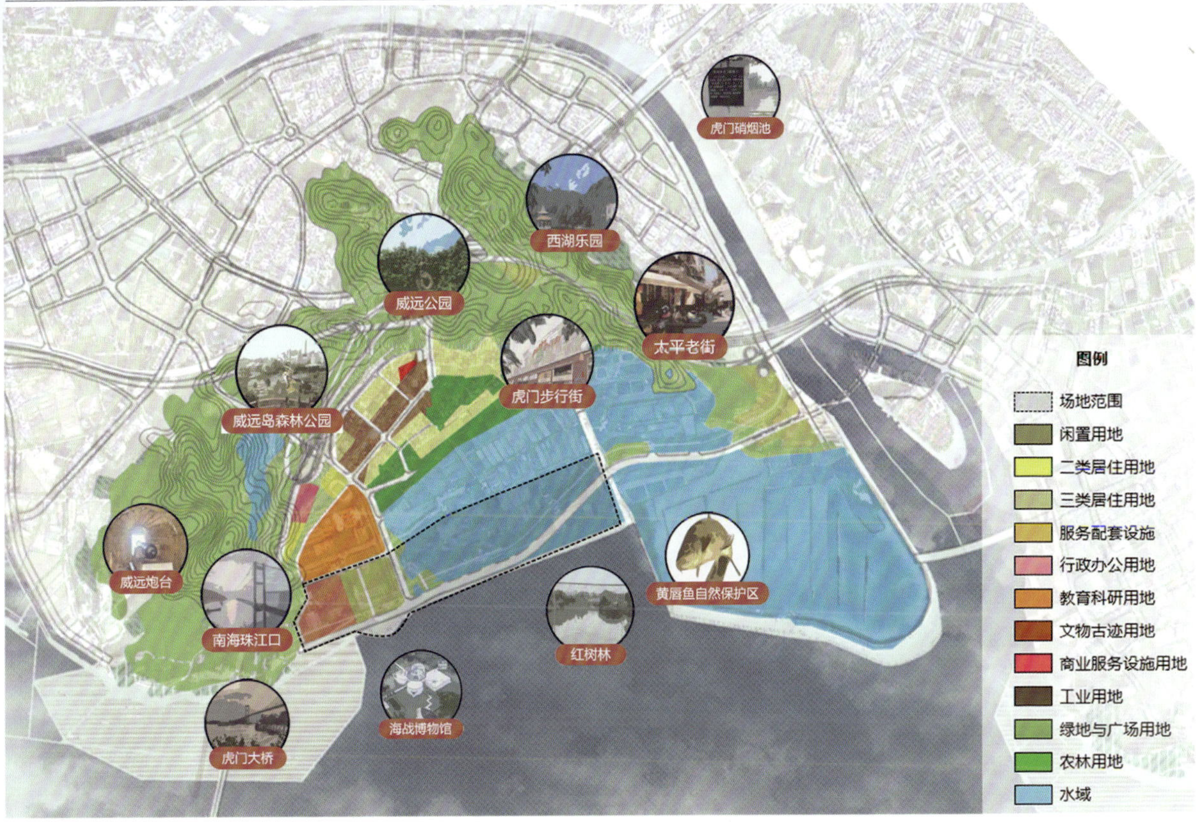

■肌理提取

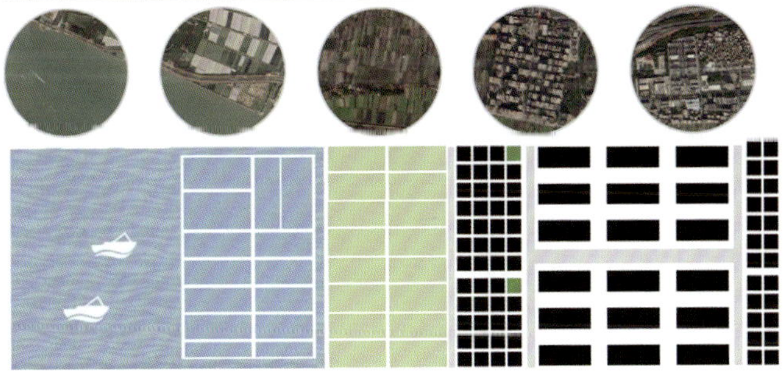

■水陆生境

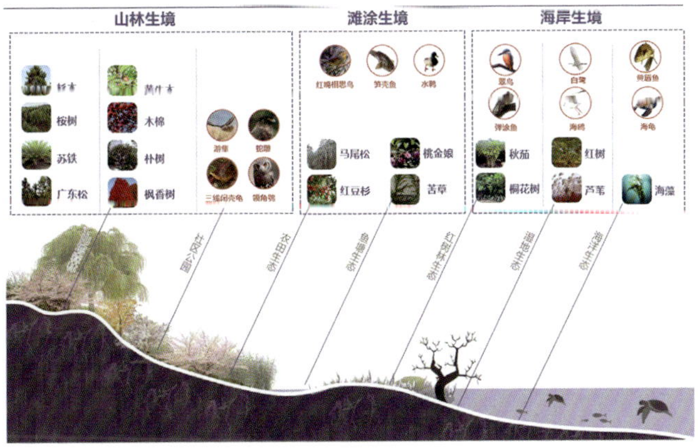

■地形气候

威远岛台风降水活跃，受影响偏强，季风明显，夏季季风主要为南风，且降雨集中在4—9月份，雨量充沛。

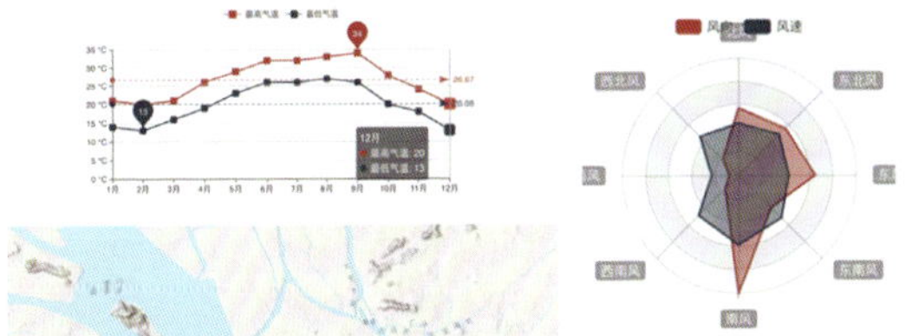

地貌受湿润季风气候形成为冲积平原

地块被山、海、林所包围，良好地形景观

北面山体绵延起伏形成优美天际轮廓线

场地背山面水，内部地势平坦，拥有良好的生态景观基础，场地内部以水塘为主。

第肆幕

文脉再塑·暖色智岛

Impressions of the Bay Area

我们需要一个怎么样的威远岛？

■产业现状

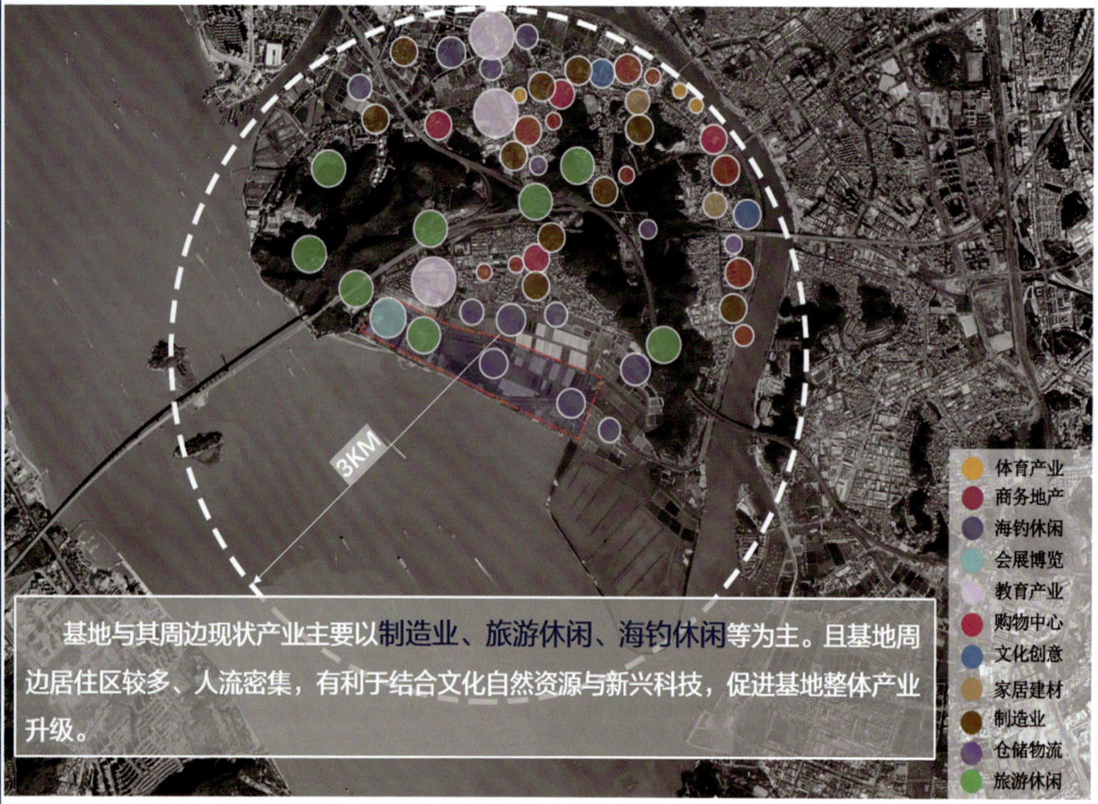

基地与其周边现状产业主要以制造业、旅游休闲、海钓休闲等为主。且基地周边居住区较多、人流密集，有利于结合文化自然资源与新兴科技，促进基地整体产业升级。

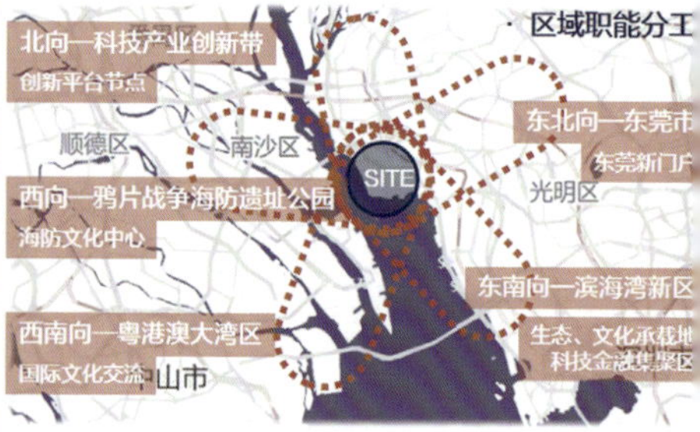

国际交流	高速交通系统	文化展示空间
	正式交流场所	高端商业配套
科创金融	灵活办公空间	非正式交流场所
	多样创业空间	产品试验展示空间
海防文化	便捷公共交通	游憩休闲空间
	文化感知体验场景	配套商业设施

＋

原有居民	居住配套设施
	社区公园绿地
科创人才	医疗服务空间
	科创人才公寓
生态保护	水环境保护空间
	黄唇鱼等物种保护

■规划策略——兼容创新的产城空间

STEP1:产业甄选——双向提取1，模型筛选

产业甄选框架

阶段Ⅰ：产业提取

- 相关产业分析
  - 曼哈顿炮台区周边
  - 香港中环广场周边
  - 日本东京湾北区
- 发展机遇分析
  - 广深科技走廊
  - 粤港澳大湾区
  - 东莞新门户

→ 提取备选产业

- 现状产业评估
  - 规划基地内部
  - 规划基地周边

阶段Ⅱ：产业甄选

剔除部分产业　综合提取产业

构建评价模型　确定产业结构

未来产业导向

- 产业导入：会展展示、商业商务、文化创意
- 创新驱动：未来（创新、承扬、融合）
- 产业导入：活力人居、科技研发、金融购物

基地产业与资源

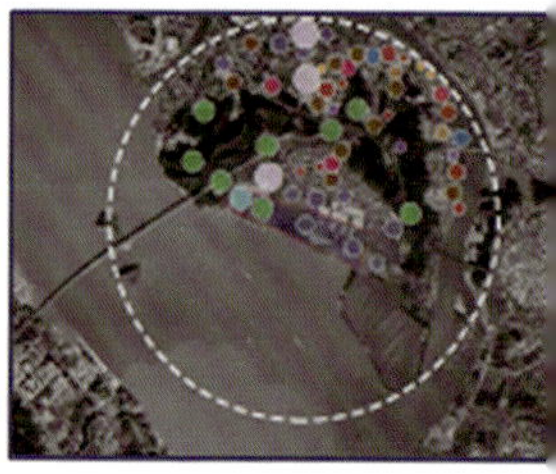

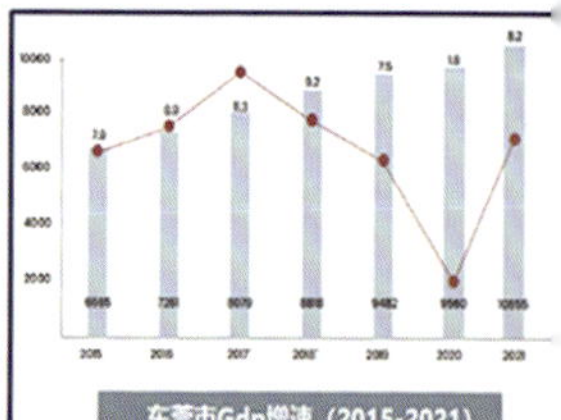

东莞市Gdp增速（2015-2021）

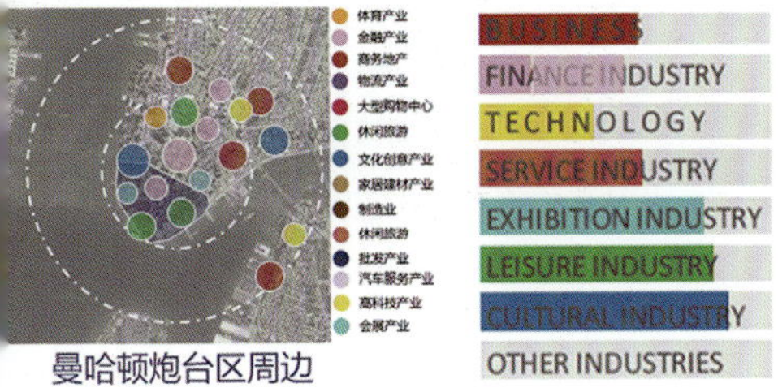

曼哈顿炮台区周边

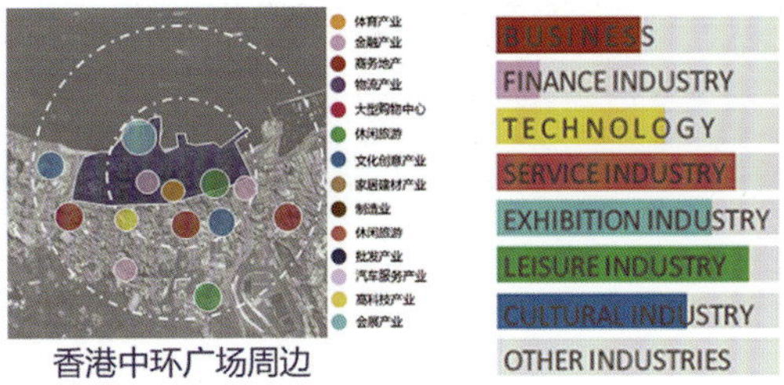

香港中环广场周边

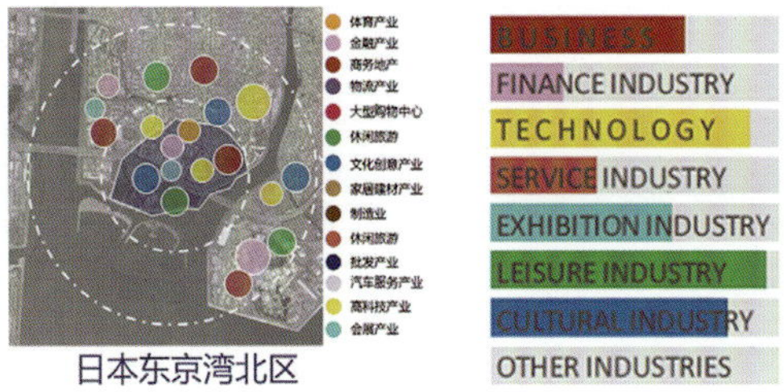

日本东京湾北区

STEP2：产业植入——优势互补，产业复苏

阶段Ⅰ：提取产业，剔除部分产业

阶段Ⅱ：构建评价模型，确定产业结构

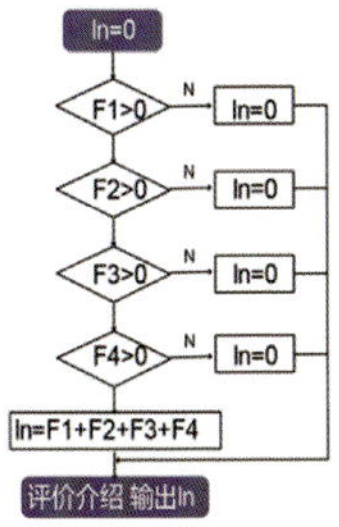

产业评价流程

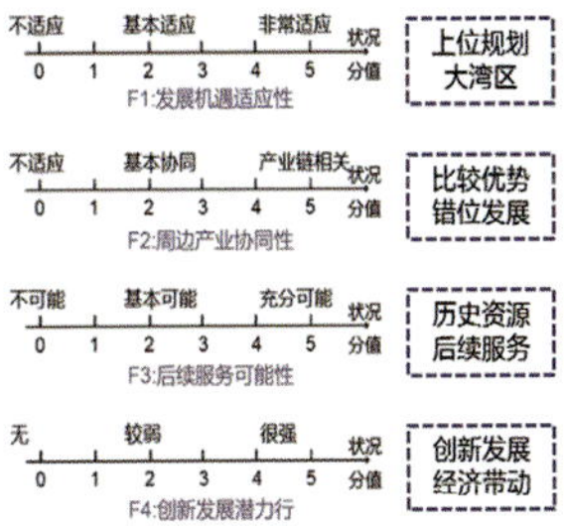

备选产业	F1	F2	F3	F4	1n
科创产业	5	5	5	4	19
文创产业	5	4	5	4	18
会展产业	5	4	4	4	17
文化产业	4	5	4	4	17
高新技术产业	5	4	3	4	16
健康产业	4	3	4	5	16
大型购物设施	5	4	3	4	16
休闲产业	4	4	3	3	15
旅游产业	5	3	3	3	15
制造产业	4	4	3	4	15
服务产业	3	3	4	4	14
体育产业	4	3	3	4	14
行政产业	4	3	2	3	12

评价值单项特性对比

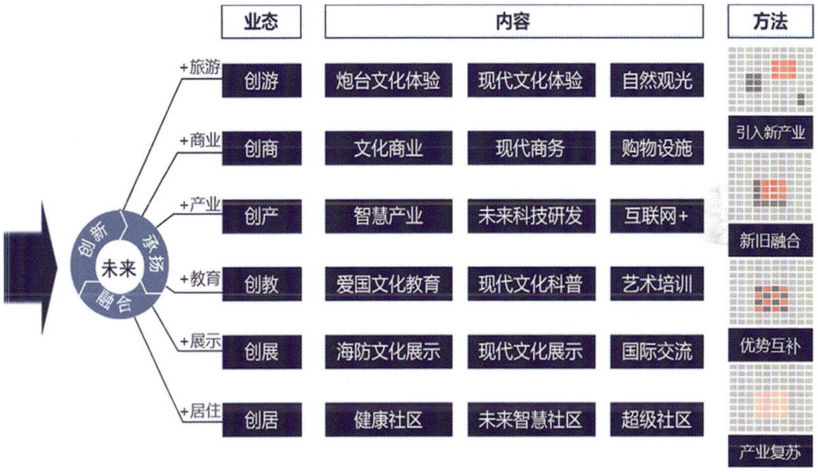

评价结果

STEP3:产业联动，渐进发展

阶段Ⅰ：点状新产业植入

阶段Ⅳ：新旧产业辐射

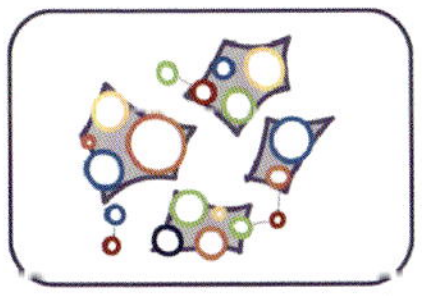
阶段Ⅱ：新旧产业联动

阶段Ⅴ：新产业重塑

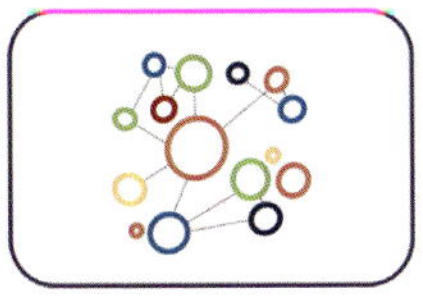
阶段Ⅲ：新旧产业融合

阶段Ⅵ：辐射周边区域

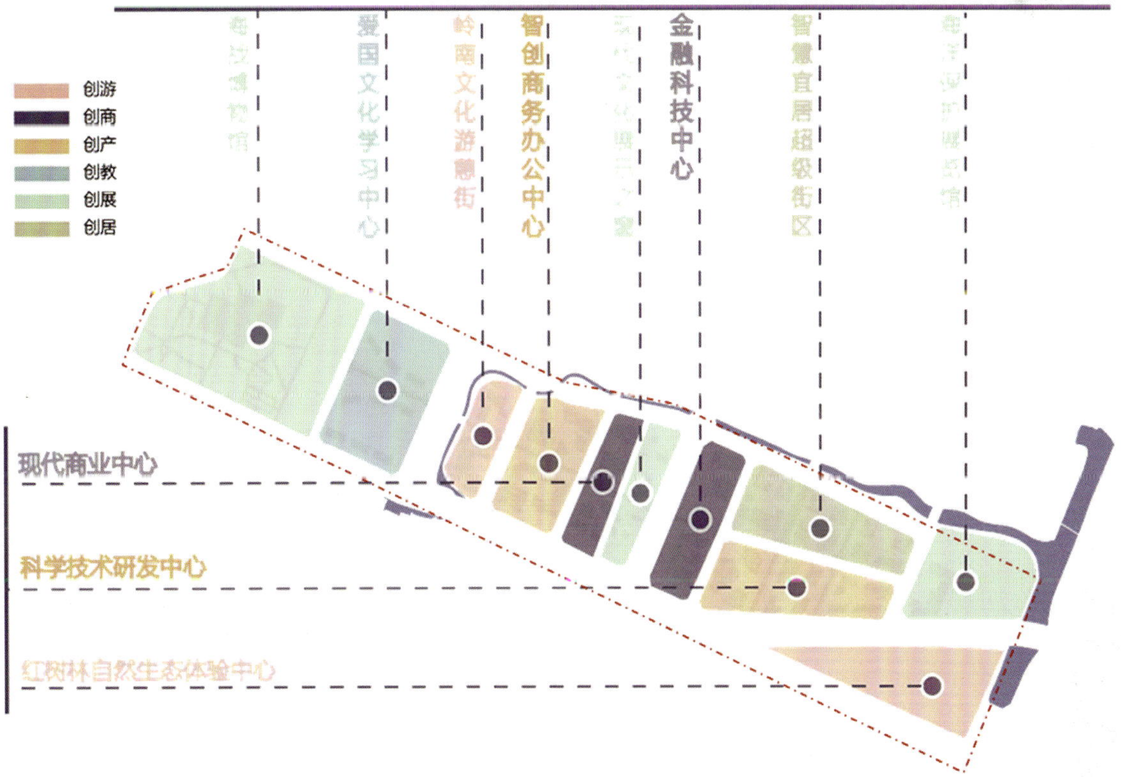

规划片区如何传承弘扬历史记忆？

■人群的复杂需求

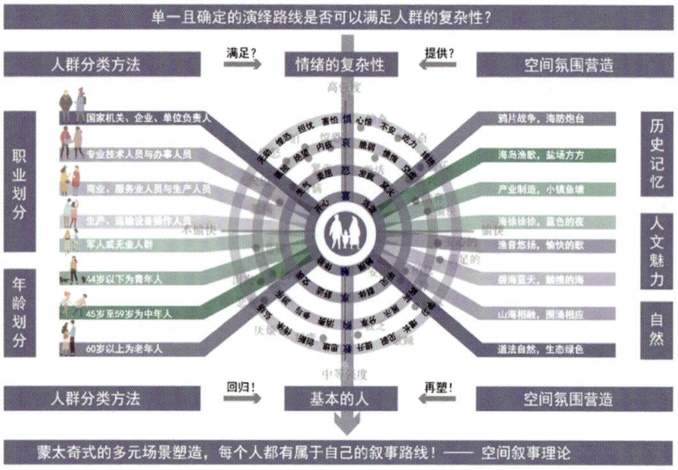

■空间叙事理论

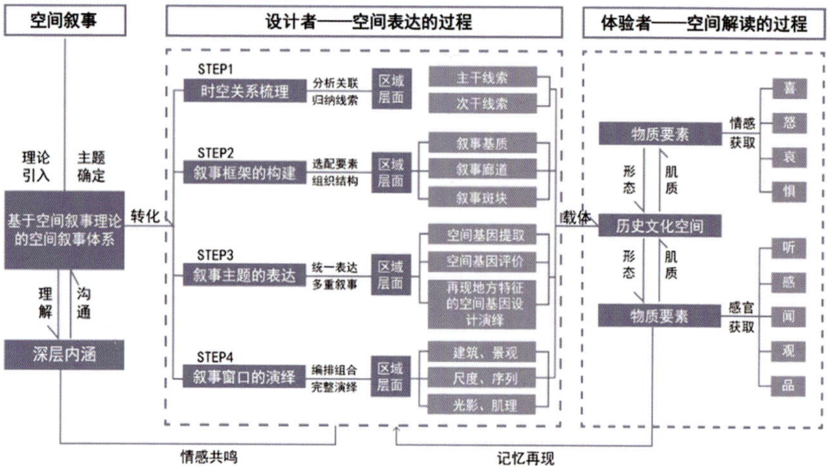

STEP1:时空关系梳理

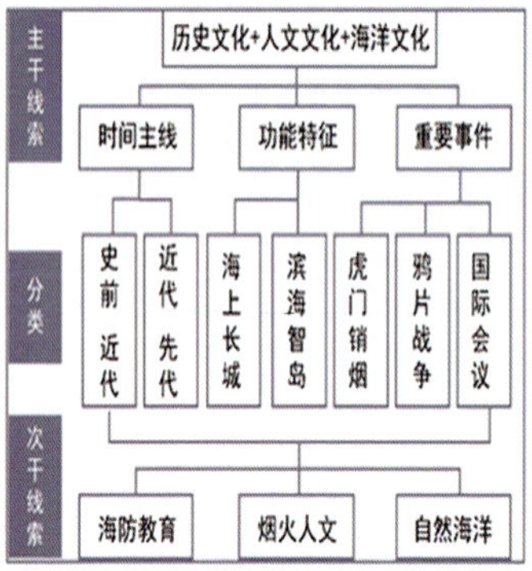

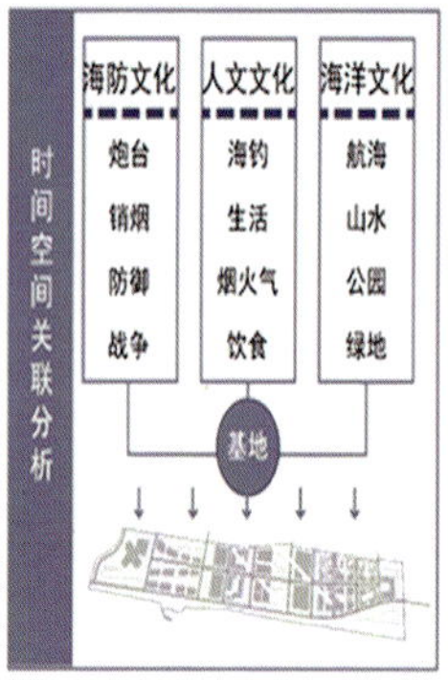

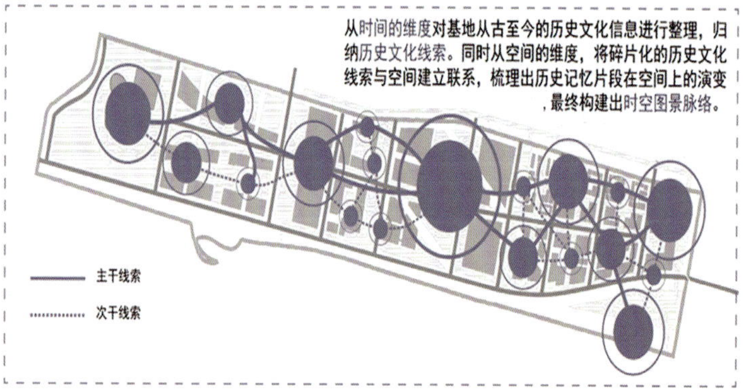

STEP2:叙事框架构建

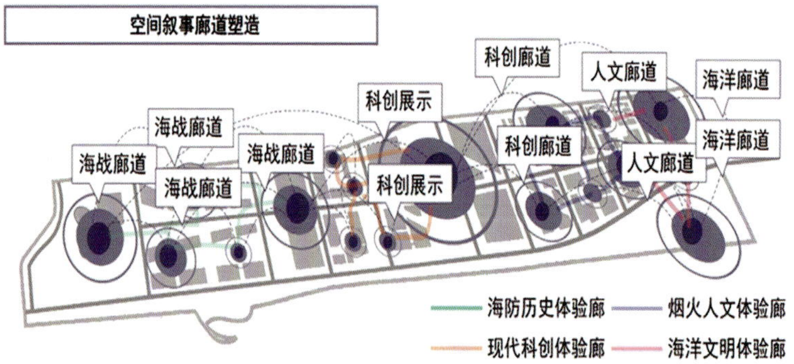

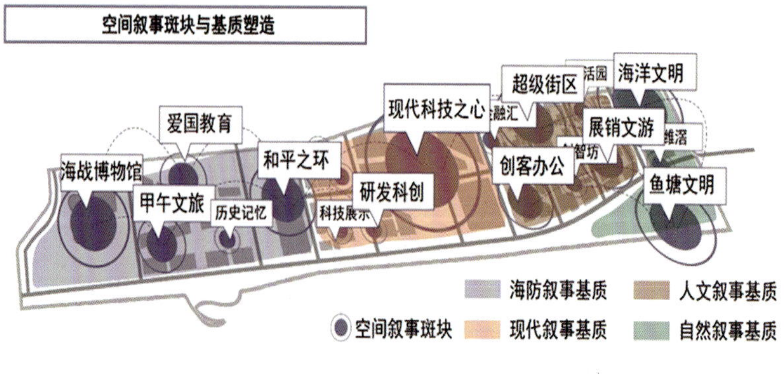

STEP3:叙事主题表达

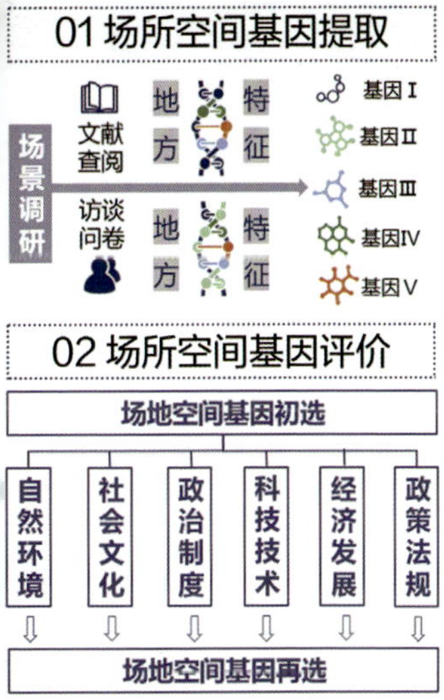

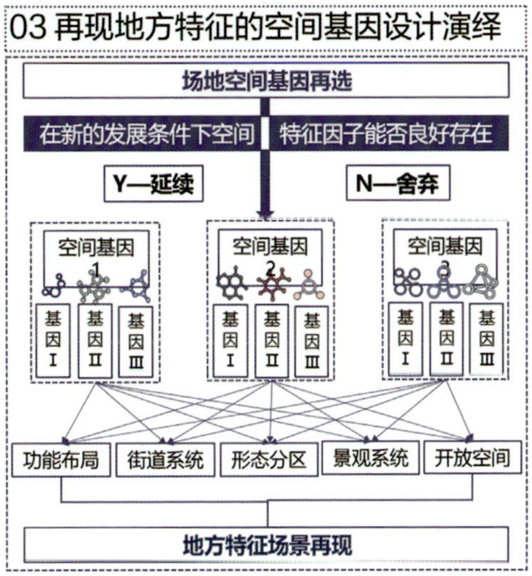

01 场所空间基因提取——自然生态要素提取

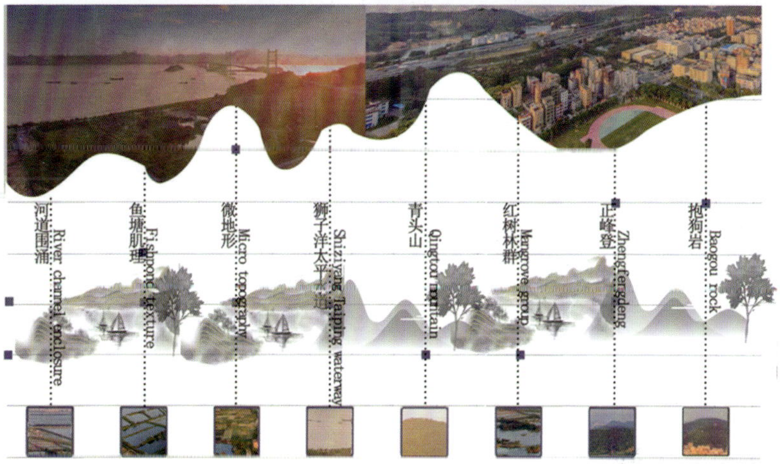

01 场所空间基因提取——人文民宿要素提取

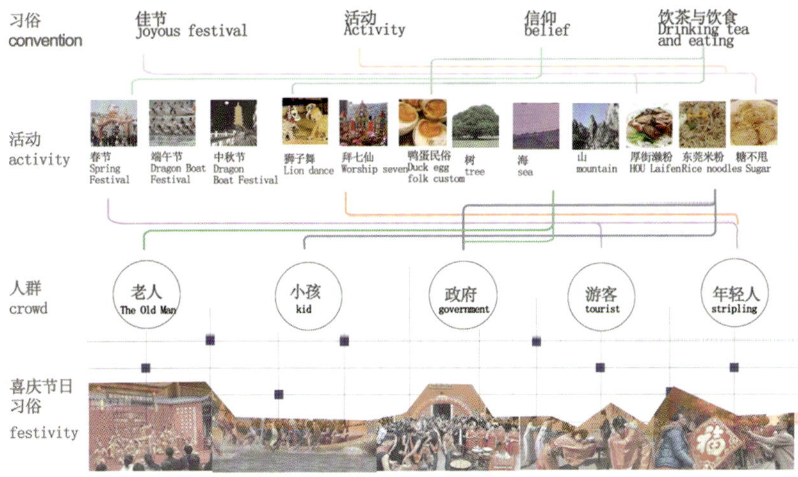

02 场所空间基因评价

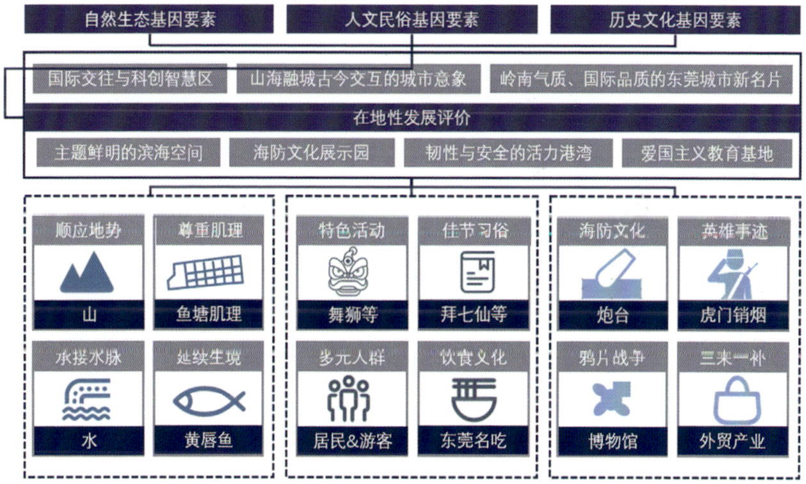

03 叙事窗口演绎

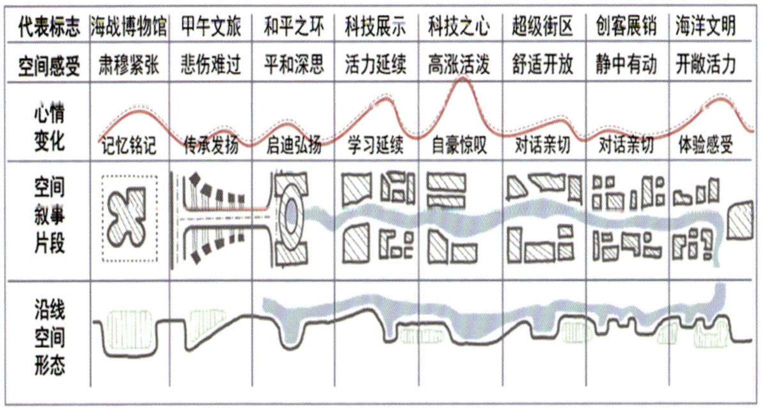

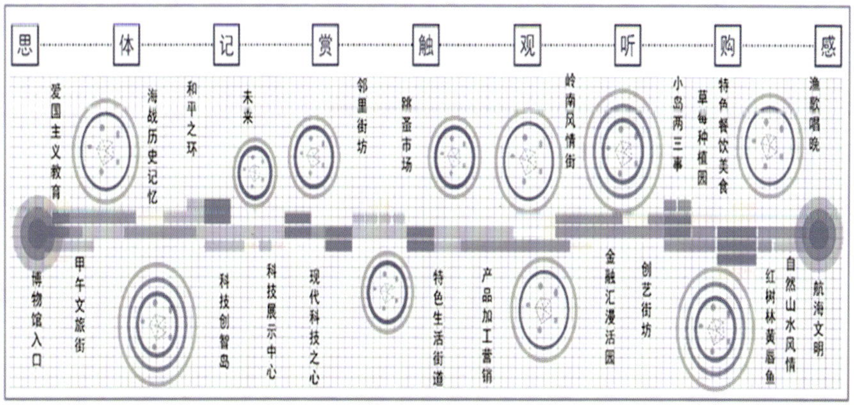

规划地块如何完善空间山水格局？

■营造动态流动的山海生境

step1：就势织野

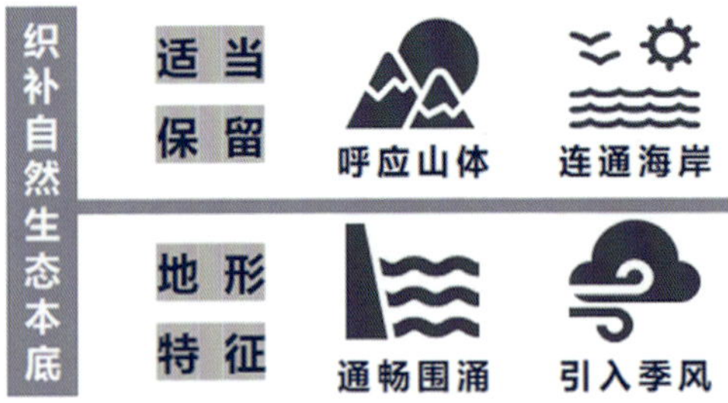

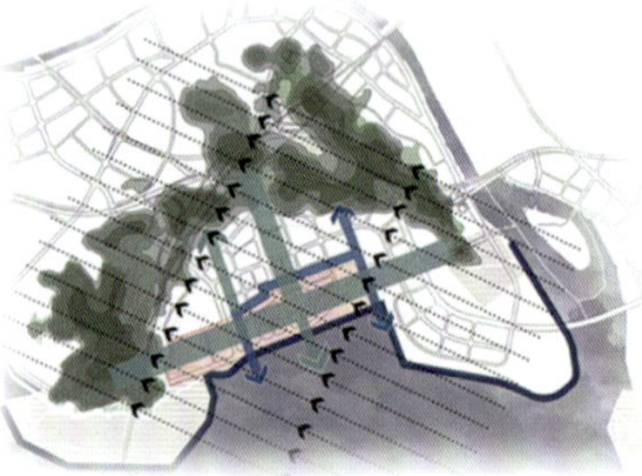

step2：韧性海绵

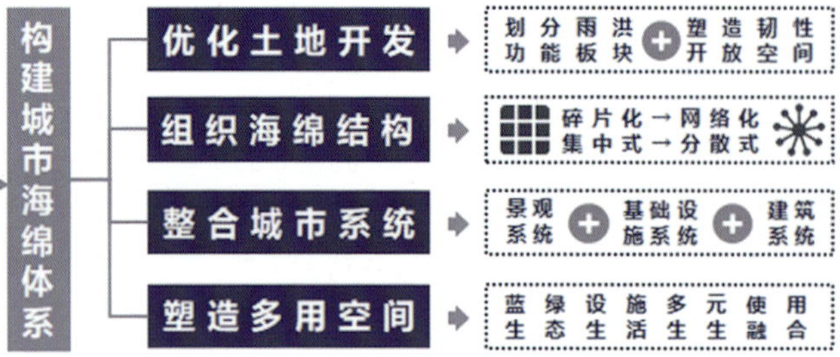

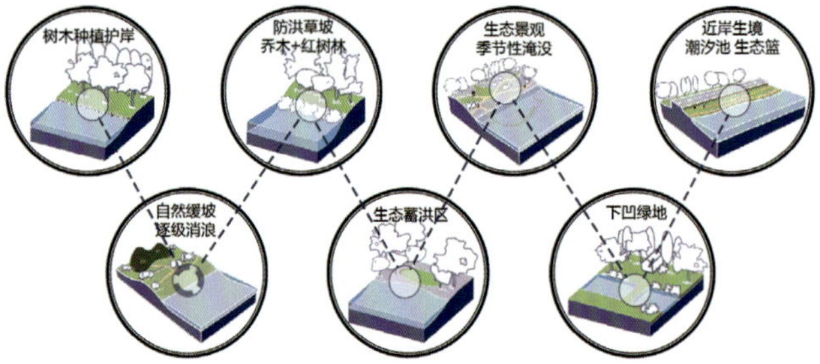

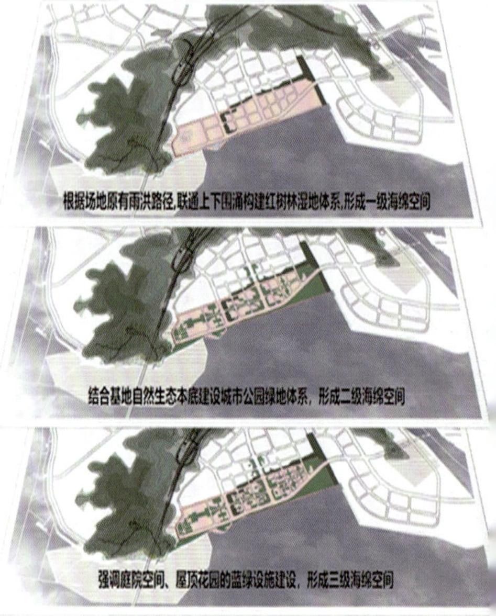

step3：“双碳控制”

生境单元类型		设计情景图示	设计策略建议
灰色空间	半开放 灰色空间		• 选择**碳汇效率高**、**寿命长**的植物品种 • 选择**树冠较大**的**大规格植物**
绿色空间	开放 绿色空间		• 搭配**多种灌木和草木**品种 • 选择不同大小规格的植物组合
	半开放 绿色空间		• 配植不同的**乔灌草**品种**营造开阔视野** • 选择不同大小规格的植物组合
	密闭 绿色空间		• 选择**碳汇效率高**、**维护成本低**的品种 • 植物规格以**中小型植物**为主
蓝色空间	半开放 蓝色空间		• 选择**碳汇效率高**、**耐水湿**的植物品种 • 植物规格以**中小型植物**为主

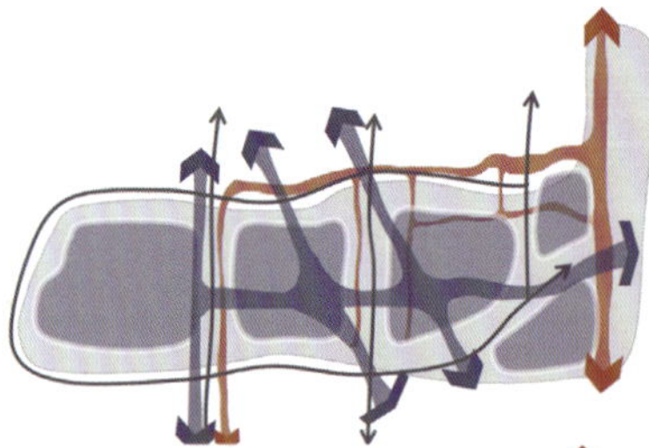

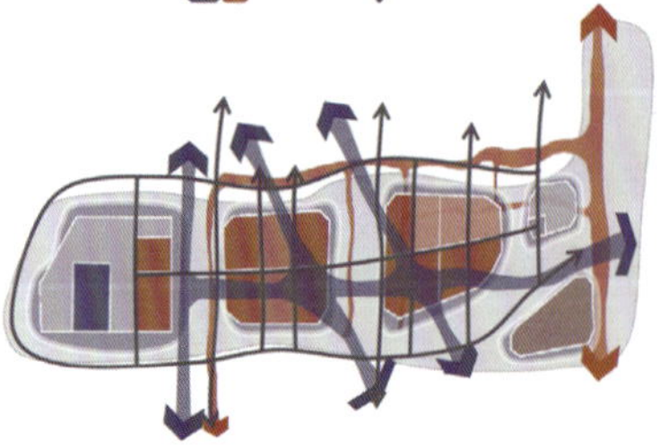

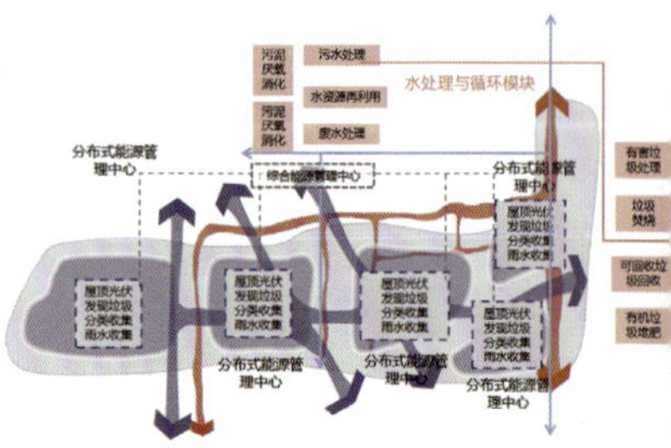

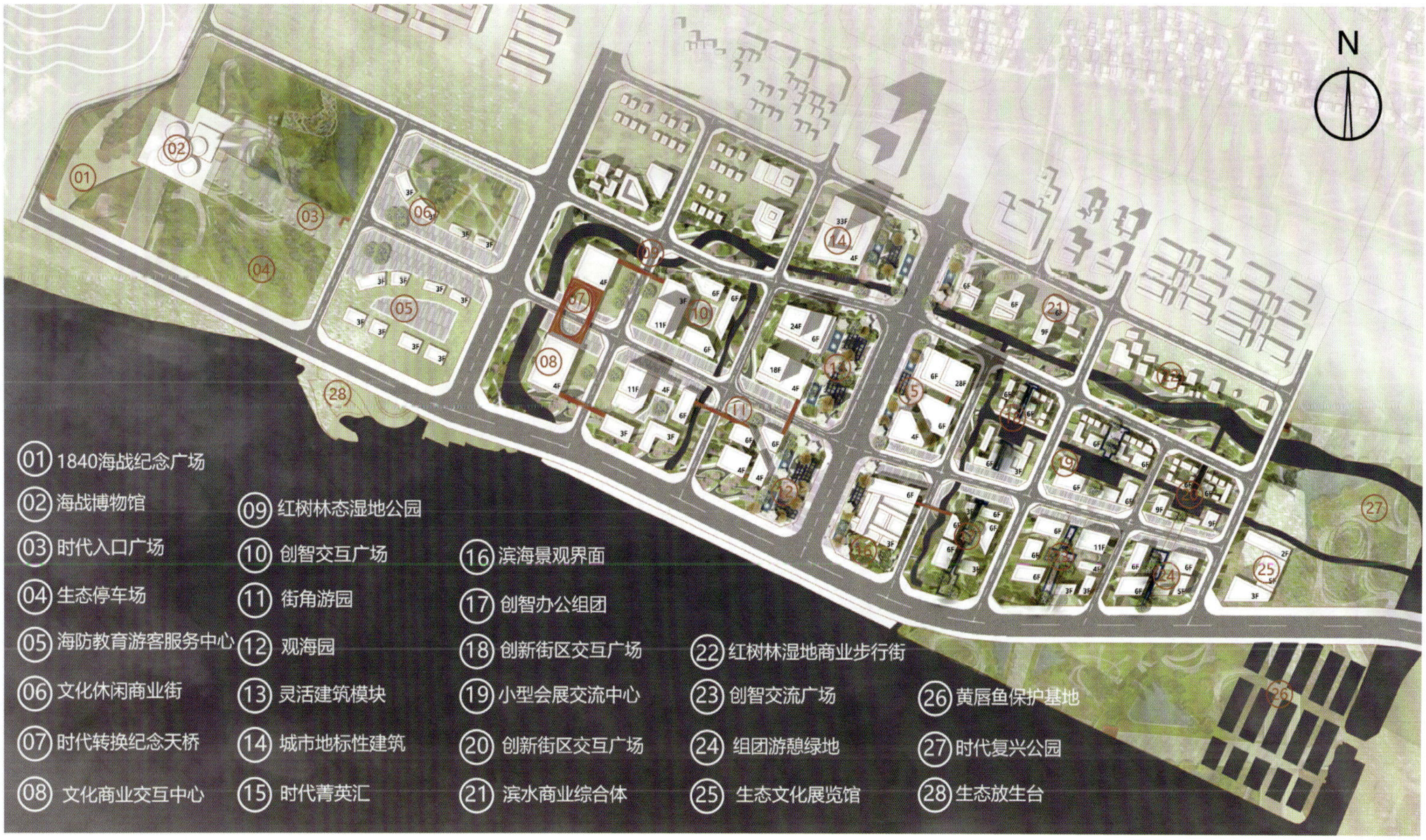

设计说明：

“悠悠珠江口，风景如画赛锦绣”。从“盐场”、“战场”到“商场”，威远岛有着悠久且富有独特纪念意义的历史价值。基地位于威远岛南部，背山面海，视线开阔，在生态与文化的双重加持之下，我们对基地的发展提出了四大问题：如何延续威远文化脉络，传承弘扬岛岸历史记忆？如何应对生态气候挑战，完善韧性低碳的山海生境？如何回答湾区时代使命，塑造多元灵活的产城空间？如何在国际化交互背景下，塑造兼具水乡魅力的未来家园？

由此，我们提出了四大设计策略：古今交互的记忆传承、动态流动的山海生境、兼容创新的产城空间、合和共生的未来家园。通过分析延续岛民的现有生活需求与日常情感记忆，兼以未来多元人群的不同需求以及城市可续发展的需要，以“岛岸重生、烟火未来”为主题，以解构式的空间叙事手法组织人们在城市中的活动、感知、体验片段，构建了“文旅区”、“创智坊”、“金融汇”、“漫活园”、“汇生境”五大单元，希望在新的发展使命之下，让基地成为一个能够让人们铭记历史、重焕海湾活力，在历史与未来的交织之中延续威远故事记忆的场所。

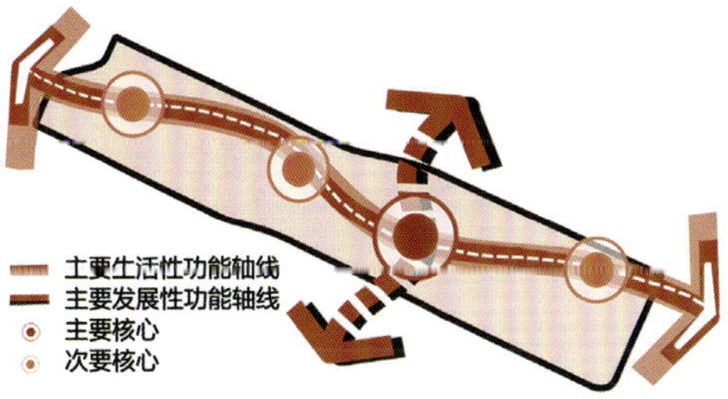

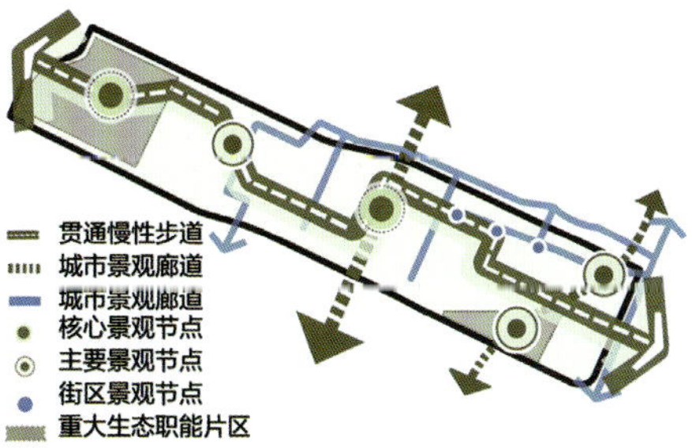

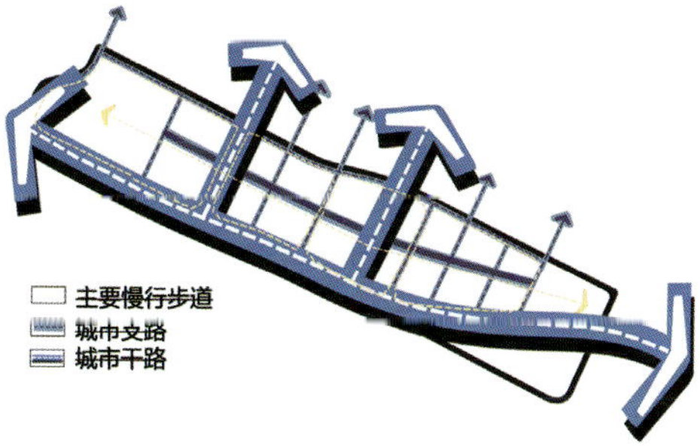

规划地块如何塑造保护人文魅力?

■区域人群基础

商业精英
考虑该人群对多样化办公空间及优质的交流场所的需求。
商务洽谈需要
灵活工作时间
高品质要求

科创人才
考虑该人群对科创研发空间及便捷生活居住环境的需求。
高新技术研发
创新交流需求
年轻化

片区居民
考虑该人群对便捷交通出行及医疗教育休闲娱乐的需求。
生活服务需要
交通出行需要
学历相对较低

外来游客
考虑该人群对休闲游憩及高质量生态文化空间品质的需求。
休闲娱乐导向
家庭出行为主
体验文化场景

交流人员
考虑该人群对高端接待场所及观光游览、购物体验的需求。
国际会议交流
体验城市文化
国际化

人群	年龄阶段	交通方式使用	所需空间规模
商业精英	25-45		☆☆☆☆
科创人才	20-50		☆☆☆☆☆
片区居民	0-80		☆☆☆☆☆
外来游客	5-65		☆☆☆☆
交流人员	30-60		☆☆☆☆☆

■鸟瞰效果图

■规划策略——合和共生的未来家园

step1:人群叠合

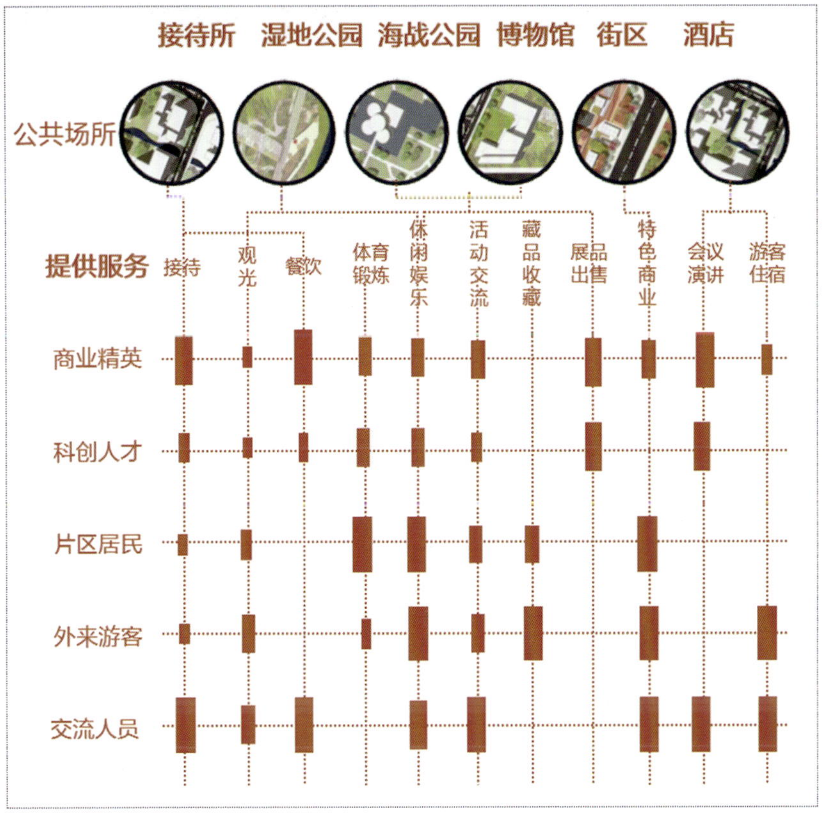

step2；交通复合

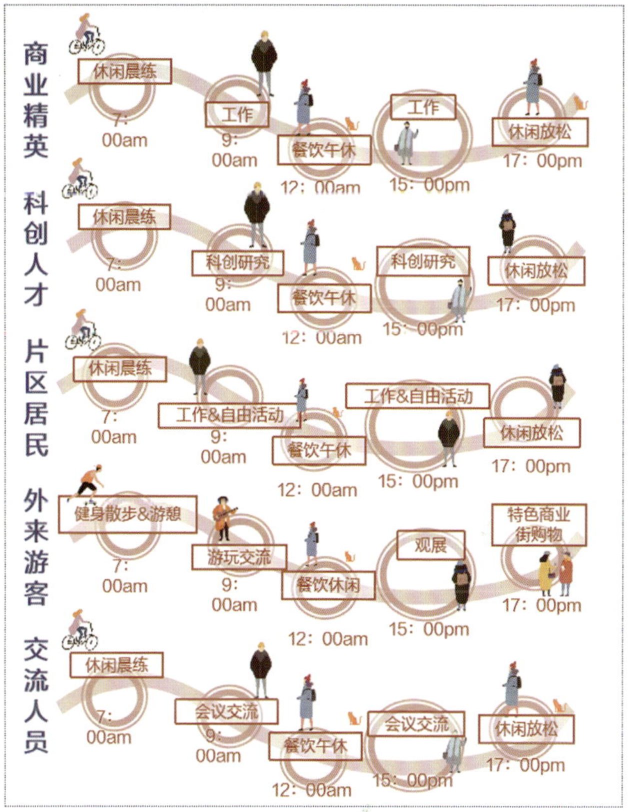

step3；功能复合

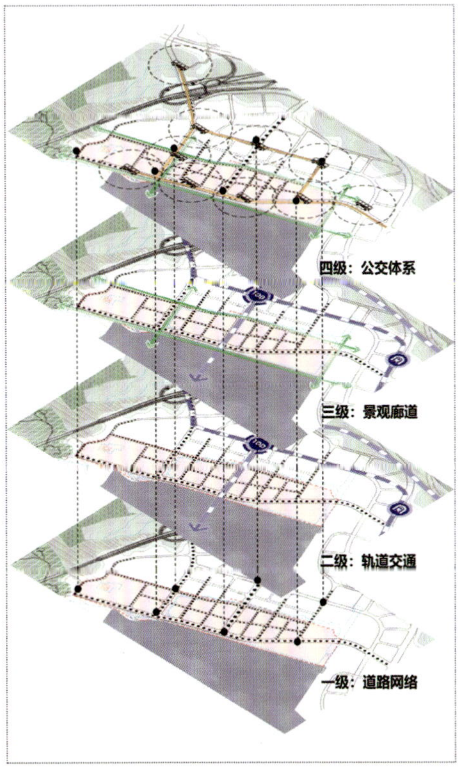

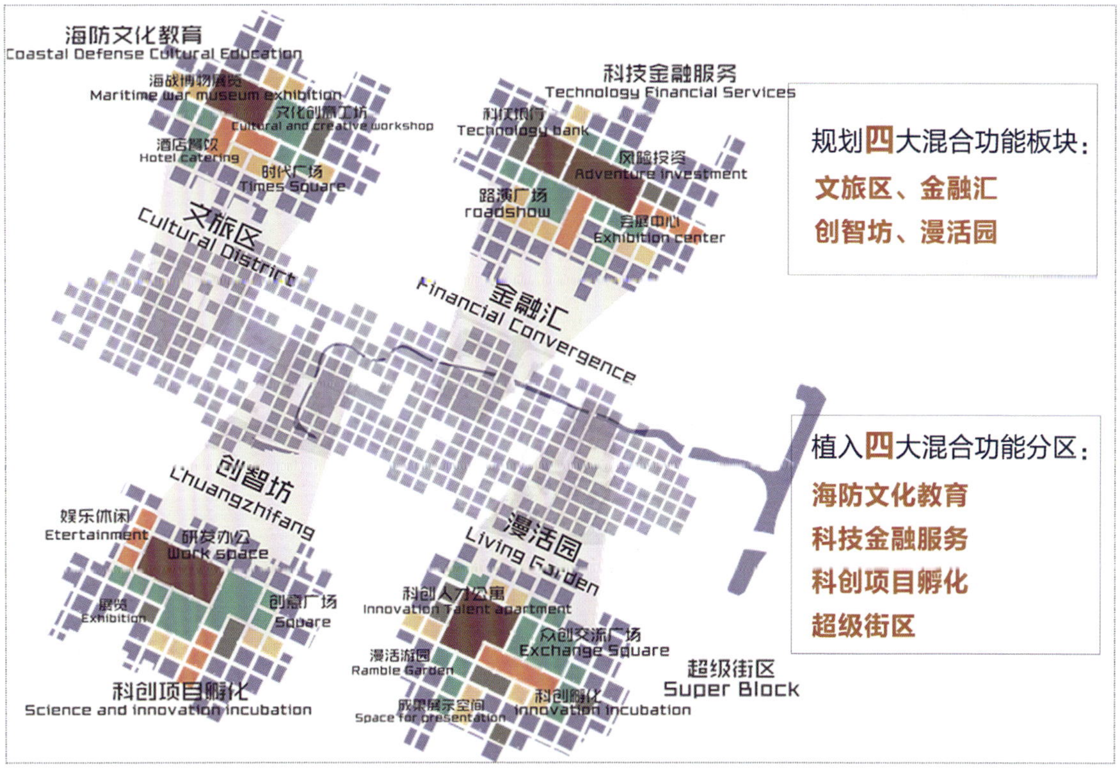

■局部地块设计选址一：超级创新街区

技术经济指标

用地面积：7.89hm²

建筑面积：143600㎡

建筑密度：31.3%

容积率：1.82

绿地率：38.4%

用地功能混合比例

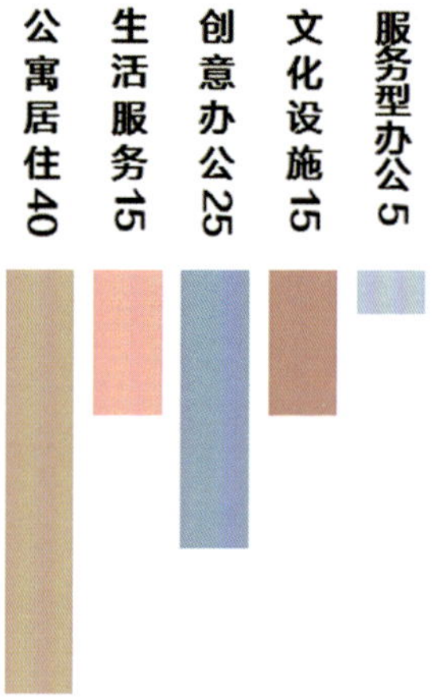

街区氛围意象——快慢交互的超级街区

资源的“快”速交互

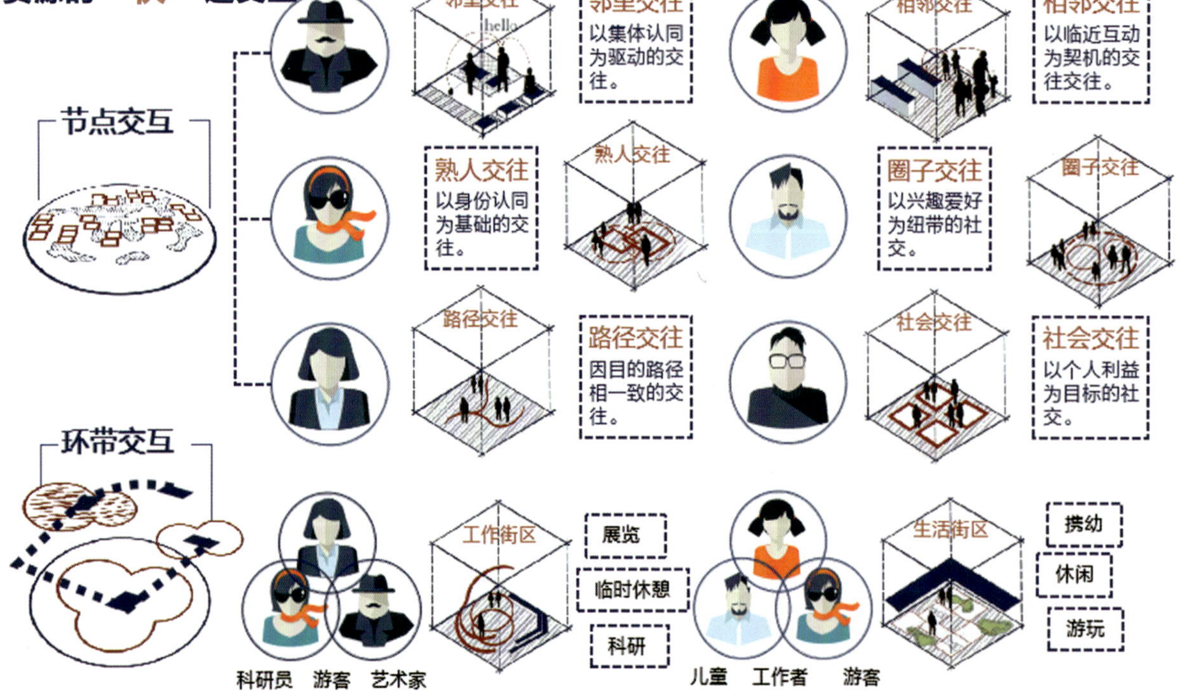

“慢”节奏的生活体验

慢体验：活化滨水空间 + 天然河涌资源 = 滨水休闲带 + 滨水慢行体验

慢创作：公共场所空间 + 艺术+创作 = 慢艺术价值 + 停留慢空间

慢生活：邻里生活圈 + 特色生活商街 = 多元新社群 + 慢生活环境

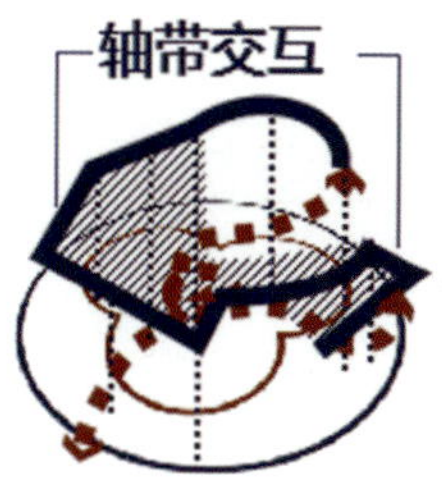

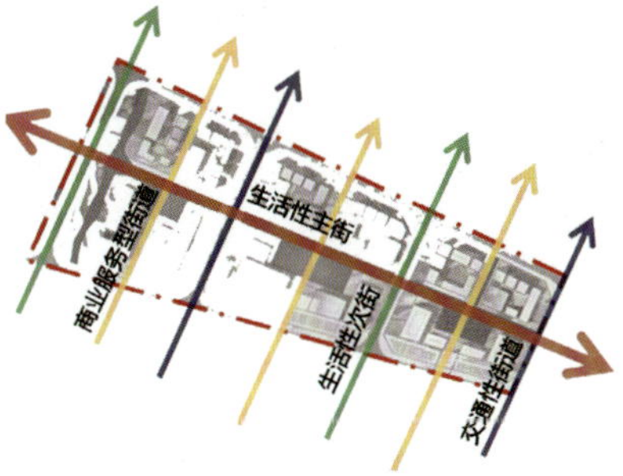

功能策划——多元混合的街区空间

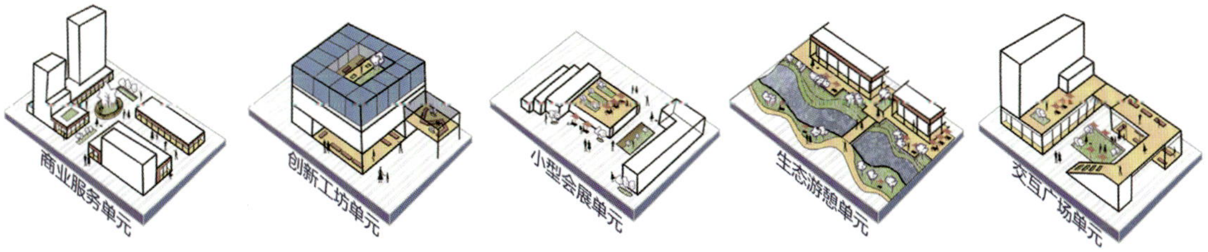

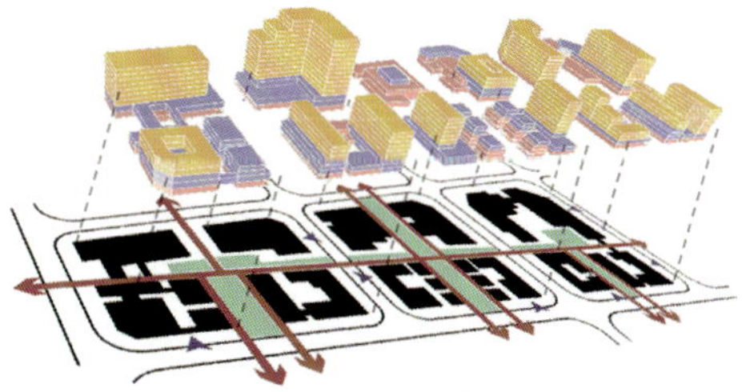

规划策略

策略1：单元结构引导

step1:快交互的创新空间营造

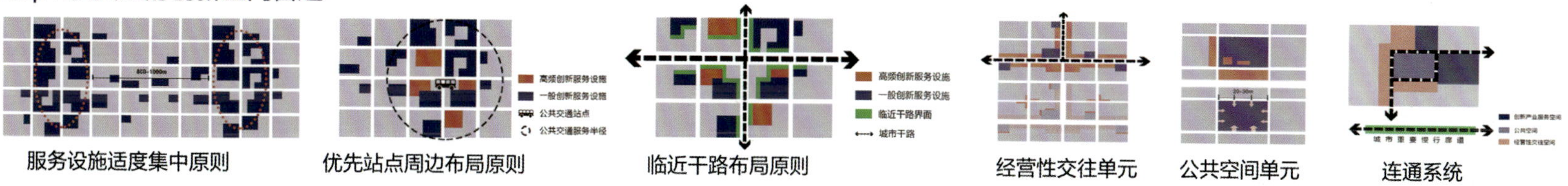

step2:慢生活的街区空间营造

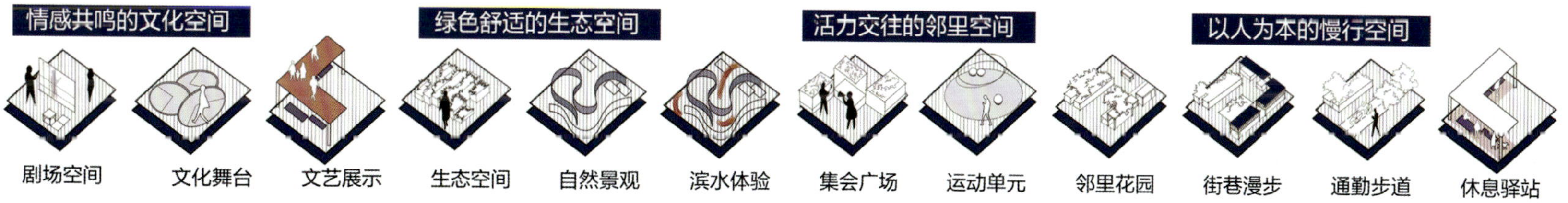

策略2：流线结构管控

step1：建议道路宽度：16～24m，减少车行路权面积，增加首层退线，划定沿街交往空间。

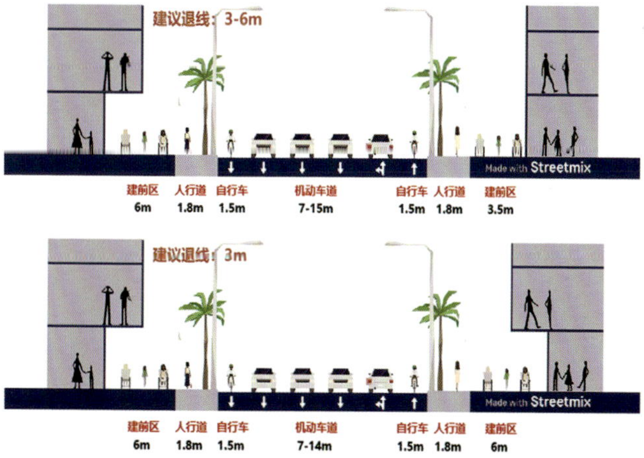

step2：引导建设生活性街道，以居住为主导，创建邻里交流、互动空间，场景相对安宁、生活化。

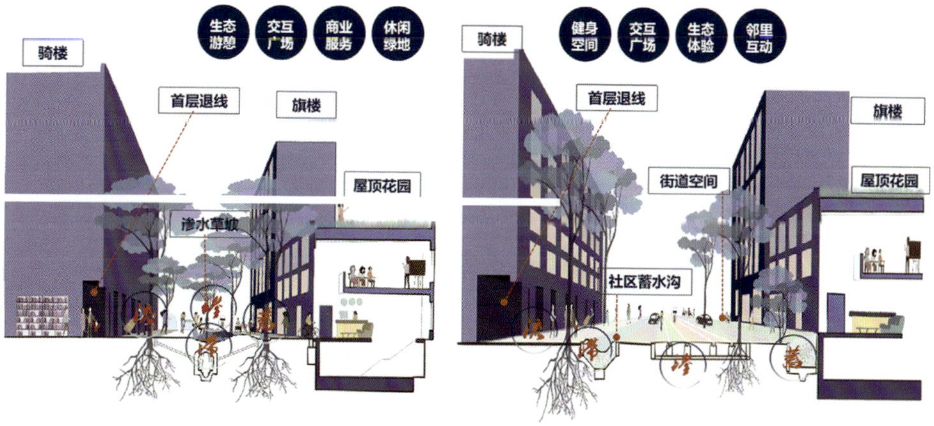

策略3：交互空间塑造

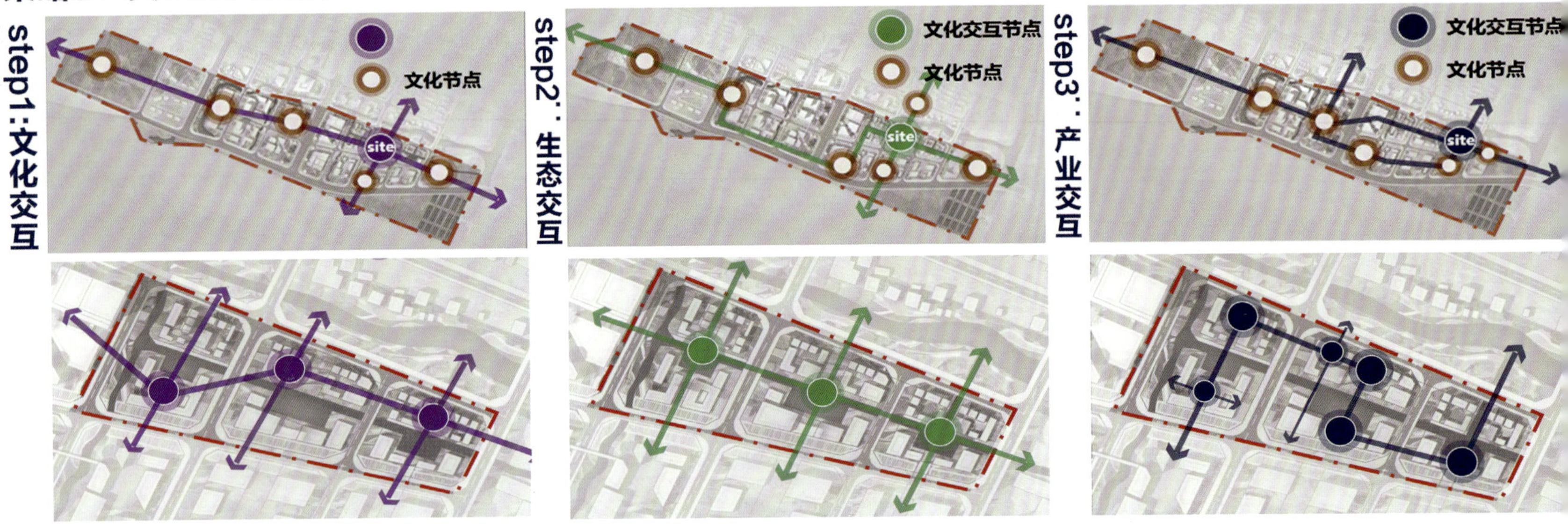

■科创金融汇局部地块设计

愿景：结合场地内“中心区门户形象”定位，打造“集聚高效”“创新智能”“绿色生态”的城市核心区。

技术经济指标

用地面积：13.2hm²

建筑面积：349 800㎡

建筑密度：22.1%

容积率：2.65

绿地率：43.2%

用地功能混合比例

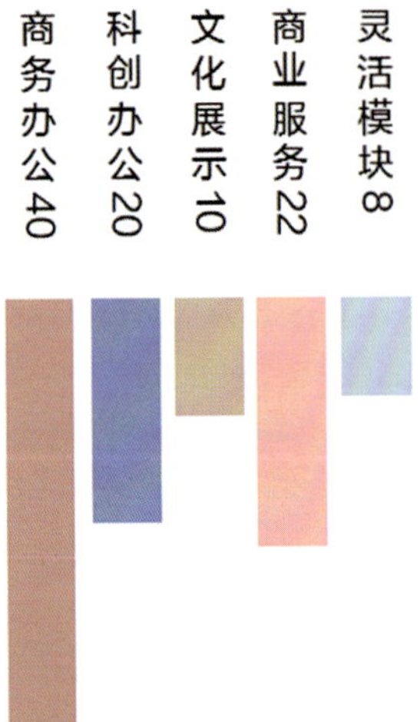

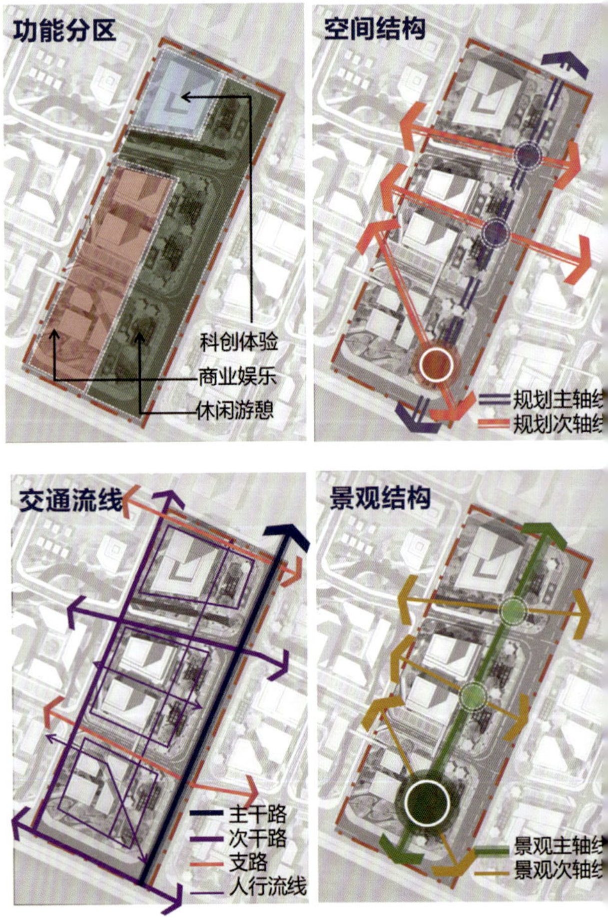

策略1：弹性利用，集约化发展

step1:整合功能要素

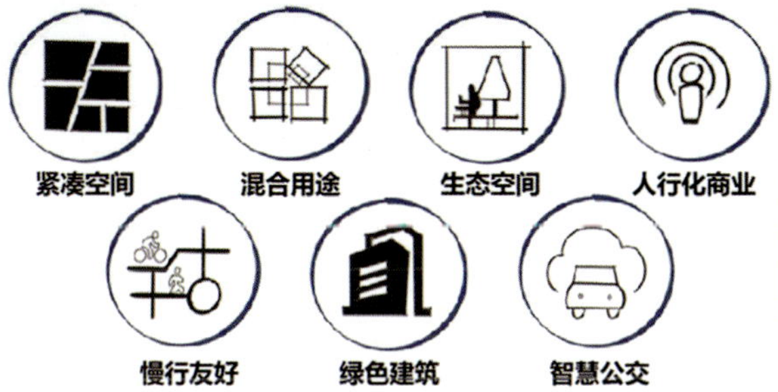

step2：功能多元混合

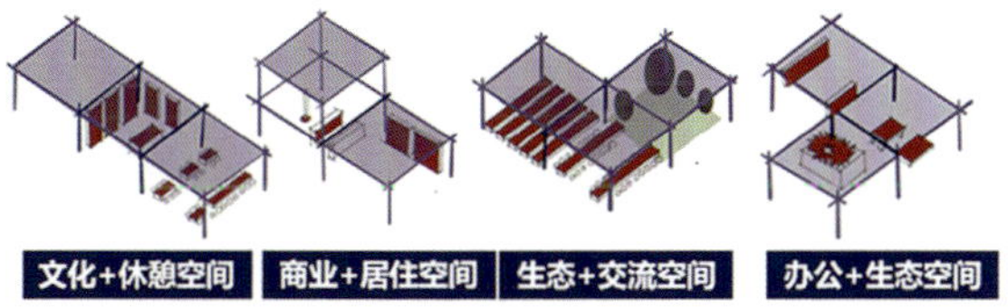

step3:高效利用立体空间

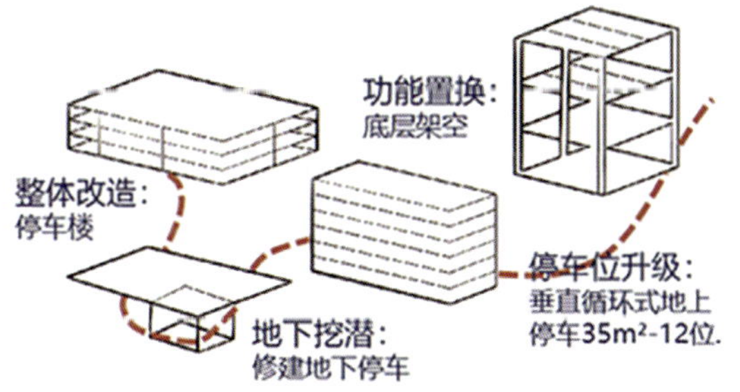

策略2：可变单元建筑，创新发展

step1：可变单元建筑模式

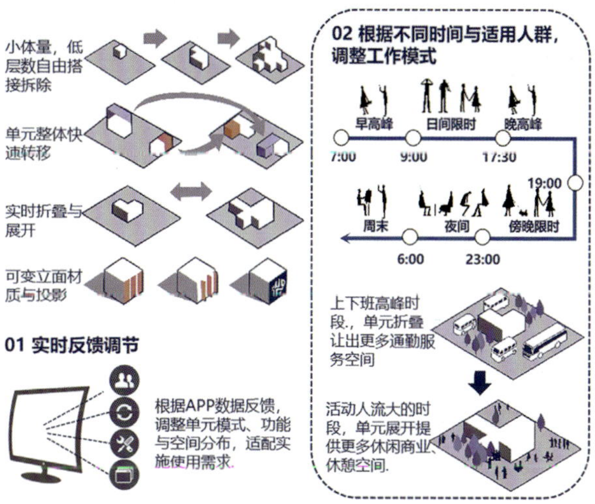

step2：单元多样空间

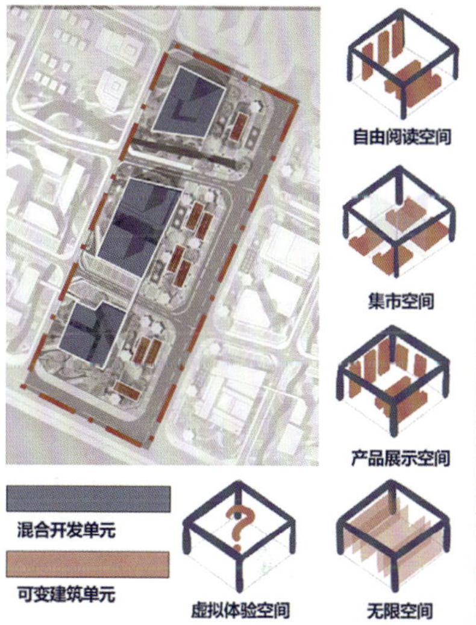

策略3：生态开发，可持续发展

step1：绿色建筑单元

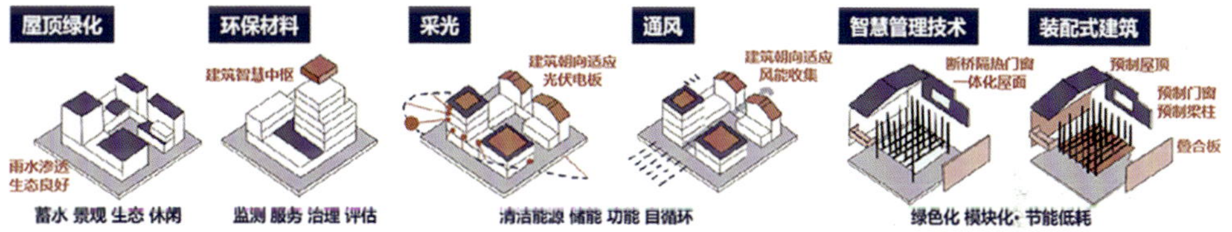

step2：海绵体系构建

华南理工大学

South China University of Technology

指导老师：赵渺希 车　乐 李　昕 刘明欣 许自力

小组成员：姚玥希 古上民 李梦雨 吴程琪 杨雨晴 杨亦茜

姚玥希 时光荏苒，转眼间毕业设计就已经到达了尾声。想想这段难忘的岁月，从初到东莞时的茫然，到慢慢的进入状态，再到设计思路的逐渐清晰，虽然整个过程难以用文字表达，但我却真真切切地拥有着无数的难忘与感动。感谢各位老师们悉心的教导与鼓励，感谢小伙伴们的帮助和支持，在大家的陪伴下我的本科生涯画上了完整的句号。希望大家在未来的日子里都能怀揣梦想，砥砺前行。最后，希望“南粤杯”越办越好！创造出更加辉煌的成绩！

古上民 这真是一次“痛并快乐着”的毕业设计！感谢我们最最可爱的指导老师们，带领我们绘出了一个满意又别致的方案。感谢最可爱的队友们，我们争论我们“互损”，但我们互相扶持共同进步！也感谢联合毕设提供如此专业的平台，让我们有机会与其他学校的优秀师生进行交流。其他学校的风采让我大开眼界，微笑，默叹，以为妙绝，学习之！最后，希望“南粤杯”越办越好！创造出更加辉煌的成绩！

李梦雨 本科的最后一个设计作品以“南粤杯”作为结尾，见识到了规划新的视角、获得了不同老师新的指点，结识到了不同学校的新朋友。回望这一个学期，有不断重开的辛苦，也有和小伙伴们一起的欢乐整活，感谢小伙伴们的包容和协作，留下了深刻的记忆，最终的结果也像整活一样快乐。听我说谢谢你，因为有你。最后，希望“南粤杯”越办越好！创造出更加辉煌的成绩！

杨亦茜 这次毕设是非常难得的体验！联合毕设为我们提供了一个公平竞争的平台，让我们能够向其他学校的老师同学学习。当初我被毕设选题所吸引，如今半年已过，我们也交出了自己的一份答卷。回望过去，我们在对方案斟酌的每一步中不断地学习新知，在与老师同学的交流探讨中提升自我。最后，希望“南粤杯”越办越好！创造出更加辉煌的成绩！

杨雨晴 以联合毕设作为大学五年忙碌生活的结束，我认为非常有意义。与多所高校的同学们一起交流合作，学到了很多东西，锻炼了多方面的能力，是一个自我提升的过程。在比赛过程中，非常感谢指导老师和学校的支持，在我们遇到困难的时候，老师们总是耐心地为我们解决；感觉很累的时候，队友们也总是给我支持和力量。另外，在比赛过程中也认识到了自己的不足，对自己在今后的学习生活工作一定会有很大的帮助。最后，希望“南粤杯”越办越好！创造出更加辉煌的成绩！

吴程琪 每一次经历都是生活给予的宝贵经验，是成长的必然，这次参加“南粤杯”的比赛也不例外。虽然我们结果不算出彩，但在参赛的过程中，我发现了自己的不足，借鉴到了他人的经验，这会使我在设计学习方面更加努力。也提醒自己，不要被自我感觉所蒙蔽，还有许多要学习的地方，要多多努力，尽量多地抓住机会，提升表现能力，从每一件事中找到进步的目标，让自己变得越来越优秀。最后，希望“南粤杯”越办越好！创造出更加辉煌的成绩！

基地区位

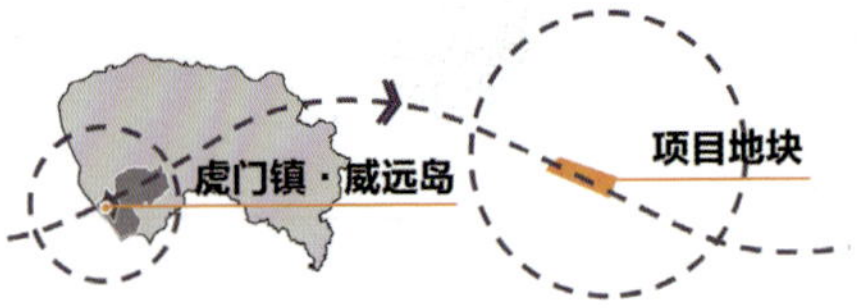

威远岛形态演变

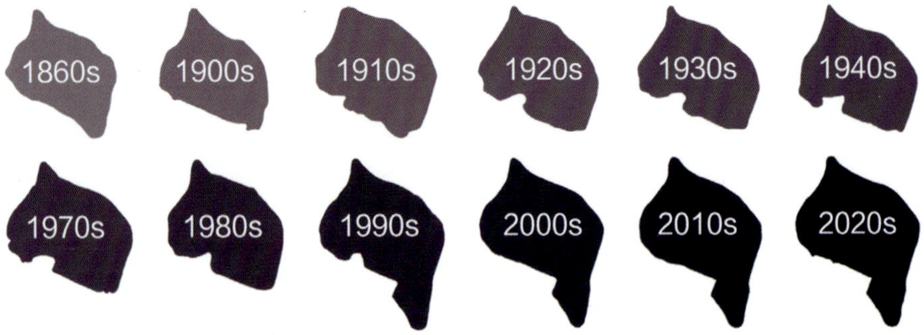

场地周边分析

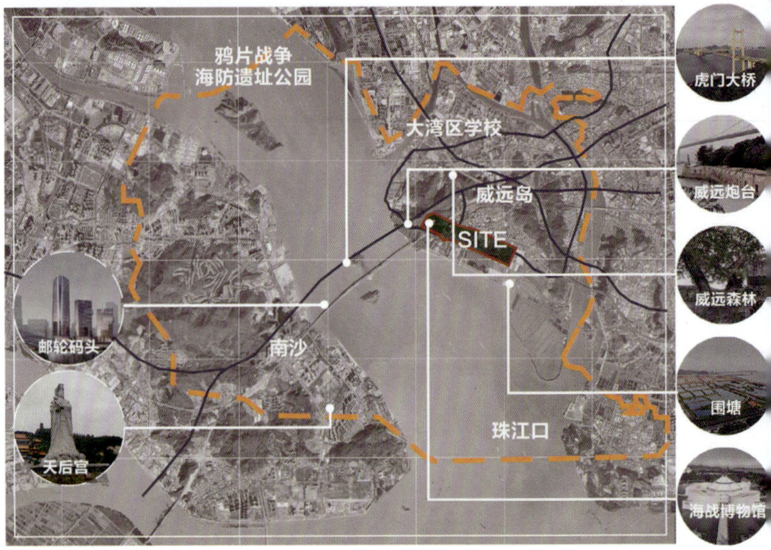

威远岛形态演变

人群需求

动植物需求

文化专题

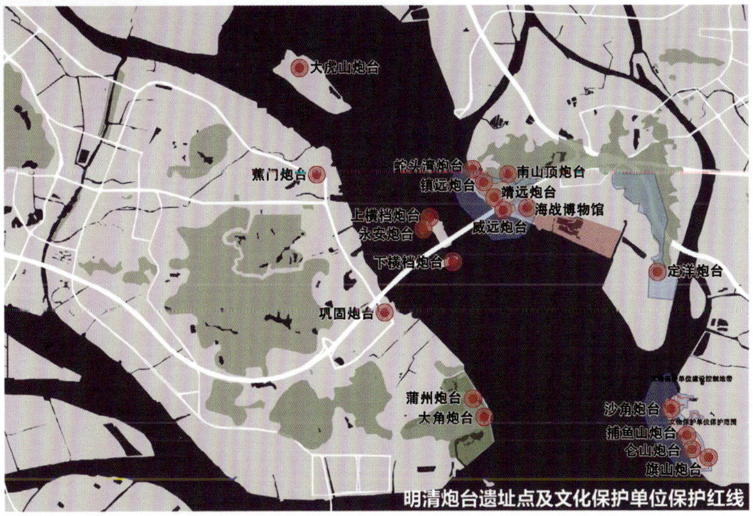

明清炮台遗址点及文化保护单位保护红线

环抱格局——虎门六台，金锁铜关

生态专题

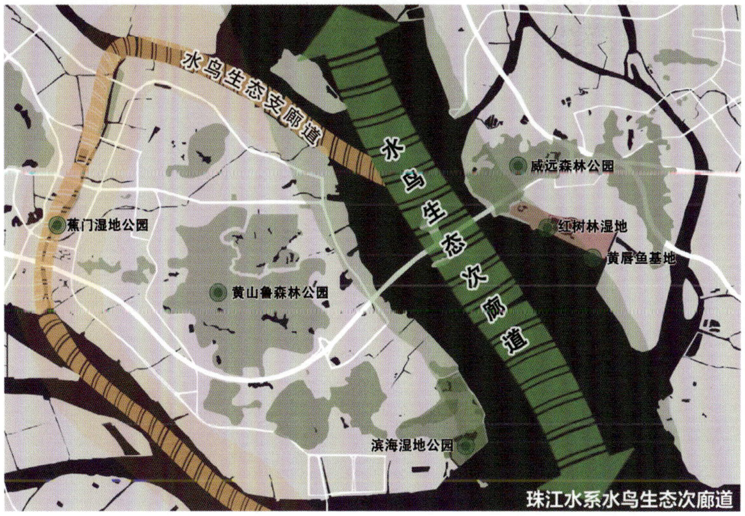

珠江水系水鸟生态次廊道

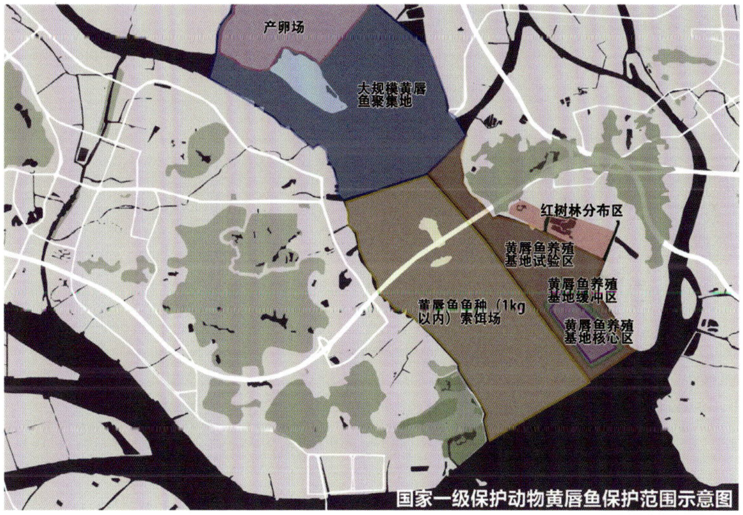

国家一级保护动物黄唇鱼保护范围示意图

文化专题

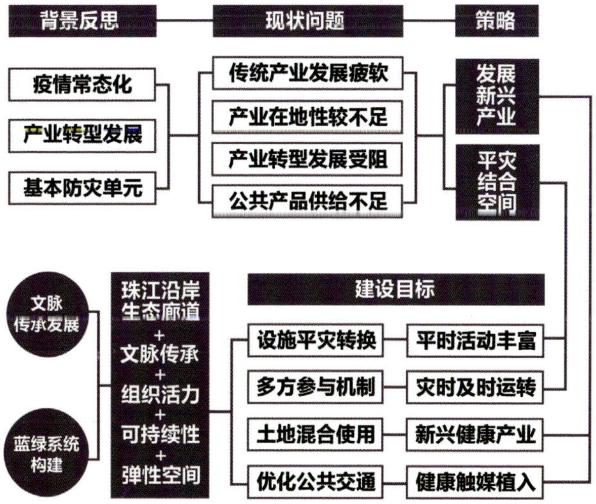

三大议题

历史事件	BC202 汉划属盐场	1368 闭关锁国	1684 设粤海关	1757 重设三道海防线	1840 两次鸦片战争
文化资源	靠海吃海		海上贸易		海防炮台
景观变迁	盐田	卫所寨城			沙田
产业转变	食盐销售	对外关口			海防战场

人文历史

作为遗址公园空间格局的一部分，应尊重海防文脉，同时联动人文要素，优化文化游线。

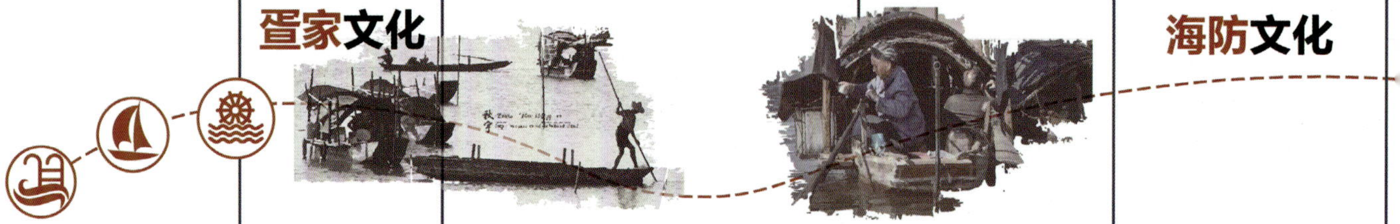

生态环境

两岸由两山环抱而成，有山水林鱼鸟等资源，应延续生态格局，在保护下活化生态资源。

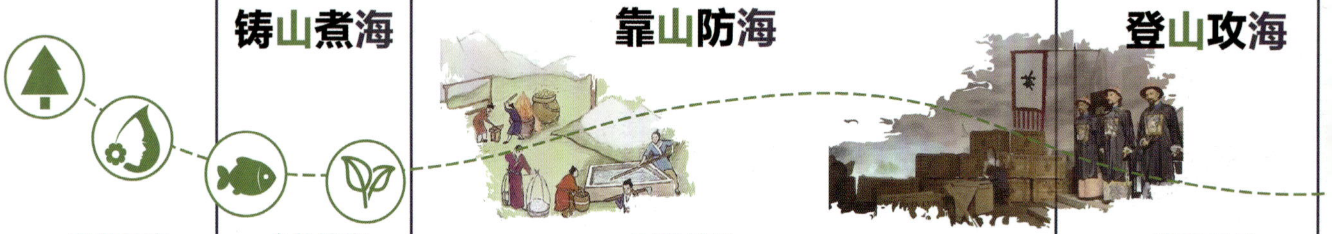

产业发展

依托南沙及场地生态资源发展生命健康产业；依托场地历史与海防遗址，发展文创IP产业。

规划理念及目标

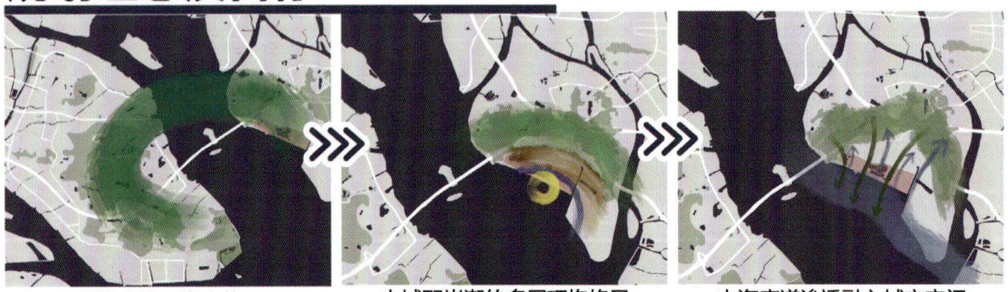

两岸山体环抱之势形成虎门重要关口 | 山城野岸潮的多层环抱格局 | 山海廊道渗透融入城市空间

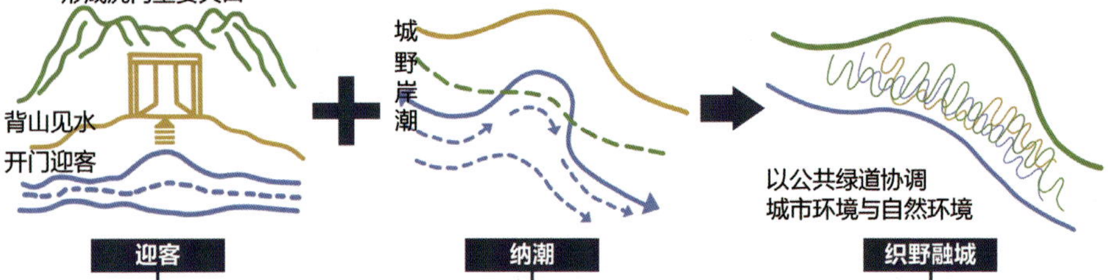

迎客 山体成环抱之势以迎宾客

纳潮

织野融城 洋流以蔓延之态以融两岸

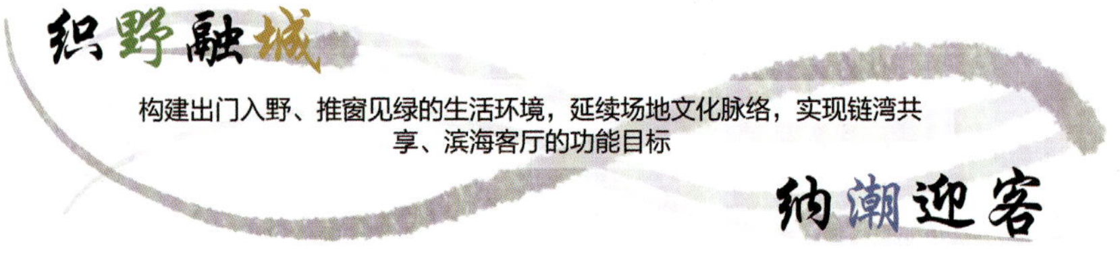

构建出门入野、推窗见绿的生活环境，延续场地文化脉络，实现链湾共享、滨海客厅的功能目标

规划愿景及策略

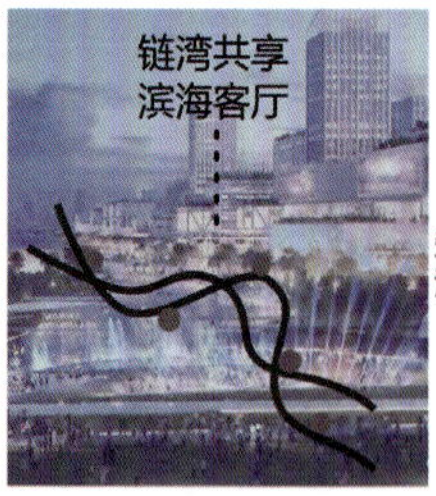

■ 文化策略——文化织链 品昔赏境

策略一：文化策略

设计海防遗址连接路径，实现一河两岸文化织链；在场地内设计东西向游径，实现威远文化织链。展示海防文化意象，设置十个节点，实现品昔赏境的目标。

■ 生态策略——引山纳潮 织水围绿

策略二：生态策略

引入山林特色、集聚海洋风光、编织特色生态资源，构建出门入野、推窗见绿的生活环境，同时作为场地名片达到集纳各方宾客的目的。

■ 产业策略——产业融湾 科创激活

策略三：产业策略

场地应打造为能学习、可体验、数字化的文旅项目，并落位海防文化展示中心、威远会客厅、数字文创园三大产业空间。

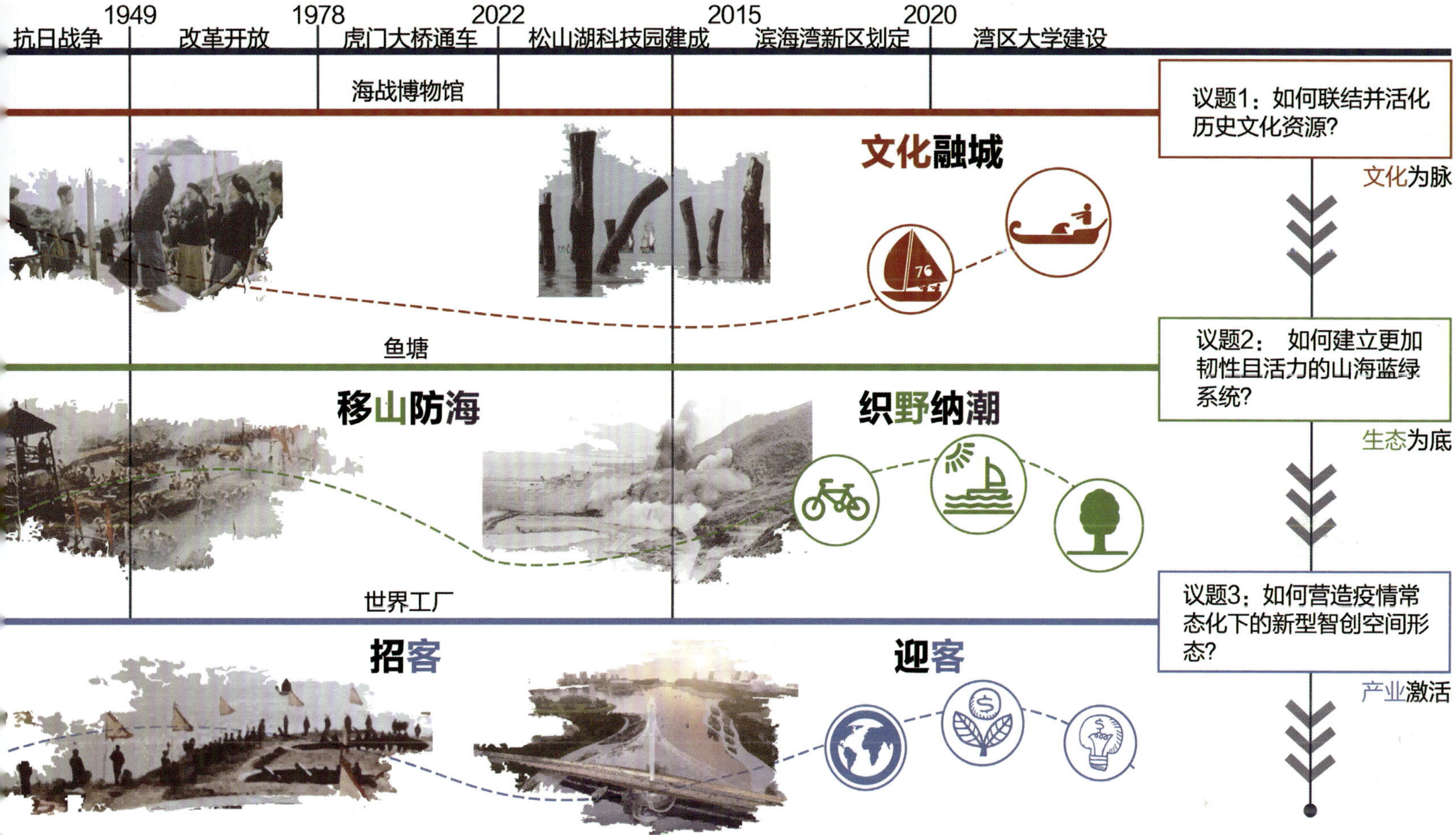

生成分析

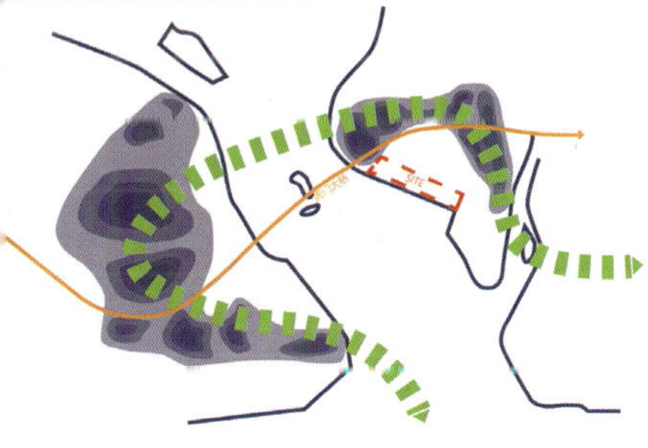

两岸环抱格局

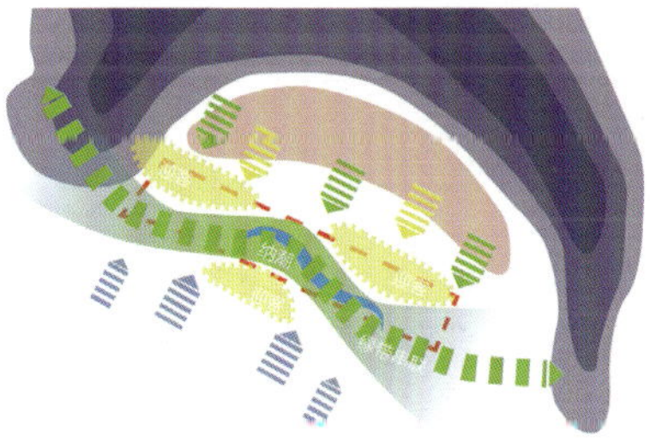

威远环抱体系
山-城-田-海

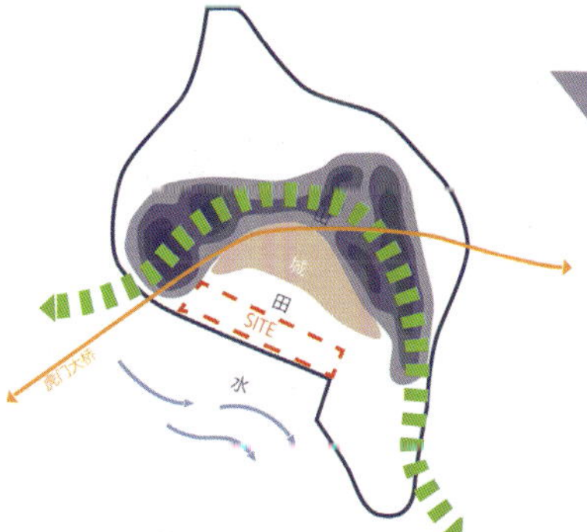

构建环抱骨架,纳入潮水
呼应威远岛环抱体系
初步形成规划结构与蓝绿体系

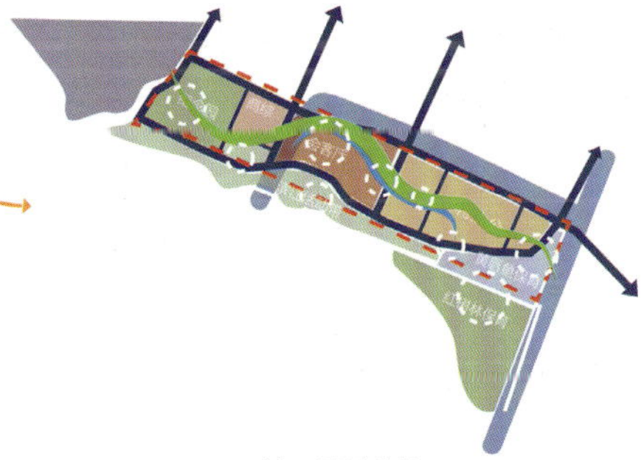

基于规划结构
生成以公共绿带串联的公共空间体系
结合交通生成功能分区

■ 木棉花——会客厅建筑群

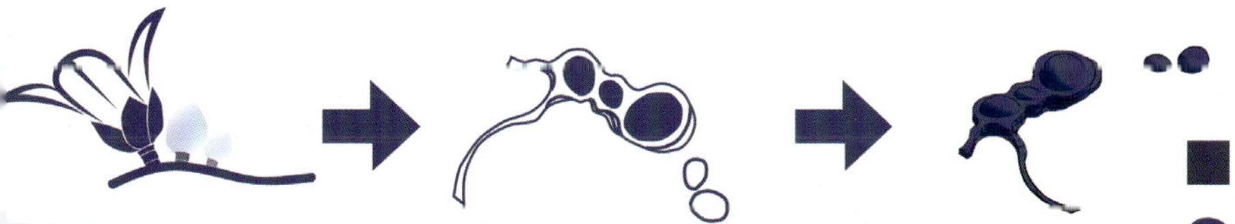

■ 鱼群+水流方向——红树林群岛

■ 鱼塘——科创办公建筑群

经济技术指标

规划总用地	102公顷
建筑占地面积	142970㎡
建筑总面积	817200㎡
容积率	0.8
绿地率	29.5%
建筑密度	14%

总平面图

游线系统

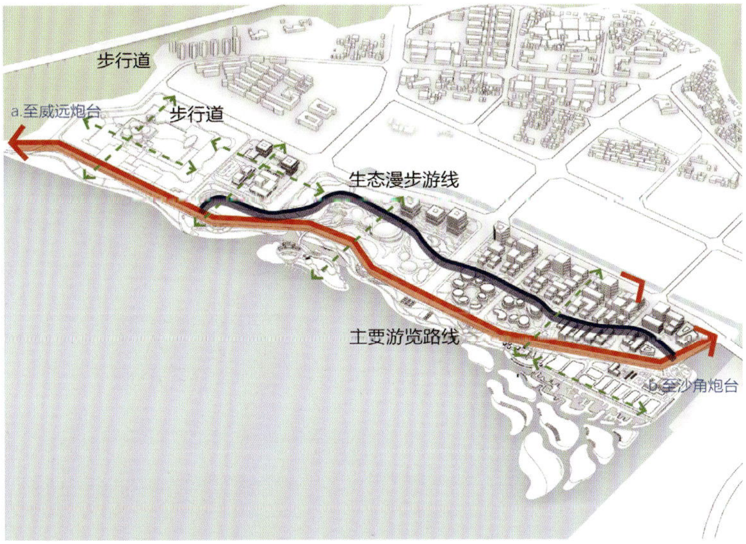

功能分区

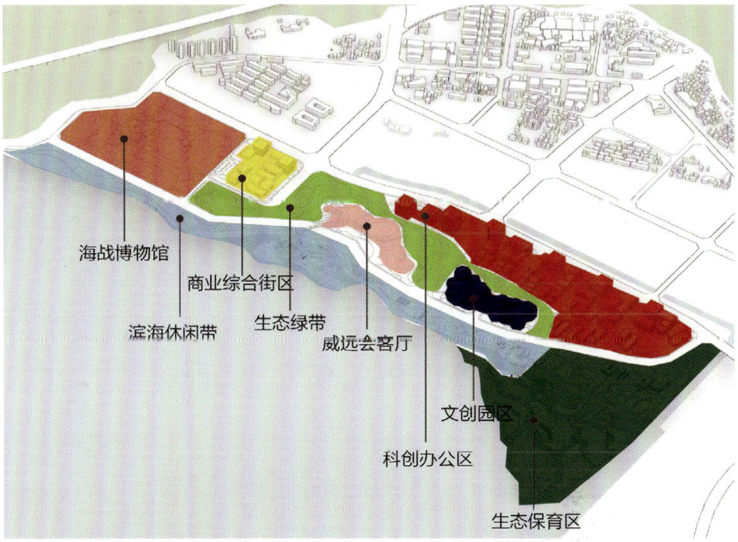

开敞空间

景观系统

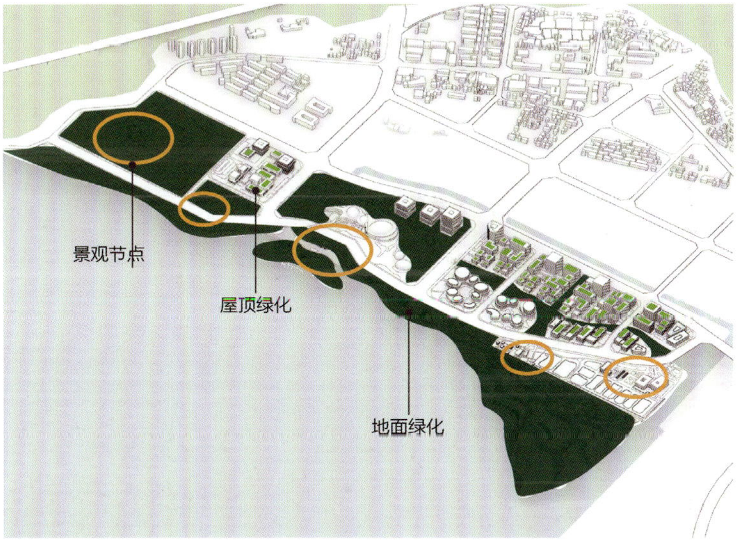

建筑控制

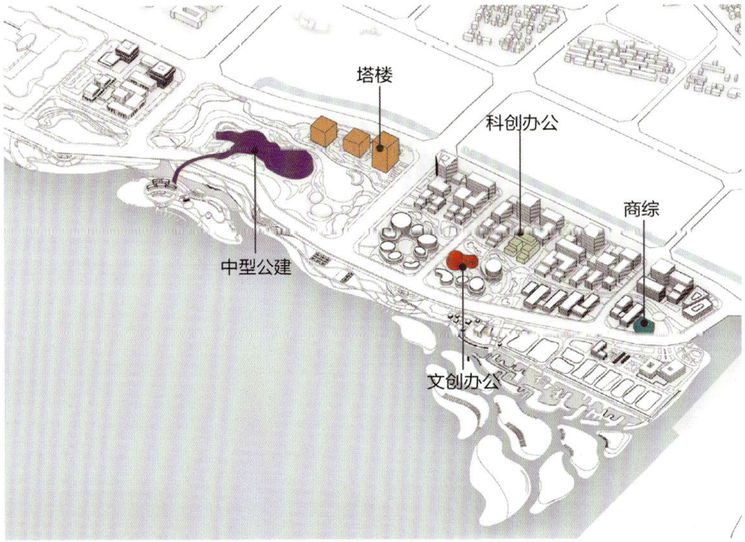

规划结构

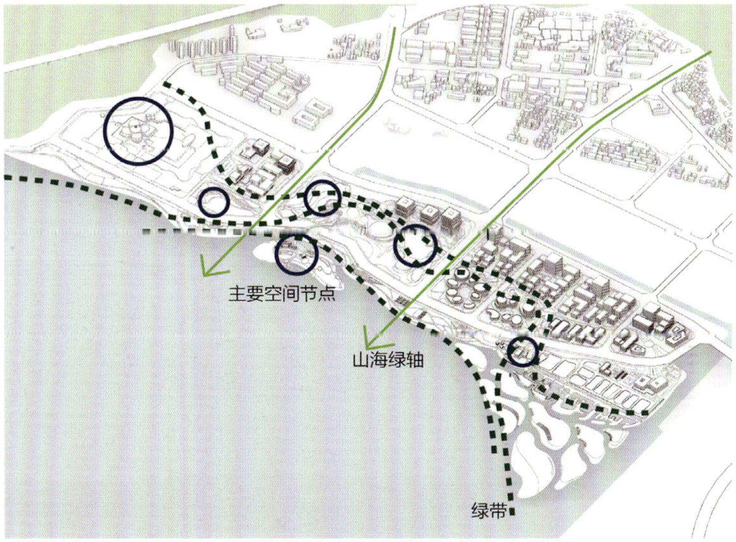

鸟瞰图

空规图则

■ 道路交通规划图

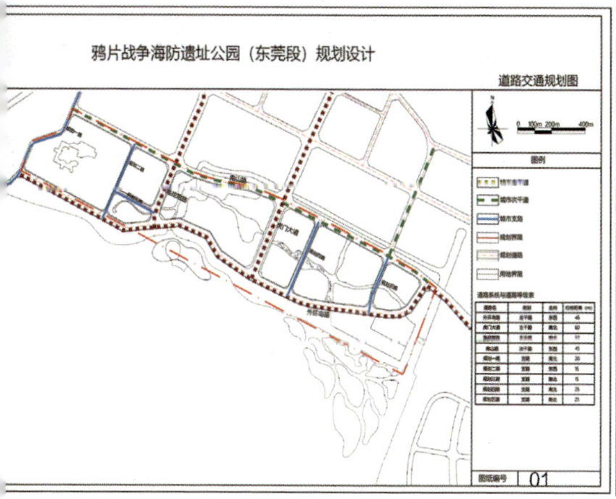

■ 土地利用规划图

■ 空间结构规划图

■ 绿地率分区图

■ 建筑密度分区图

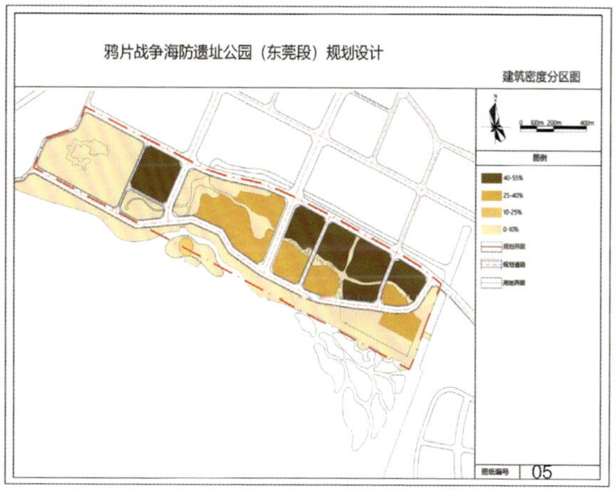

■ 容积率分区图

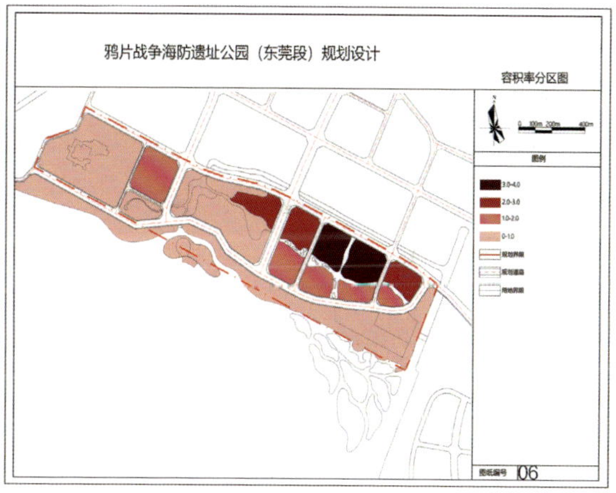

■ 建筑限高分区图

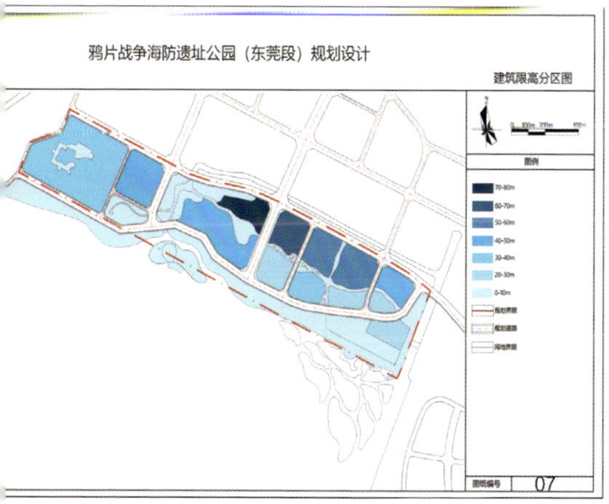

■ 详细功能策划图

■ 地块划分编码图

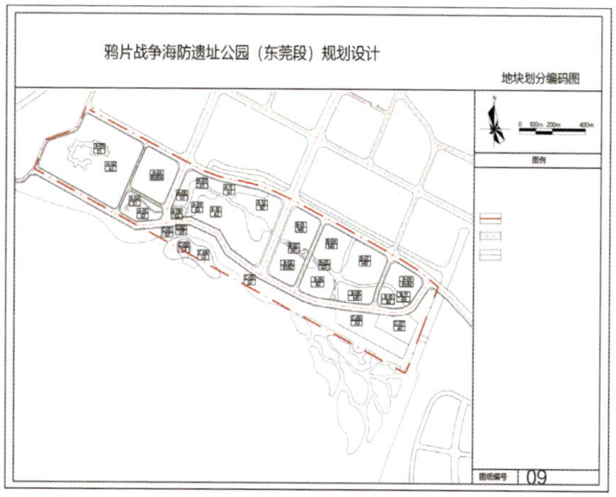

三大策略总结

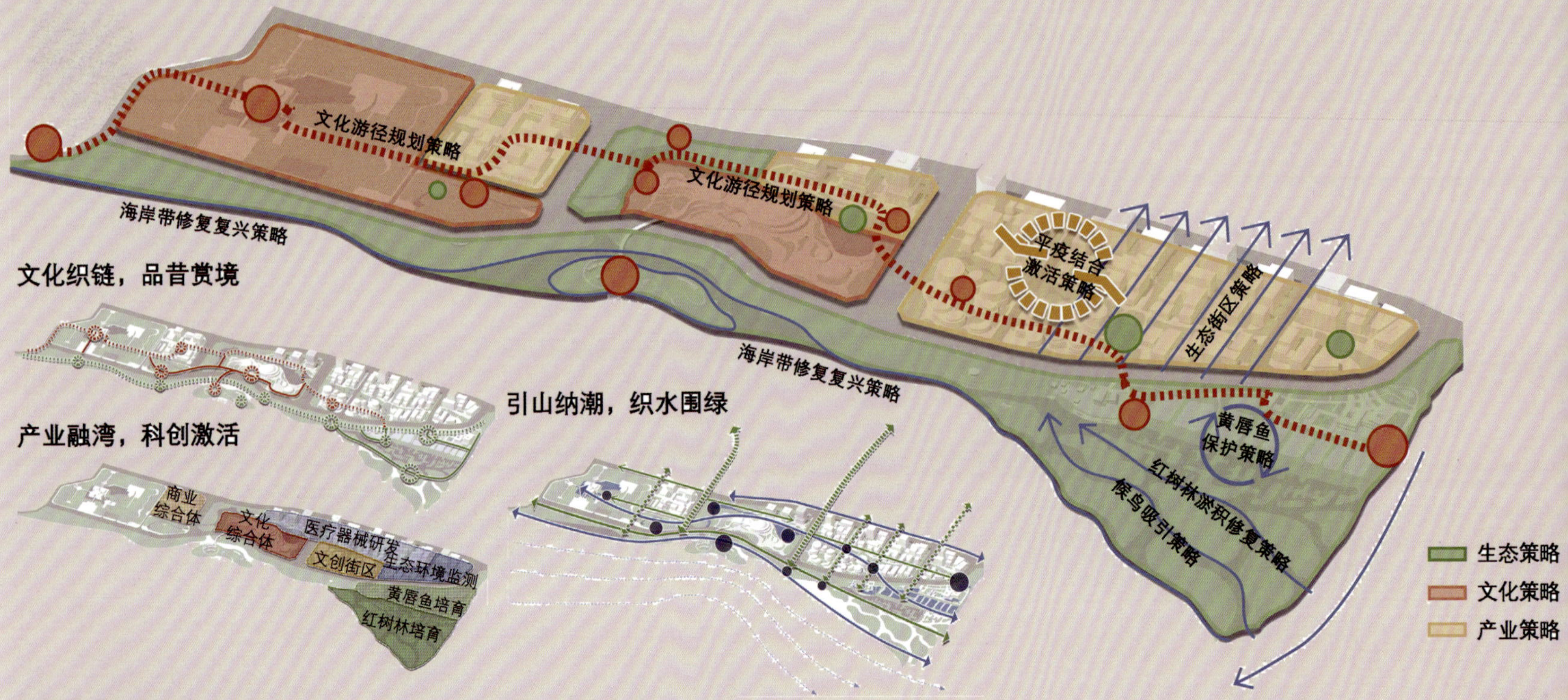

引山纳潮 理水生绿

■ 海岸带修复复兴策略

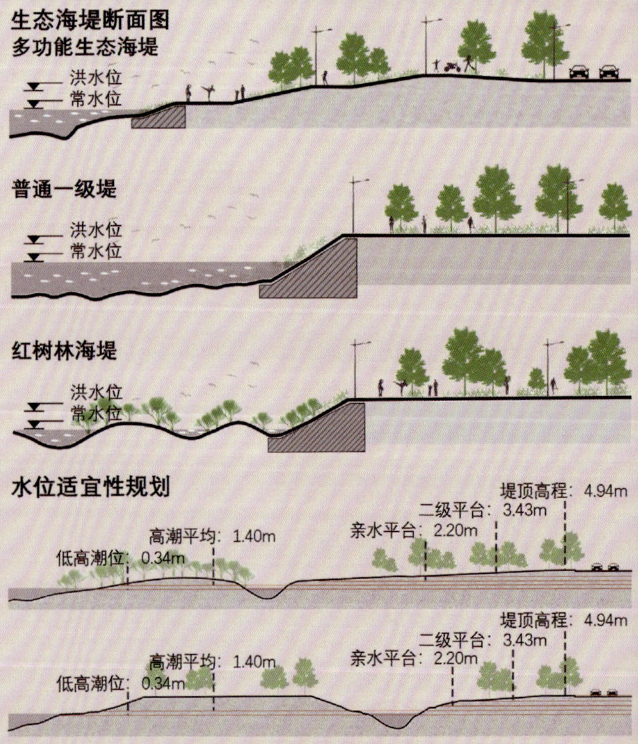

红树林淤积修复策略

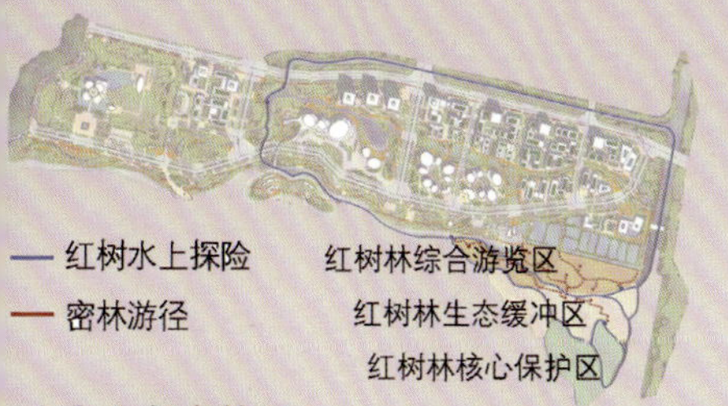

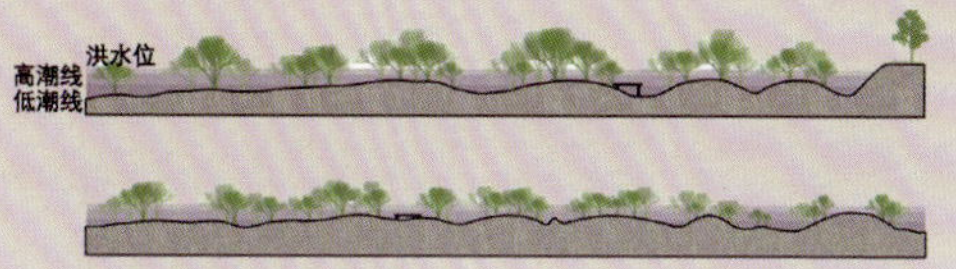

红树林扩种过程

防治入侵物种阶段

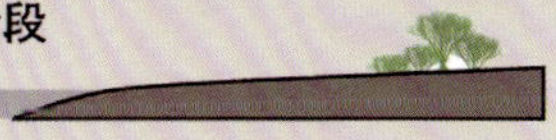

拔除入侵物种

先锋群落阶段

人工种植适应光滩环境的树种

类型群落阶段

人工补种真红树植物，红树凋落物开始积聚

后期演替阶段

优势种变化，人工补种真红树和半红树植物，红树凋落物不断积聚

向海扩张阶段

凋落物积累使滩涂不断垫高，红树林不断向海扩张

生态小岛演替图

人为营造期

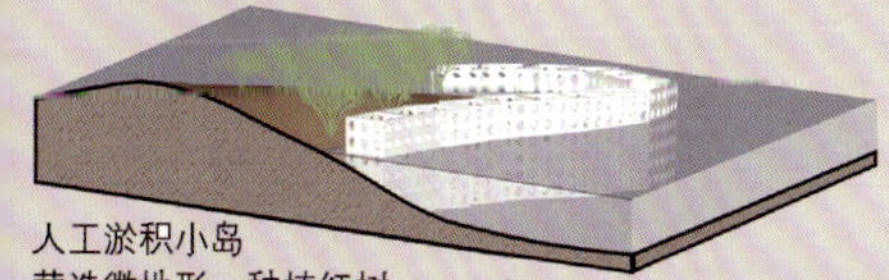

人工淤积小岛
营造微地形，种植红树
放置淤积装置——人工鱼礁

岸线延伸期

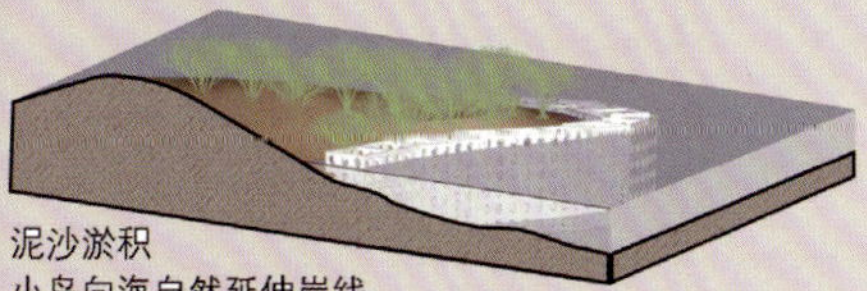

泥沙淤积
小岛向海自然延伸岸线

回归自然期

红树林自然生长
小岛形成稳定的生态环境

生境营造

平均高潮位

水塘　水洼　踏头式草甸　河漫滩草甸　光滩

平均低潮位

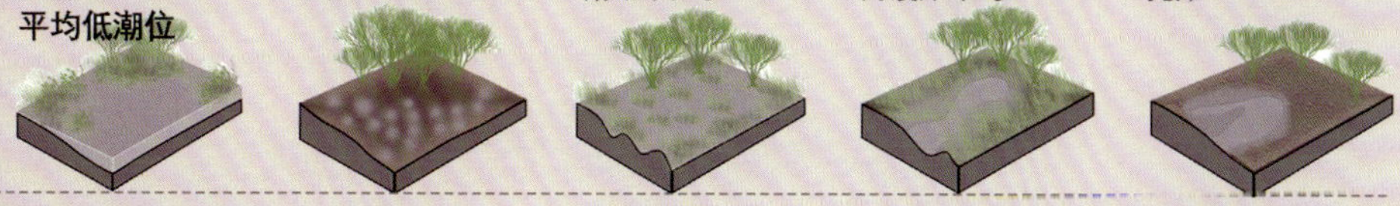

生态街区策略

生态屋顶　植草沟　生态树池　下沉式绿地

黄唇鱼保护策略

人工鱼礁放置区

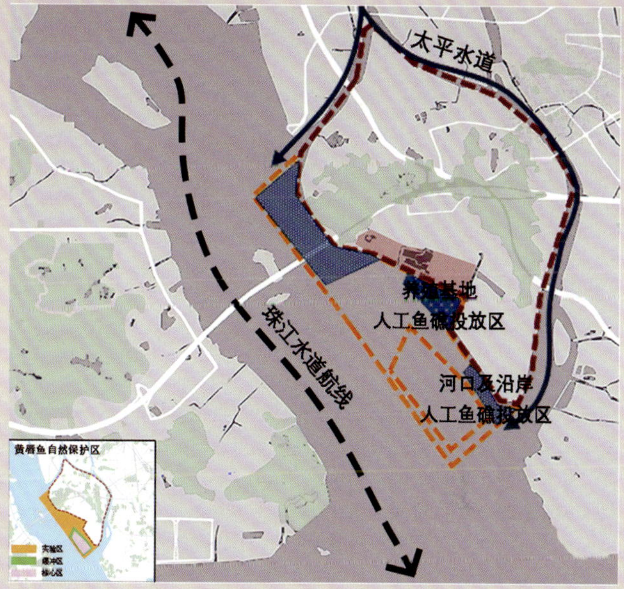

人工鱼礁选型及布置

礁石单体　单位礁　鱼礁群

候鸟吸引策略

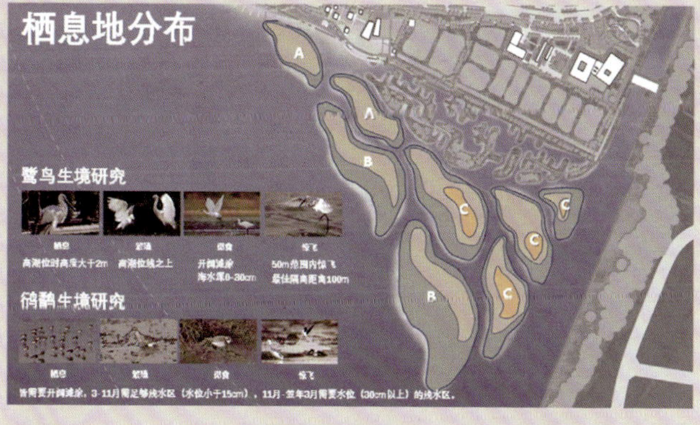

类型A
西北部近岸栖息地

类型B
中部、东部近岸栖息地

类型C
临江栖息地

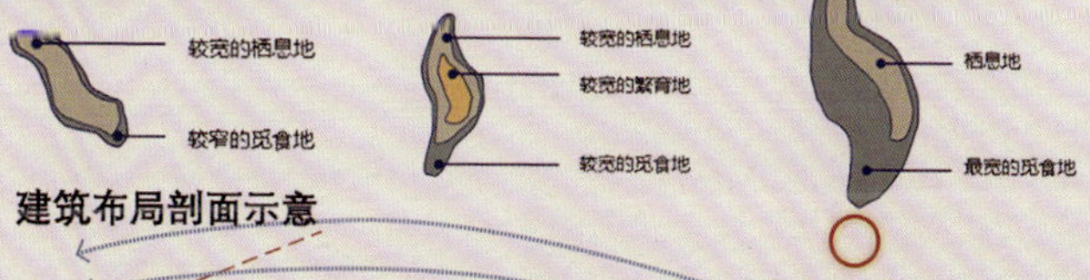

建筑布局剖面示意

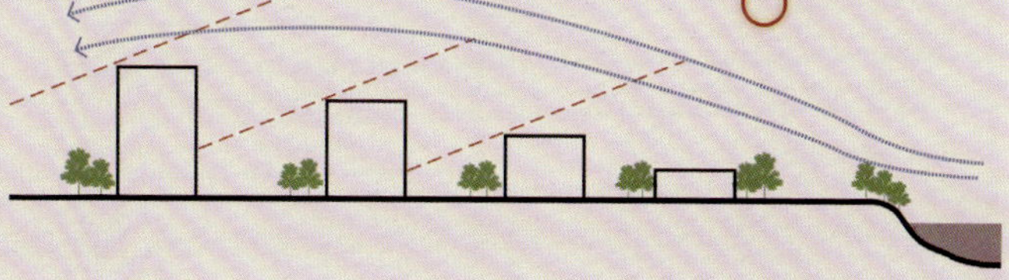

文化织链 品昔赏境

游径连接

国家海防遗址公园海陆空游径设计

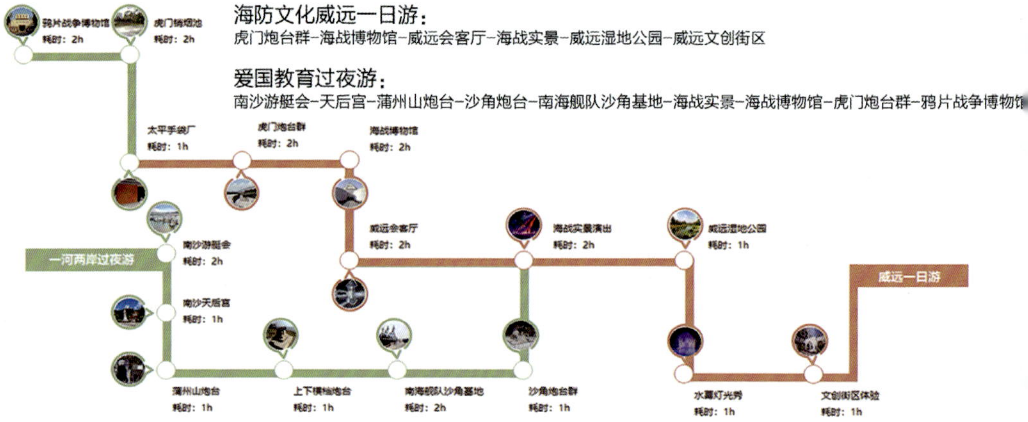

国家海防遗址公园游线设计

活动策划 从威远历史中提炼十个场景，并通过景观手段进行复现，组成“威远十幕”

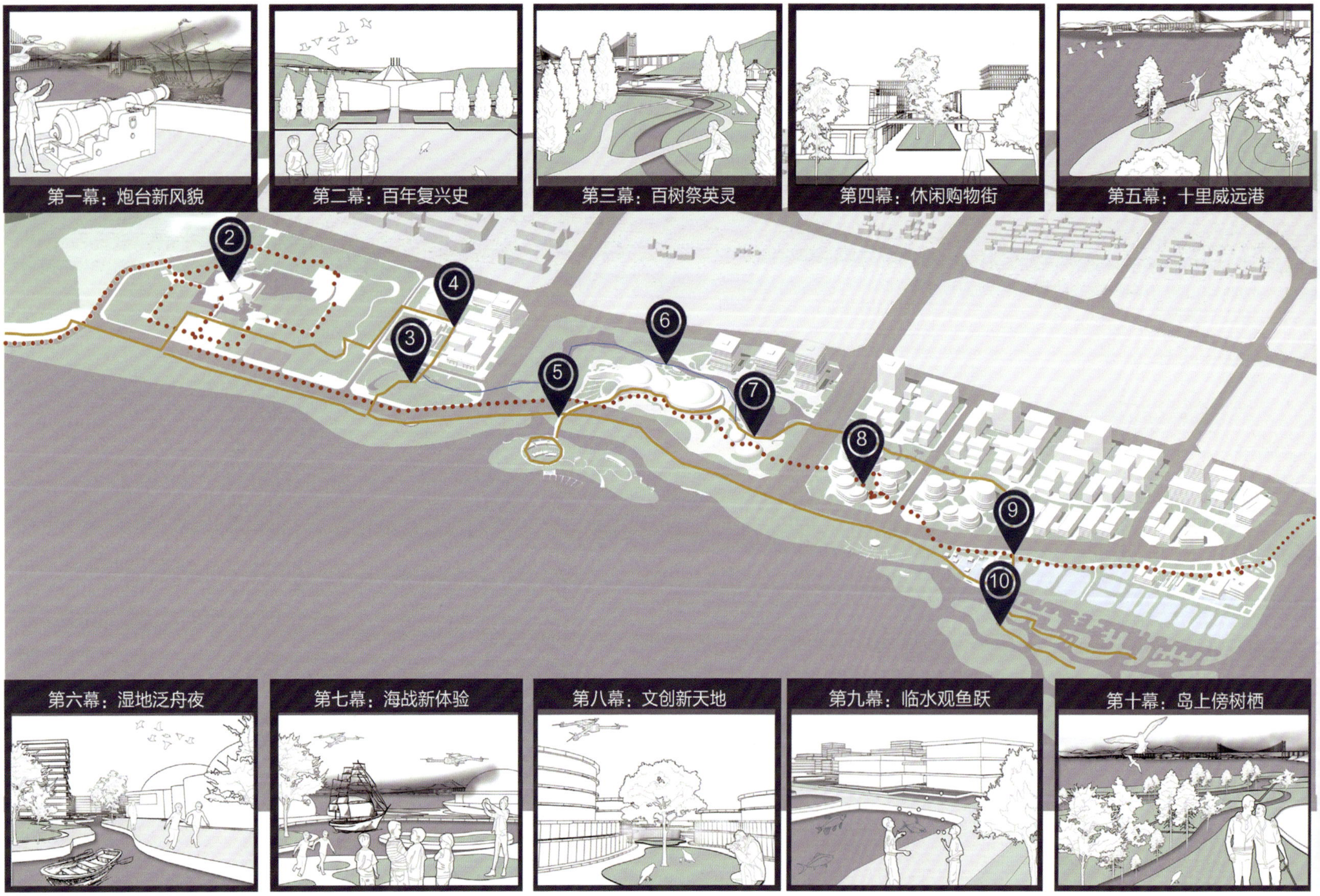

文化意象

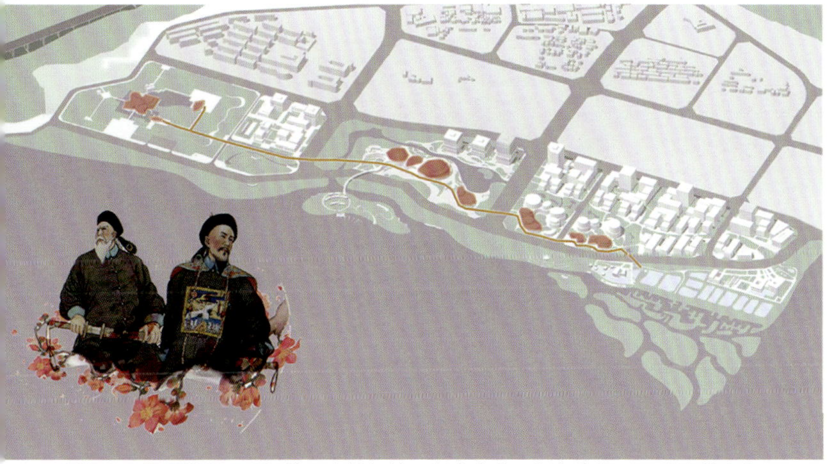

木棉花又名英雄花，是场地历史的凝练，以点为花，以径为枝，延续木棉意象

炮台元素导视设计

产业融湾 科创激活

产业策划

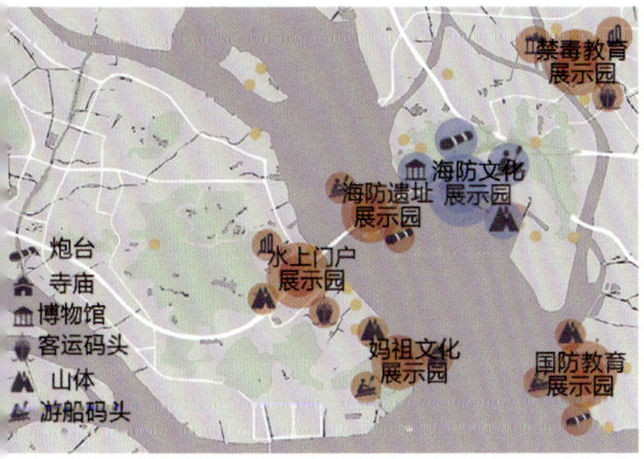

文化旅游业区域资源分析

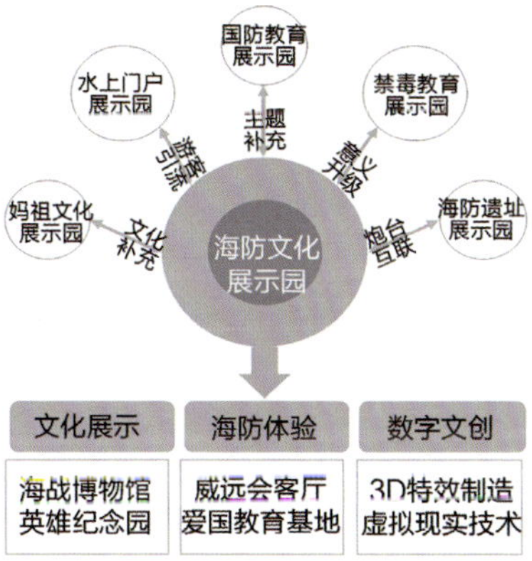

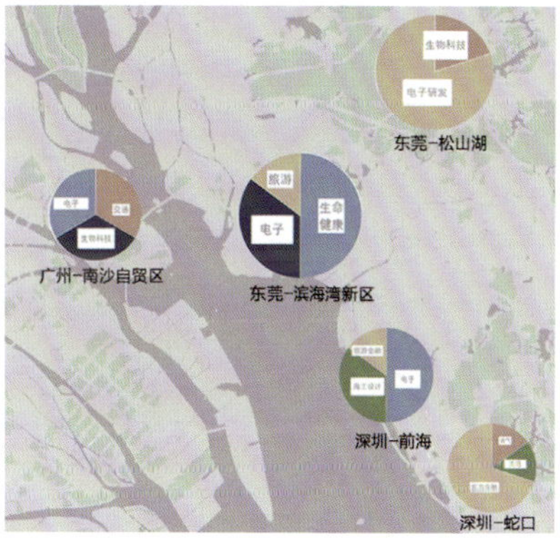

大湾区邻近城市主导产业分析

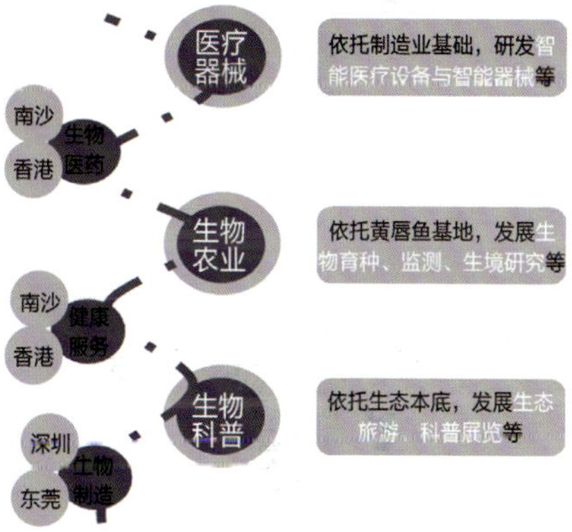

平时公共空间设计

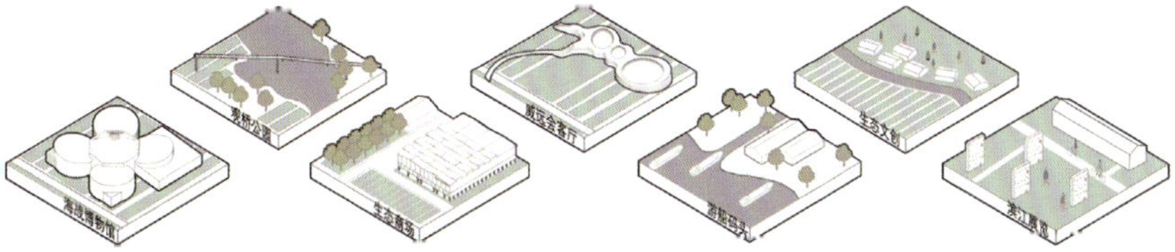

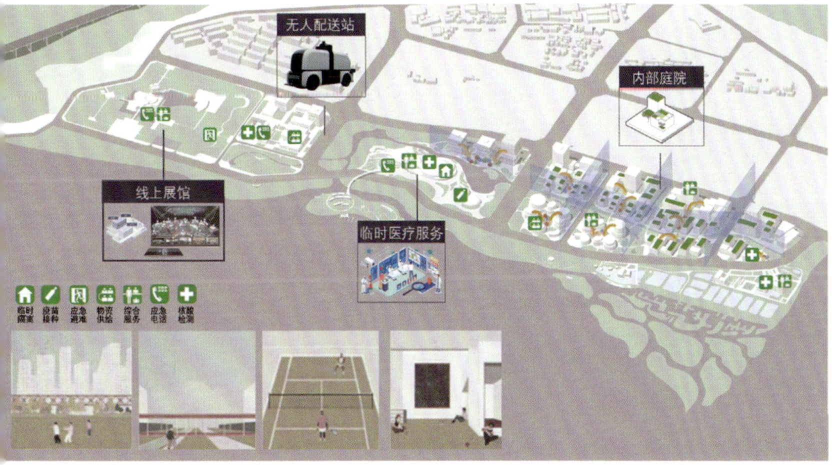

疫时健康管理设计

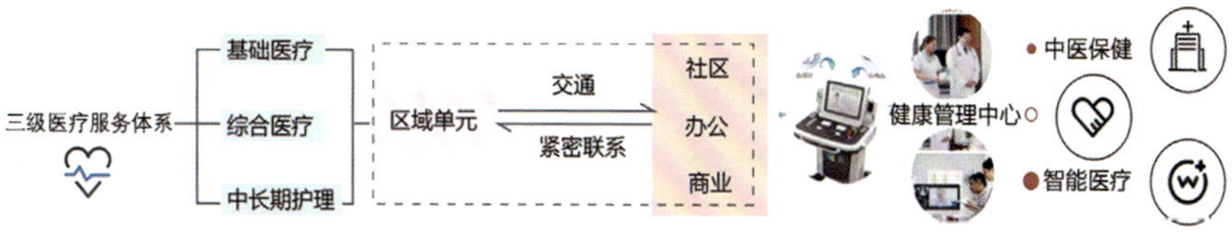

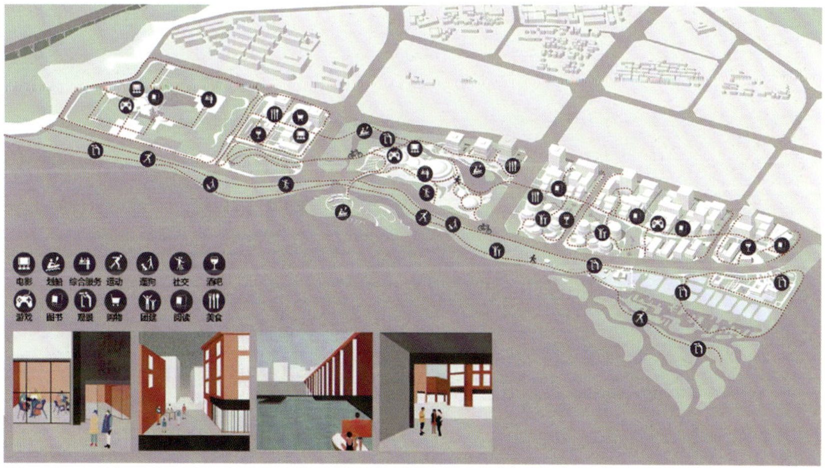

重点地块轴侧展示

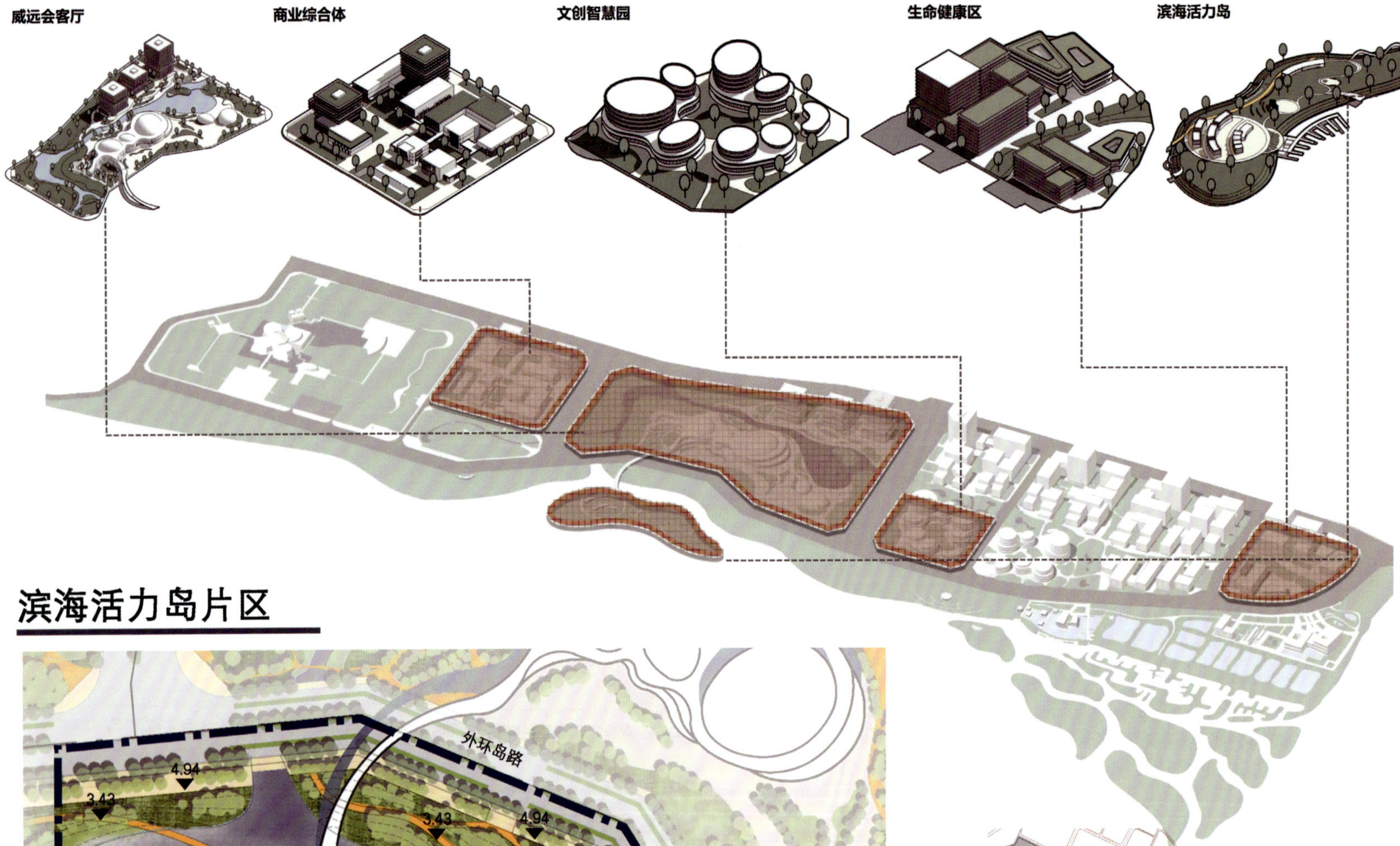

滨海活力岛片区

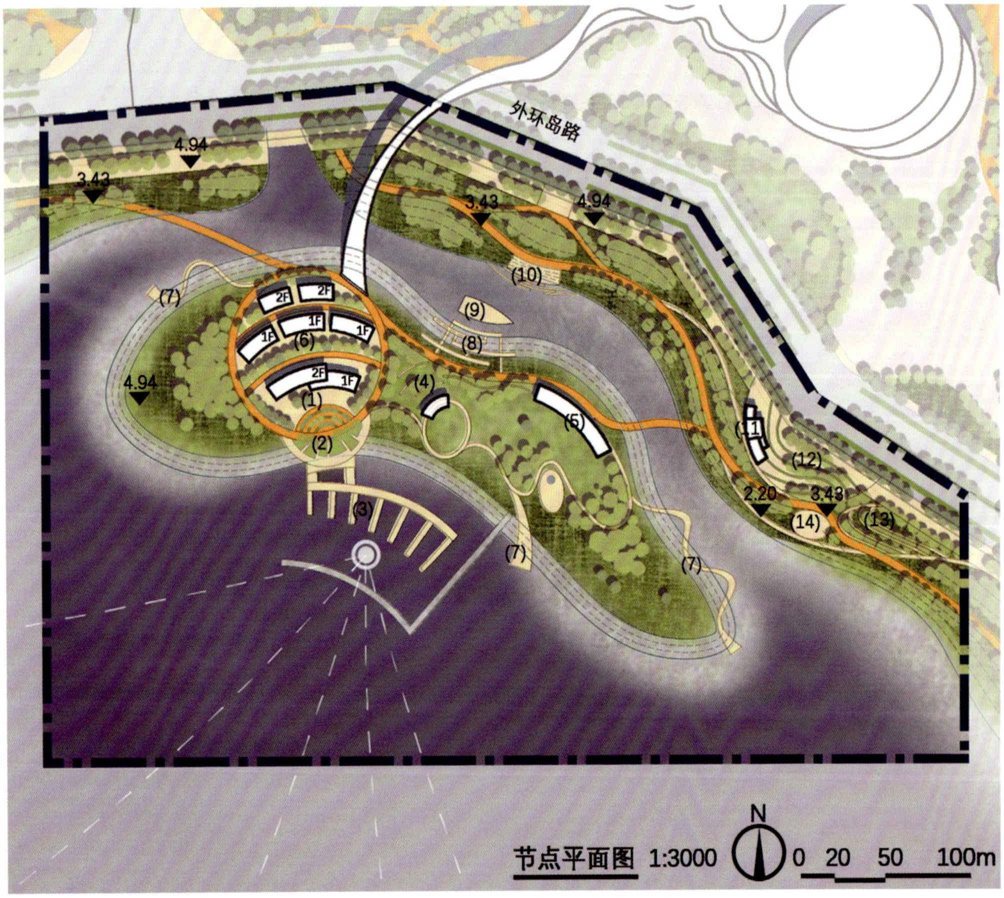

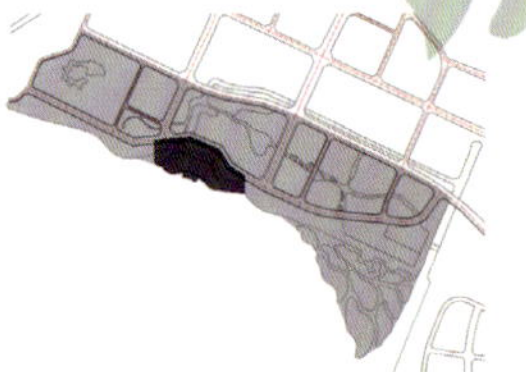

(1)水上服务中心
(2)码头广场
(3)码头
(4)集会草坪
(5)听浪廊
(6)餐饮配套
(7)观潮挑台
(8)亲水台阶
(9)花船
(10)亲水平台
(11)驿站
(12)"浪"广场
(13)跌级草台
(14)集会广场

用地指标

用地面积：6.89公顷
容积率：0.04
建筑密度：0.03
建筑面积：2941㎡
占地面积：1868㎡
绿地率：0.66

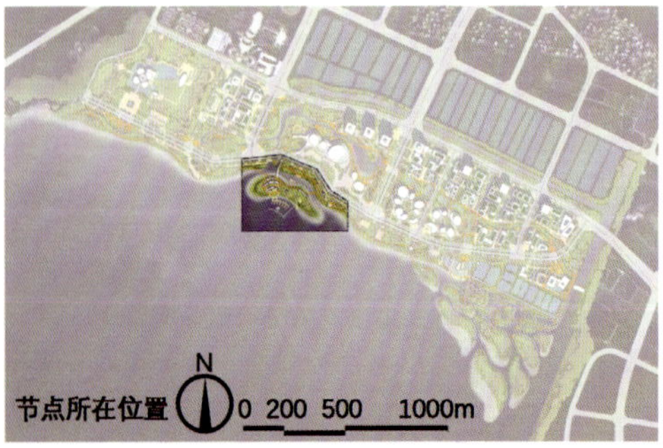

规划结构分析

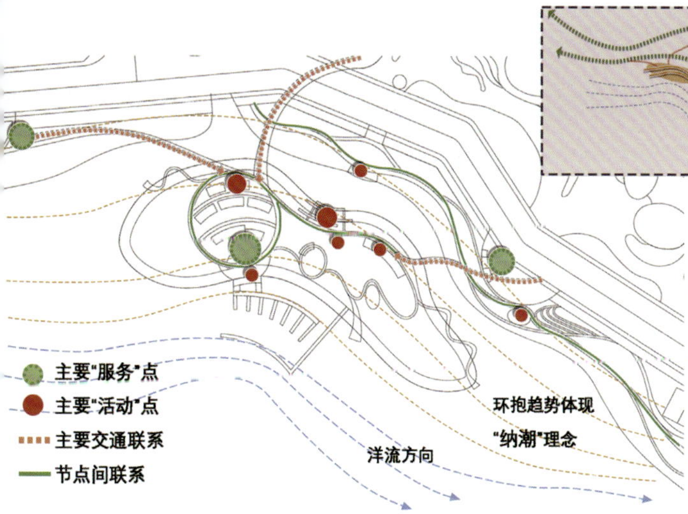

离岛码头位于场地“纳潮迎客”的主要来向，是场地接纳四方来客、汇聚潮水的主要基地，因此采用“纳潮”为设计理念，整体平面体现迎纳、环抱的曲线形态，同时结合功能作为场地重要活动场地，体现出“活力的自然”的氛围。

淹没分析

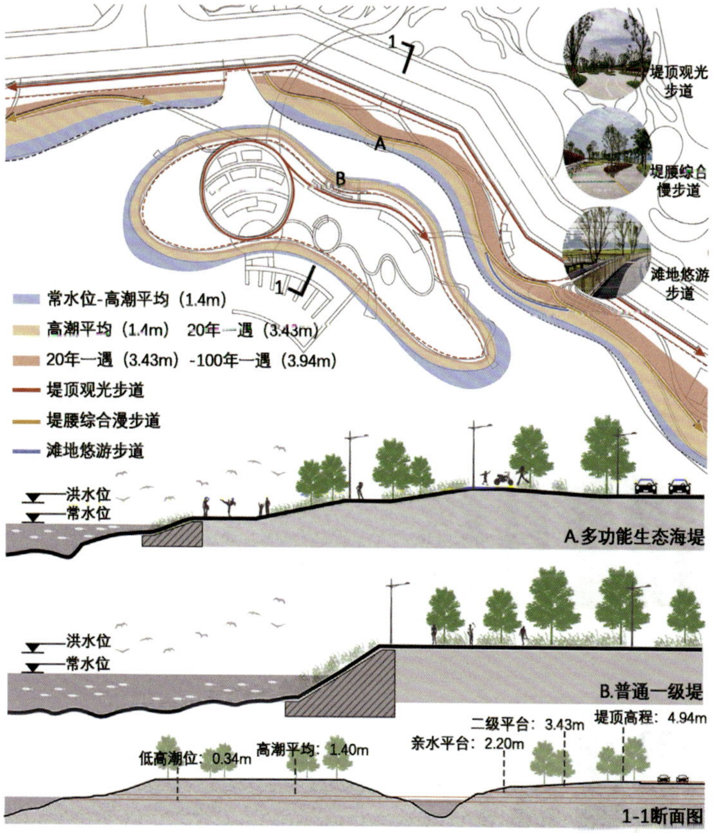

交通结构分析

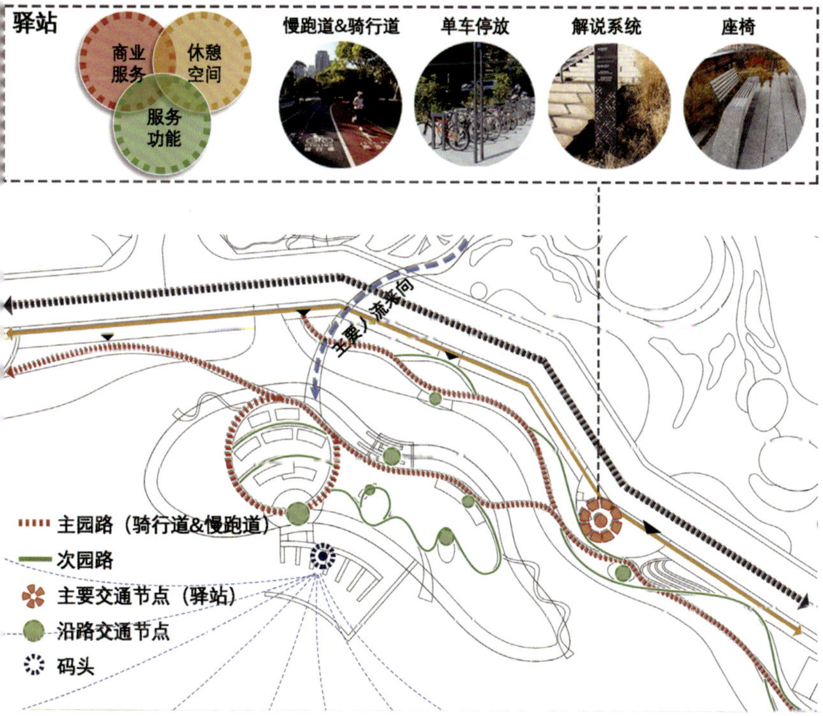

功能分析

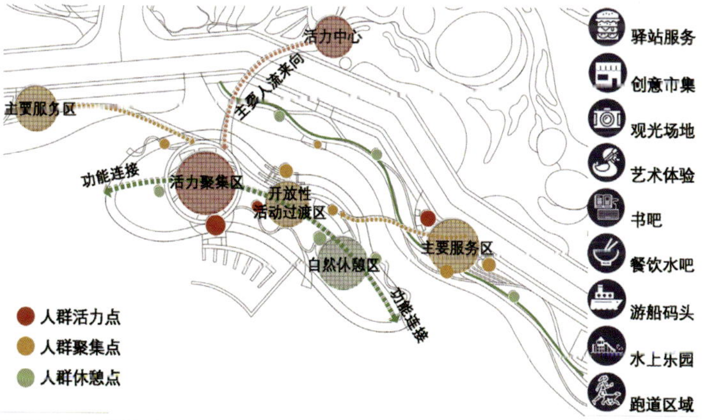

会客厅片区

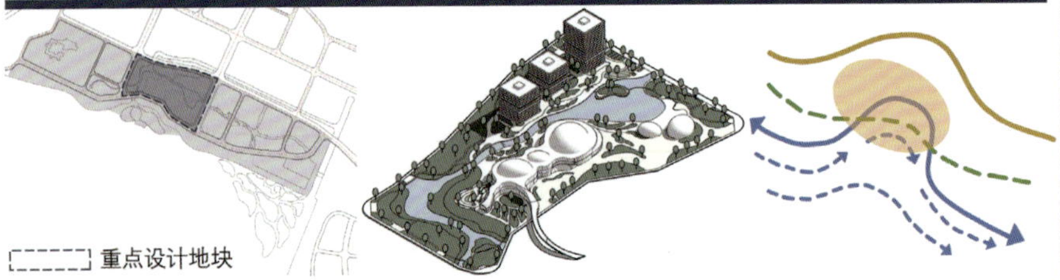

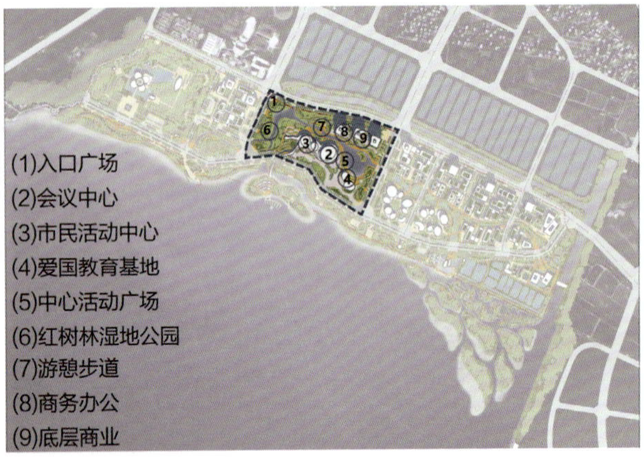

用地指标

用地面积：15.95ha²
容积率：0.75
建筑密度：0.2
建筑面积：118 000m²
占地面积：28 550m²
绿地率：50%
绿地覆盖率：60%
停车位（地上）：60
（地下）：500

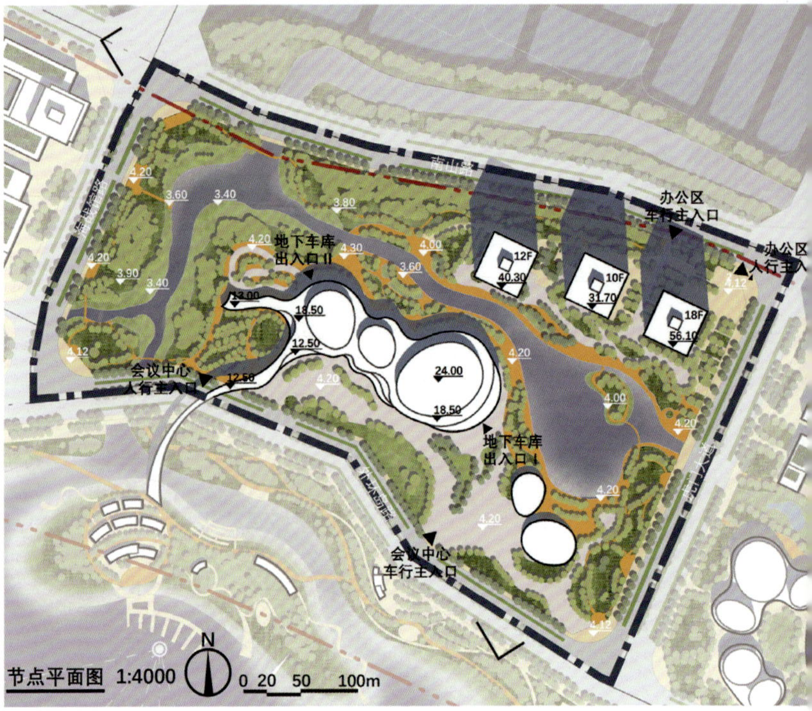

节点平面图 1:4000

设计说明

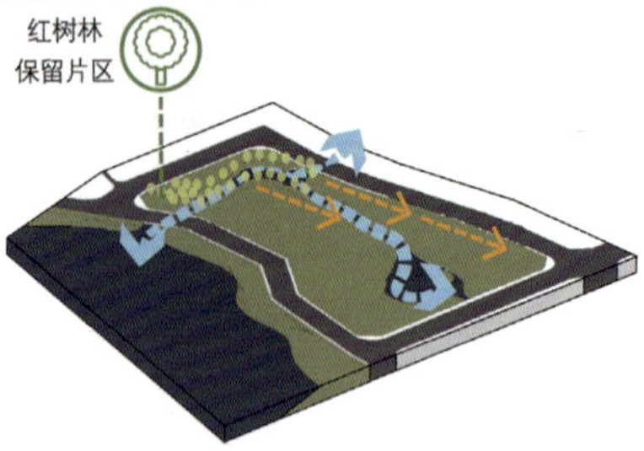

A. 根据现状肌理和红树林、河涌水系等要素，对生态资源进行保护和激活生长，形成连续的生态基底。

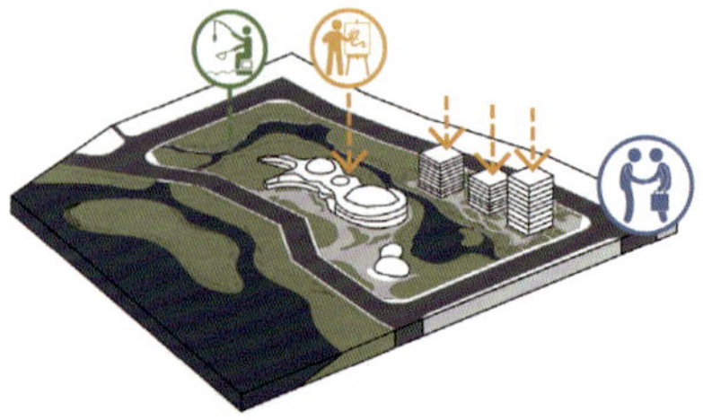

B. 基于生态基地以及会客厅的功能要求，形成环抱格局，定位建筑落点形态。

C. 根据各功能增加建筑细节，确定公共空间节点，增加天窗、连廊。

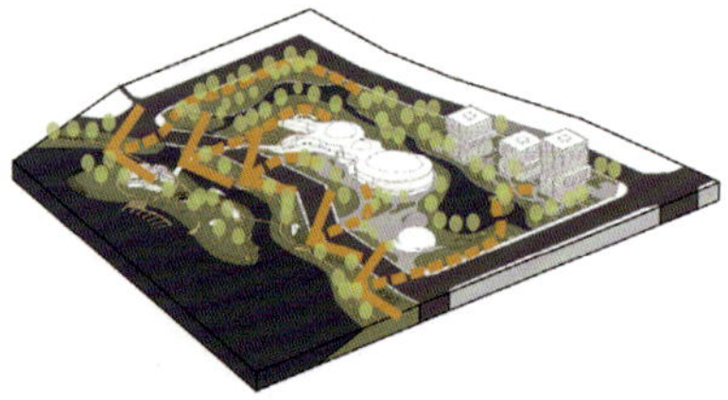

D. 深化场地景观设计，完成不同层次步行系统，加强与岸边的联系。

规划结构分析

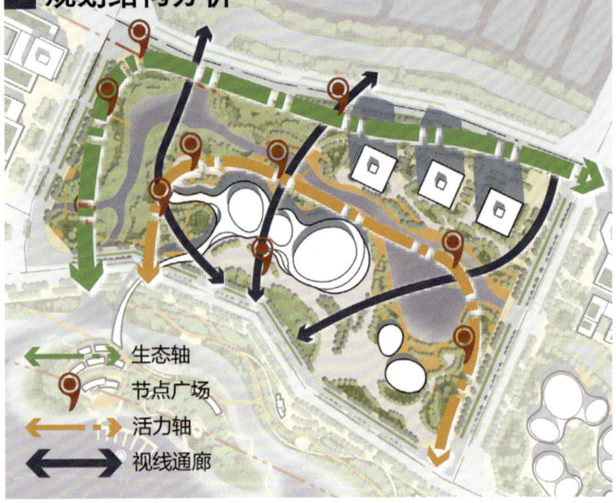

交通结构分析

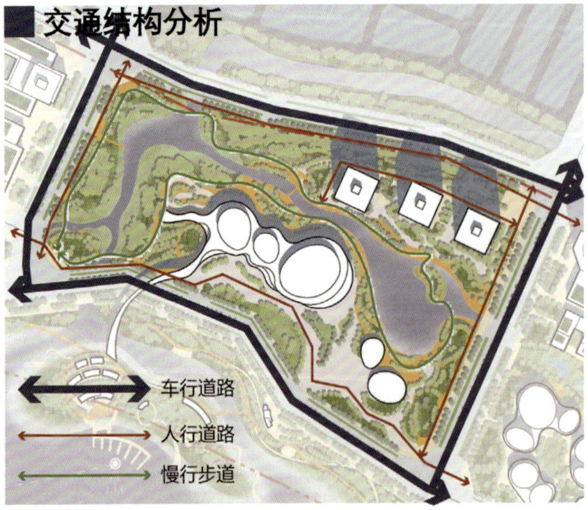

活动策划

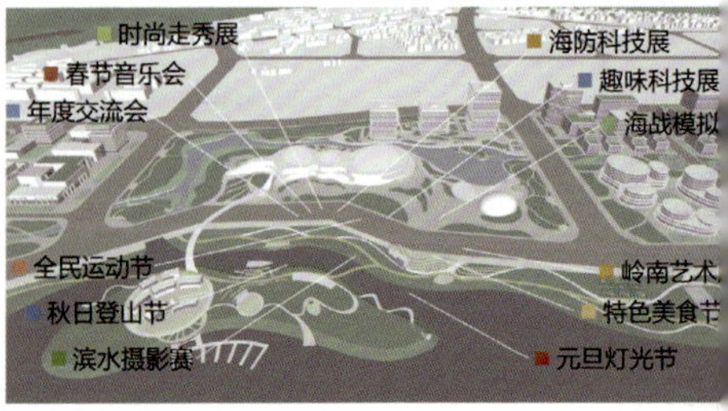

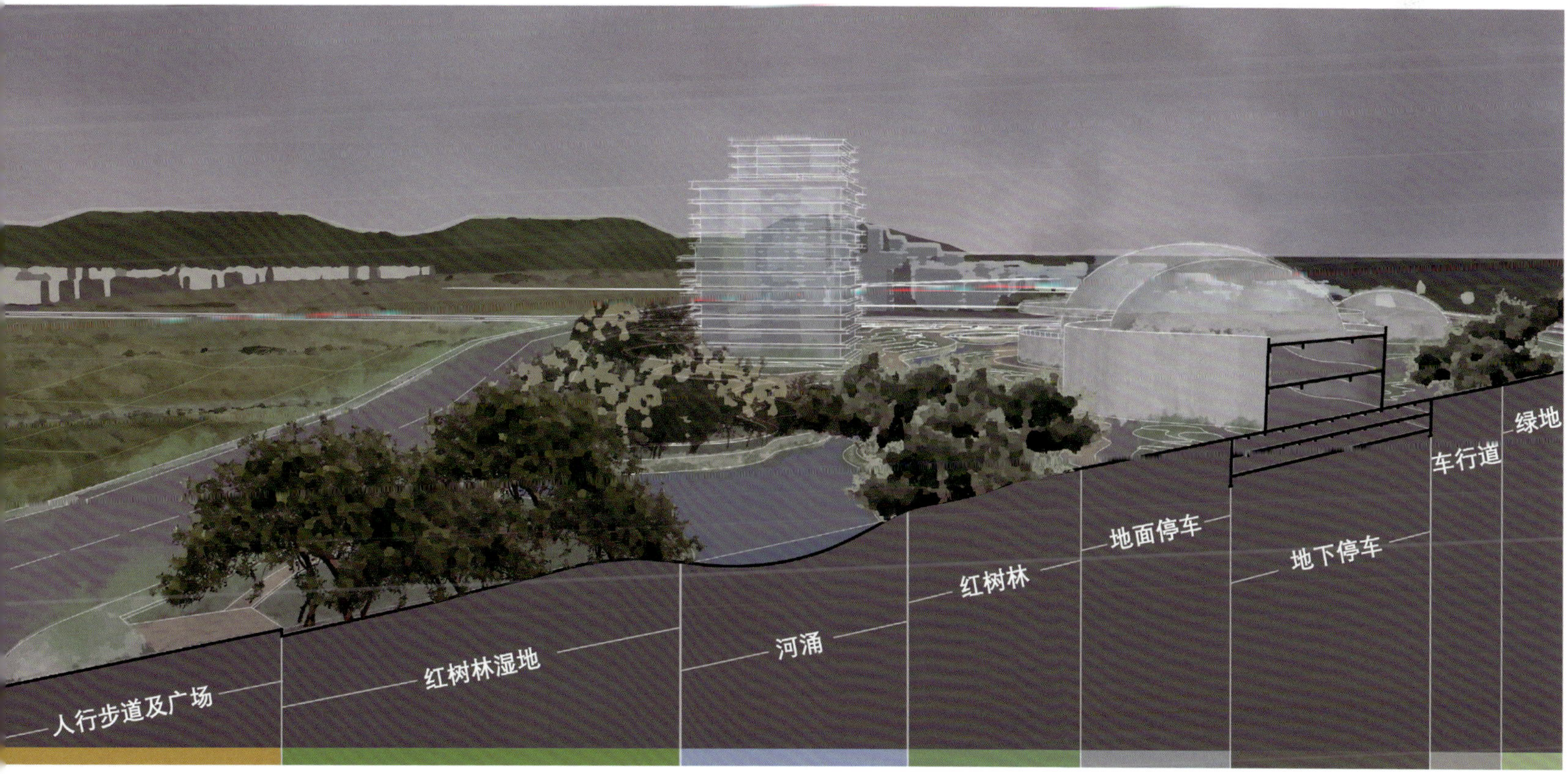
绿地
车行道
地面停车
地下停车
红树林
河涌
红树林湿地
人行步道及广场

华中科技大学

Huazhong University of Science and Technology

以水為墨 重繪威遠

鸦片战争海防遗址公园东莞段核心区城市设计 · 华中科技大学

指导老师：万谦 赵逵
小组成员：周庆施 李詠錡 傅涵菲 陈柳颖 田恬 江雨童

傅涵菲 非常遗憾没能去到线下和其他院校的同学们会面，合作的模式让大家能互相取长补短、互为支撑，轻松的气氛也让设计的过程顺利地推进下去。这是我第一次接触这么大尺度的城市设计，在这个过程中我逐渐学习如何用不同层次的逻辑架构将复杂问题落地，是很珍贵的回忆。

田　恬 感谢“南粤杯”联合毕设为我留下的难忘回忆。虽然非常遗憾没能和各学校的老师同学们线下交流，但是这次联合毕设仍让我学到了许多东西，让我跳出了建筑学思维，了解规划的领域，对我今后的学习工作有很大启发。

周庆施 非常荣幸参加本次“南粤杯”联合毕设，为五年的本科学习生涯画下了完满的句号。在联合毕设期间，我与规划专业的同学充分交流，学习了很多没有涉及过的规划专业知识，受益匪浅。

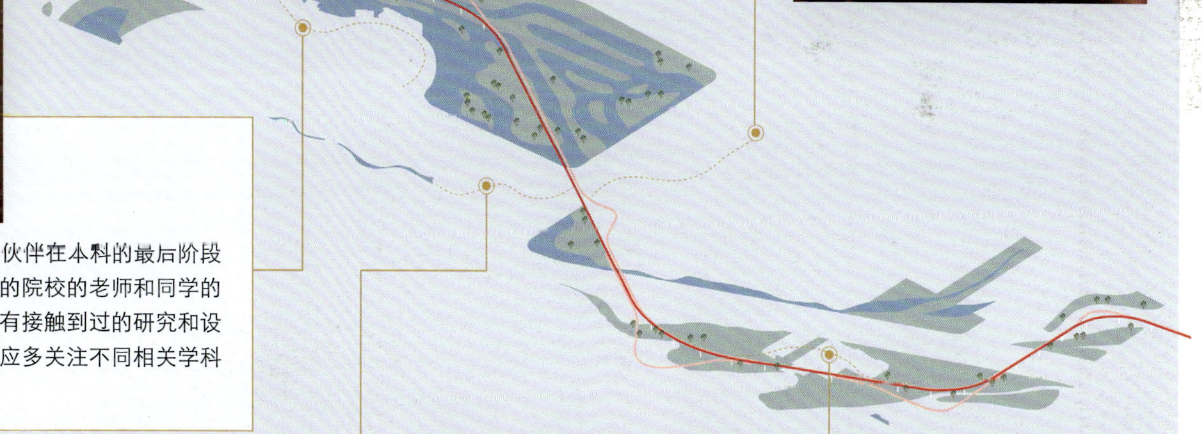

陈柳颖 很高兴能够和一群很优秀的伙伴在本科的最后阶段参与到“南粤杯”联合毕设，在与别的院校的老师和同学的思维碰撞与交流中学到了许多以往没有接触到过的研究和设计方法，开阔了眼界。也启发我以后应多关注不同相关学科的研究内容和方法，不断学习进步。

李詠錡（澳門） 超級快樂的畢設，開心。感謝各位隊友，在畢設期間大家都相親相愛，創造了很多美好珍貴的回憶。也感謝老師悉心指導。此次畢設不同于以往衹有建築設計，要考慮到規劃層面的東西，令我學習到很多，比如學習從更宏觀的角度思考問題，是很新鮮的體驗。

江雨童 很高兴能够和大家一起参加“南粤杯”联合毕设。作为一个建筑系的学生，以一次城市设计的体验作为毕设的收尾，是一次不同角度思考问题的机会，也是在毕业之前再次和同学们有分工协作的美好回忆的机会。

整体城市设计轴测图

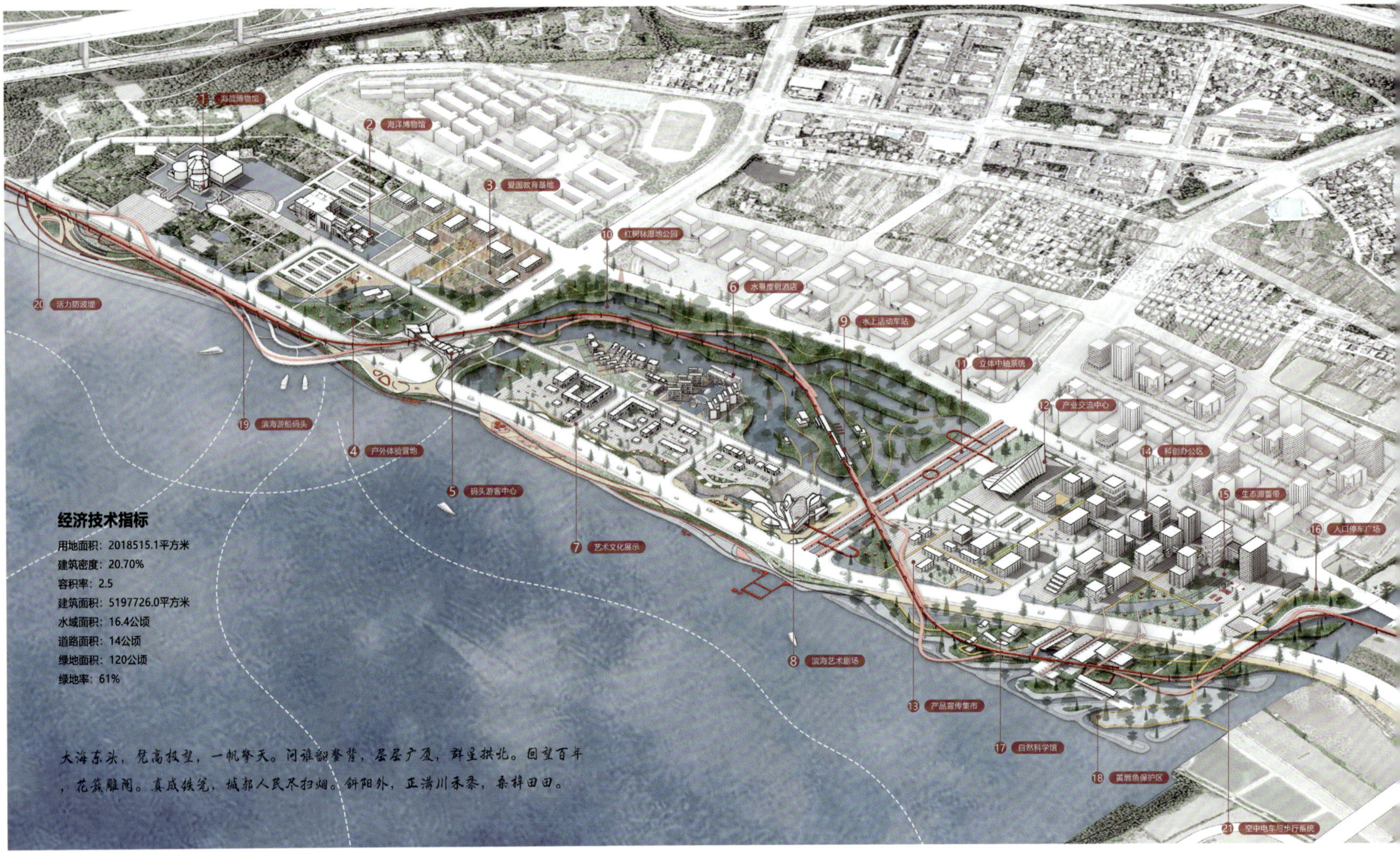

规划定位

01
文化层面

国家级鸦片战争海防遗址公园

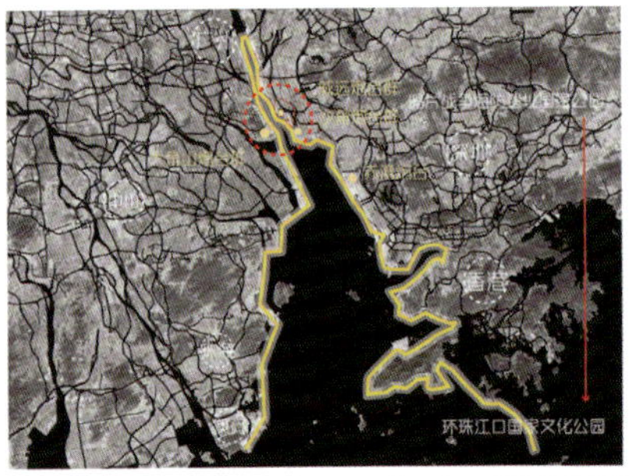

“鸦片战争海防遗址国家公园”——“环珠江口国家文化公园”

从整个国家历史文化层面来看，鸦片战争是中国近代史的开端，对中国社会产生了深远影响，拥有大量鸦片战争时期历史遗迹的场地有潜力发展为具有国家地位的海防遗址公园。

02
生态层面

地区级生态系统湿地公园

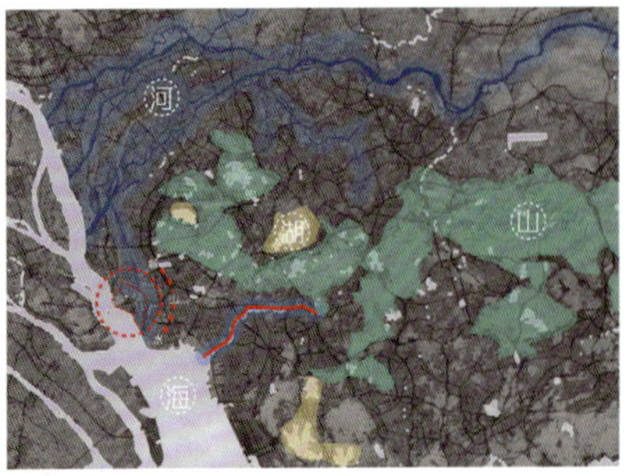

“北部现有城镇”+“中部威远岛森林公园”+“南部生态湿地公园”

威远岛及周边地区呈现出明显的山水环抱格局，其北部拥有大片的生态湿地公园，利用现有优越的天然环境条件，可以在地块发展出地区级的生态湿地公园，并为北部城镇补充必要的城市公共绿地。

03
产业层面

区域级科创产业公园

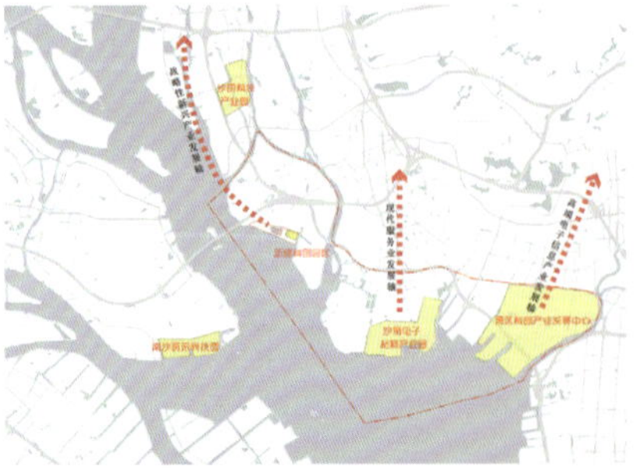

“滨海湾新区战略性新兴产业”+“生物科学研发”+“科创产业

滨海湾新区正在鼓励发展科技产业，在产业转型的大背景下，引入包括生物科学研发在内的许多新兴产业，打造地区级的科创产业公园，能极大地带动片区内的生产力，为滨海湾新区注入新的活力。

区位分析

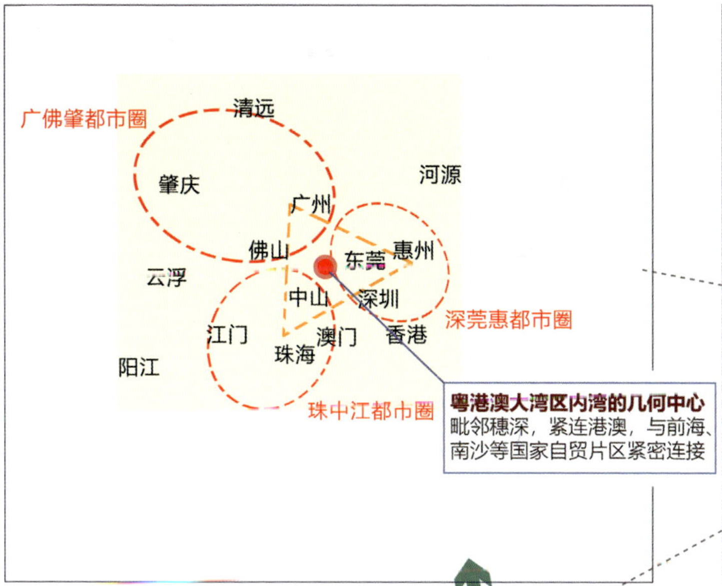

大湾区主要城市间1小时通达：

粤港澳大湾区将以连通内地与港澳以及珠江口东西两岸为重点构建以高速铁路、城际铁路和高等级公路为主体的城际快速交通网络力。

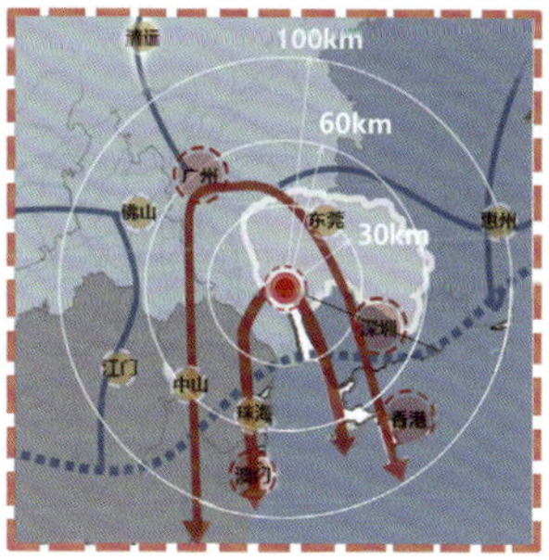

城区片区
现代综合服务中心
南城CBD中央商务区

水乡片区
水籍新兴产业和轻柔产业
加快推进水乡转型升级

滨海湾新区
定位：全面对接深圳大空港、前海、南沙，积极融入粤港澳大湾区发展战略，对接“一带一路”倡议
先行区：滨海湾新区、东莞港、虎门北站地区、威远岛
主导产业：港口经济、物流经济、手机精密部件
客群：以常住为主，深圳外溢为辅

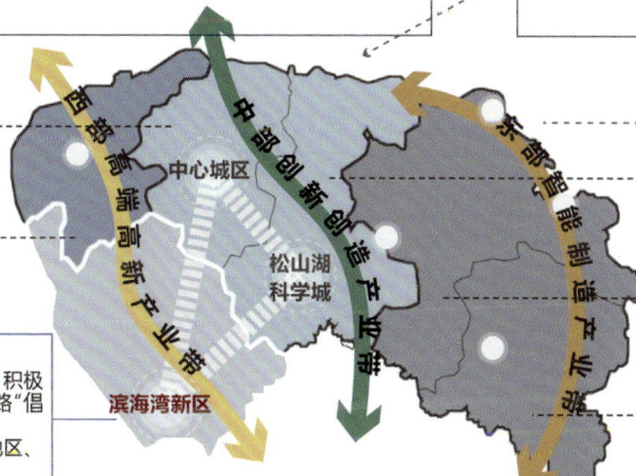

松山港片区
发挥松山湖自主创新示范区的创新引领作用

东部产业园片区
广东粤海银瓶合作创新区与常平镇形成产城互补关系

东南临深片区
做强先进制造和新兴产业集群

以松山湖高新区创新引领极、中心城区服务发展极、滨海湾新区开放合作极构造“黄金三角”，以西部高端高新产业轴带、中部创新创造产业轴带、东部智能制造产业轴带串联六大片区，以七大战略性新兴产业基地为核心承载平台，形成“三极三带七大基地”现代产业体系空间布局。

虎门镇威远岛

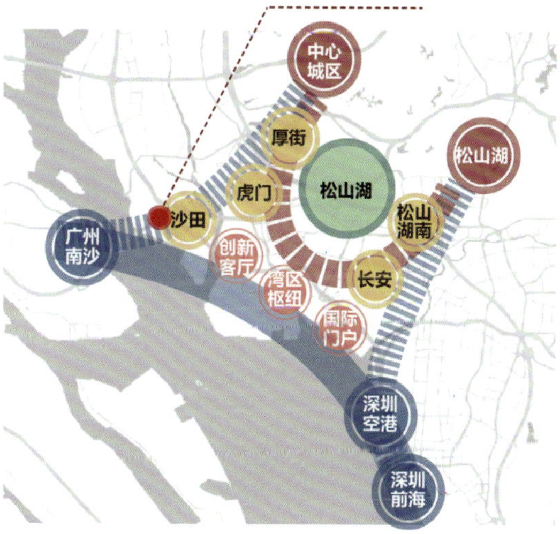

上位规划

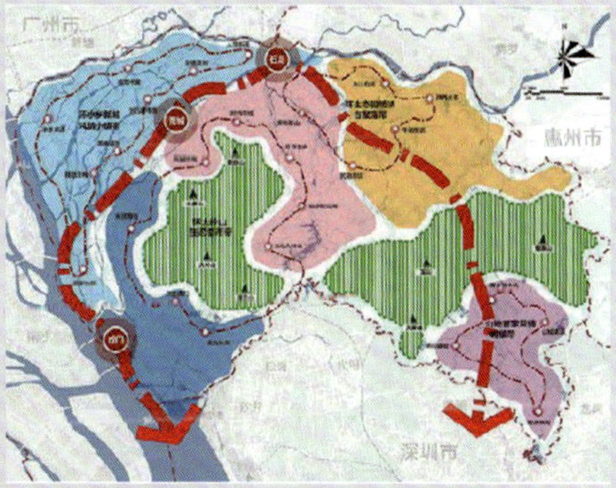

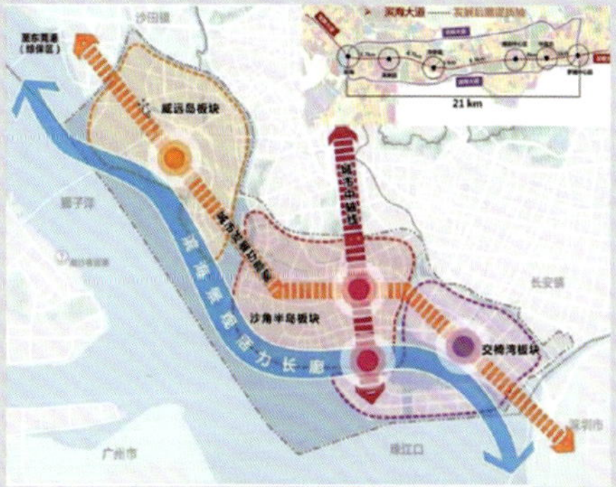

《粤港澳大湾区发展规划》
宏观
借助粤港澳大湾区一体化发展的机遇，东莞将从传统产业基地升级转型国际制造中心，开启莞港合作 3.0时代：滨海湾地区战略性新兴产业研发基地。

《东莞市城市总体规划》
中观
构建“沿江面海环山多组团”的城市特色风貌空间。滨海湾新区属于东莞市西南片区，场地所在的威远岛生态片区临近狮子洋，属于一级二生态管控区，通过虎门大桥连接广深港。

《东莞市滨海湾新区城市总体规划》
微观
发挥新区自然生态与历史文化要素资源丰富的优势，突出新区山海河林田的生态格局。通过打造世界级的滨海景观长廊，提供高品质的公共开放空间，提升城市魅力和竞争力。

虎门镇威远岛

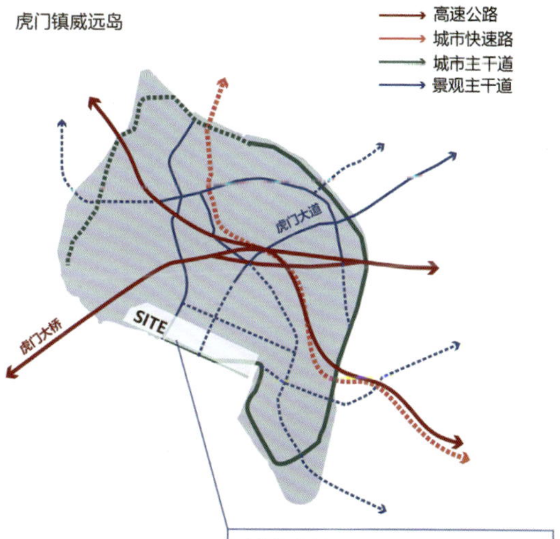

城市中轴-天际线的交汇处
构建山、海、城相望的景观视廊

交通分析

威远岛——东莞、广州、深圳间的线路联系

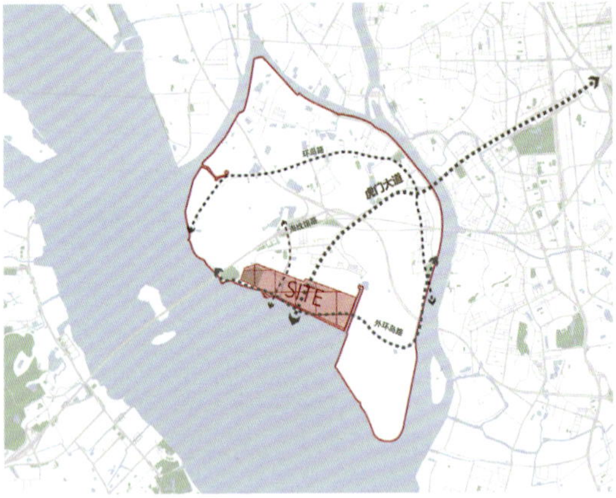

威远岛——东莞、广州、深圳间的高速联系

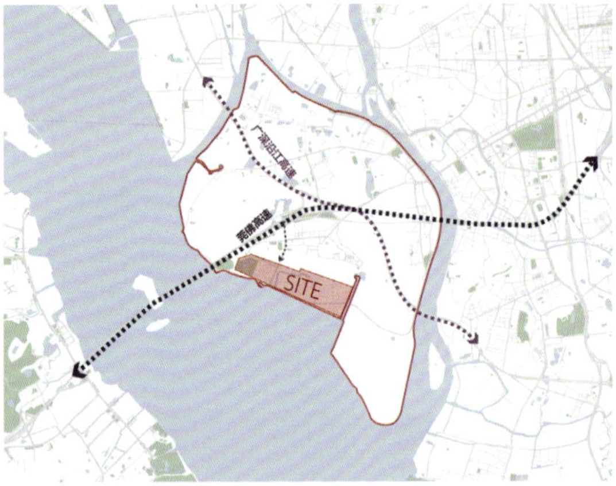

威远岛——东莞、广州、深圳间的桥梁联系

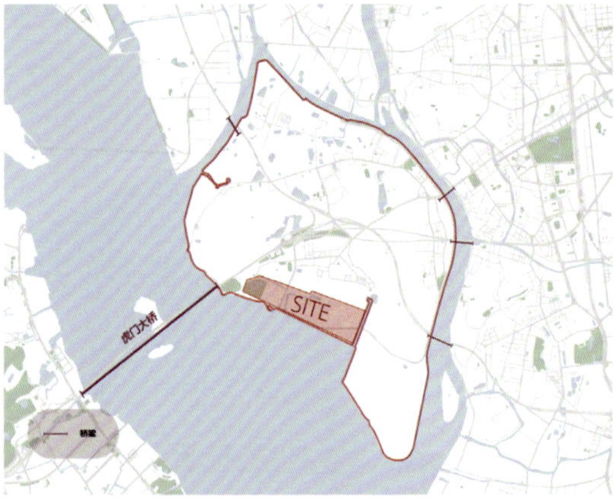

威远岛——东莞、广州、深圳间的地铁联系

场地——与威远岛其他区域的公交联系

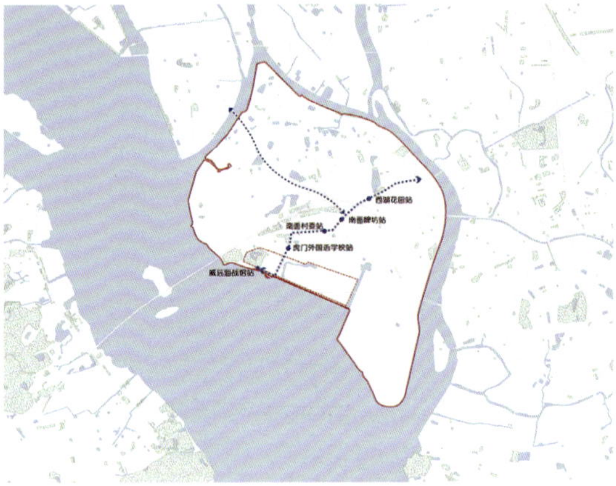

区域等时圈分析

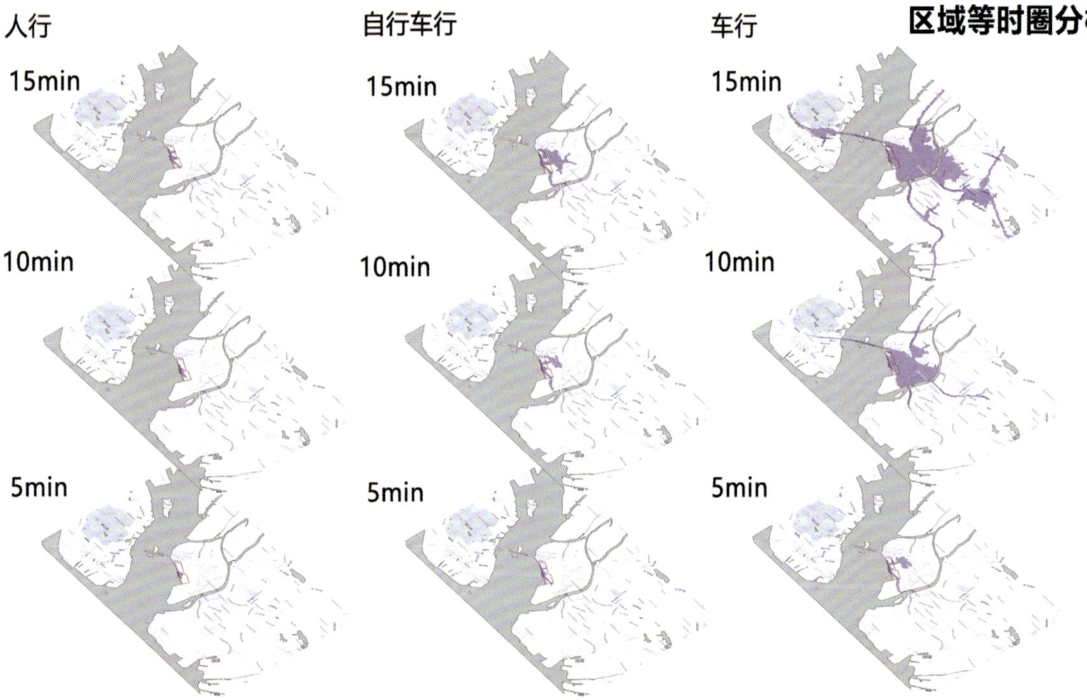

地势分析

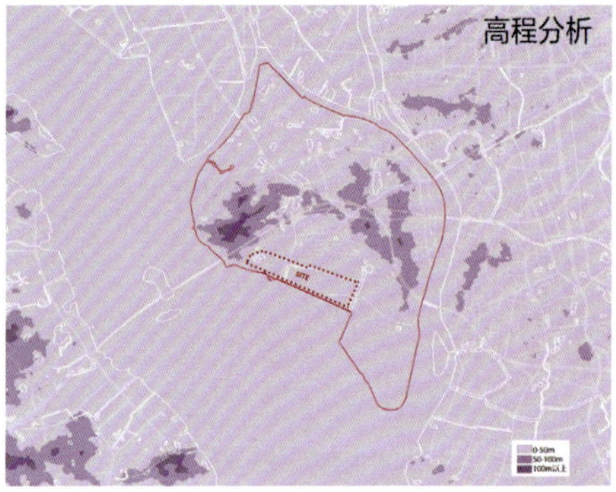

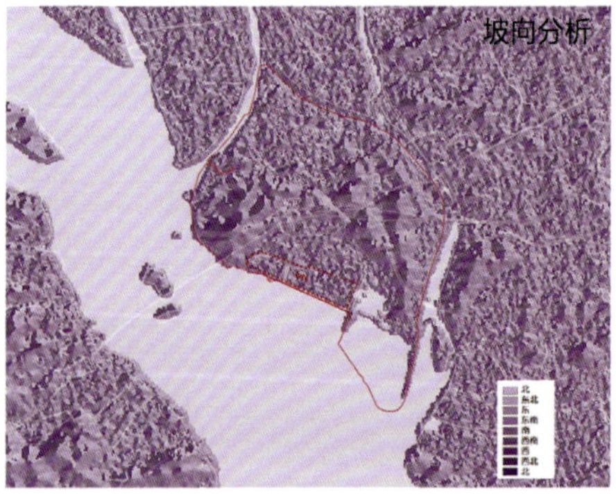

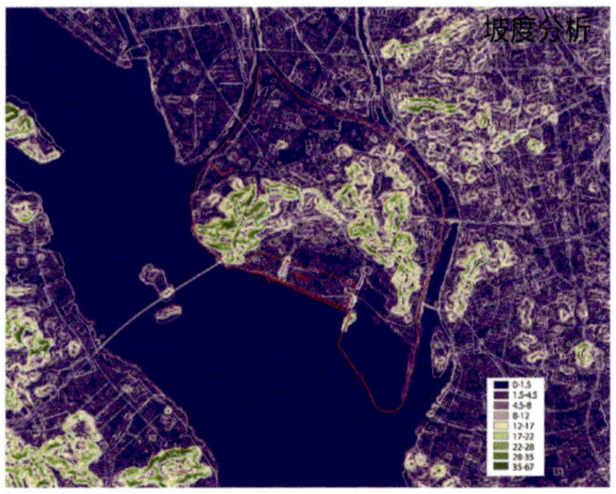

人口分析

东莞市历年户籍人口、外来人口和常住人口（万人）

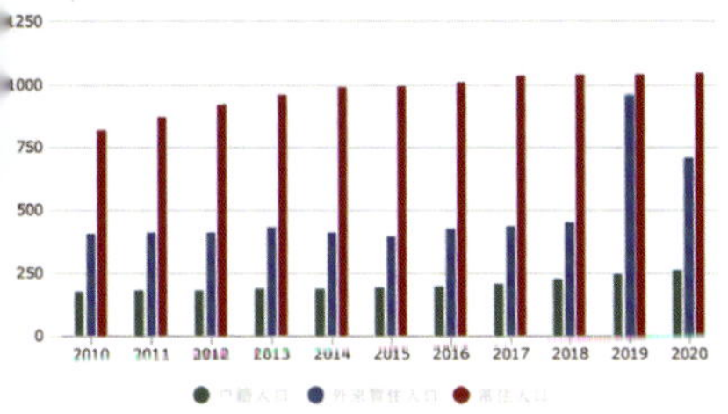

东莞市历年外来劳动力人口（万人）

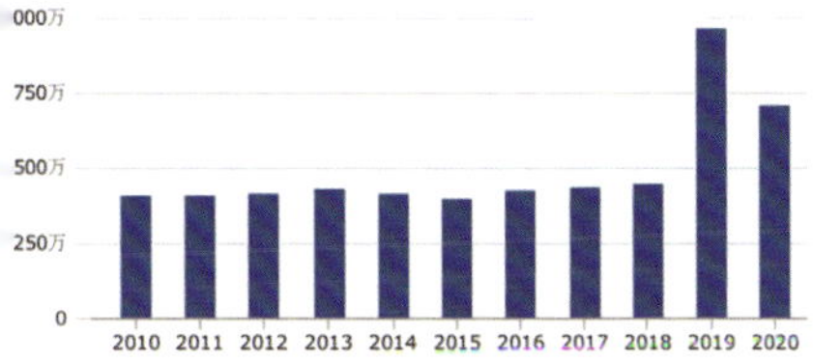

东莞市外来劳动力人口来源分布（万人）

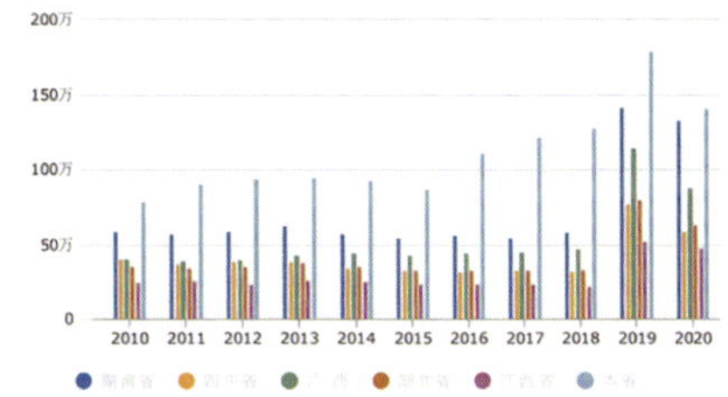

资源分布

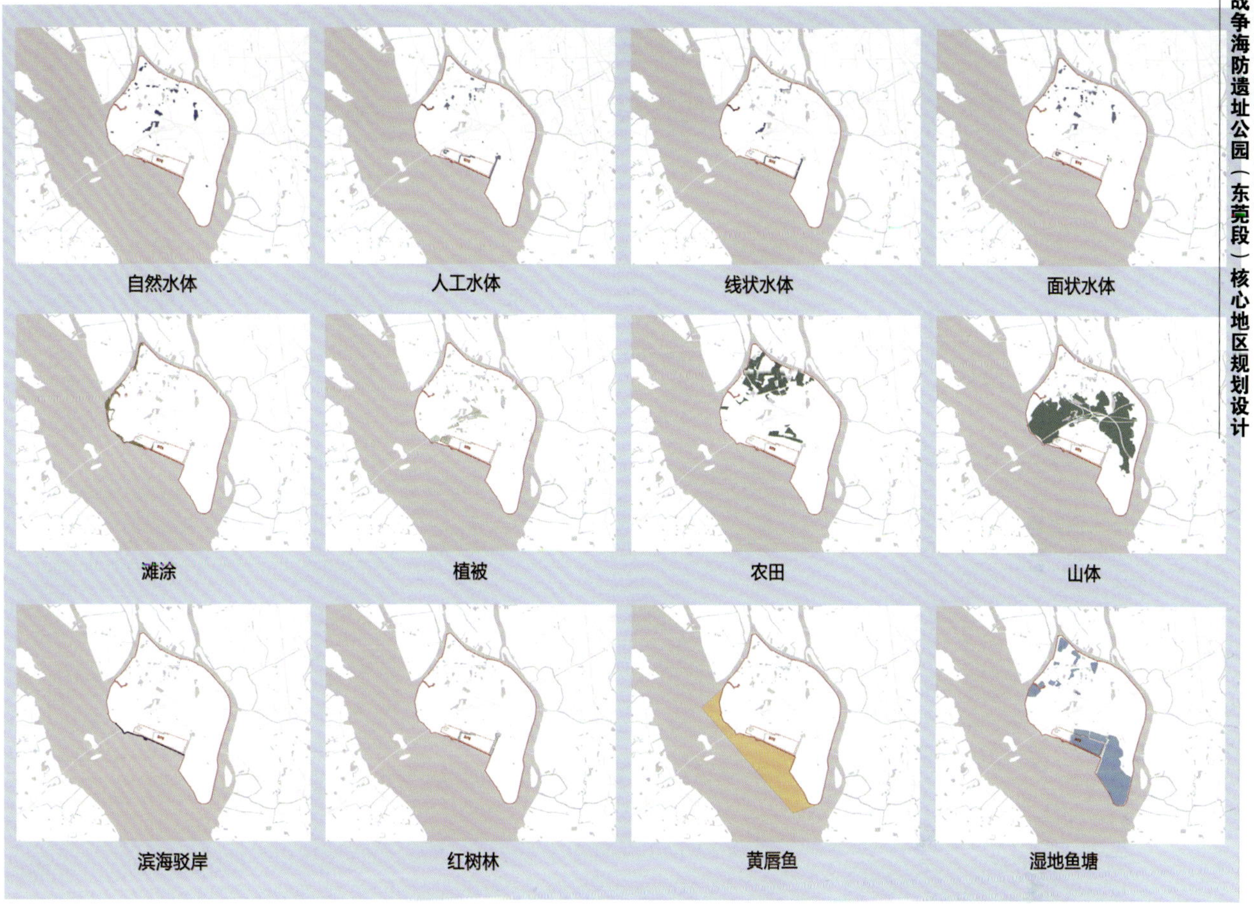

驳岸类型

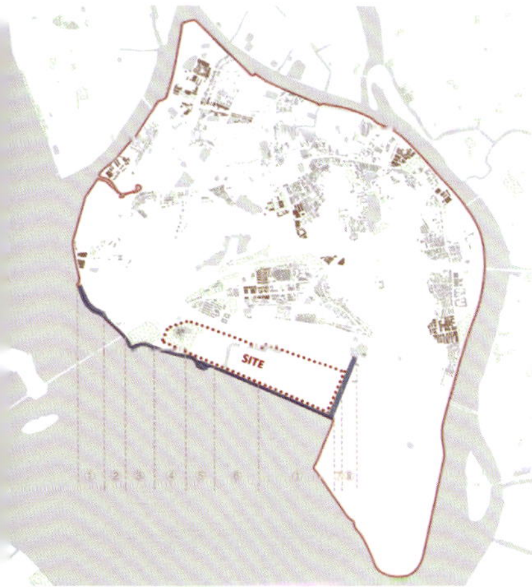

①人工海岸+岩石带+生态景观

②人工海岸+砂质+岩石带+植被

③炮台+砂质海岸

⑤人工海岸+砂质+亲水平台+人工景观

⑥人工海岸+岩石带+人工景观

④砂质海岸+草本+灌木

远岛海岸带生态环境目前存在自然岸线保有率低，生态功能降低;原生红树林生态系统衰减，生态服务价受损;受陆源污染影响严重区域水环境质量较差;海域生物资源衰退，生物种类少且生物量低以及滨海生态观缺乏，空间环境品质较低等问题。

前场地沿线的防波堤形态过于单一与平面，无法进行积极的抵御与弹性的吸收。
市内部未能形成有序的排水蓄水体系，单纯依靠排水管道迅速排入海中的方式并不能有效地解决，更是加了海岸线的负担。

⑦人工海岸+岩石带+水闸

⑧人工海岸+岩石带+红树林

生态敏感度评估

场地所在区域的中间和东边生态敏感度较大，生态环境比较脆弱，需要进行修复和保护

山水格局

场地位于威远岛的南部，背山面海，处于山海环抱之中;在整体的格局中，体现为南北向的垂直山海剖面关系和东西向的垂直山海剖面关系

产业分析

在产业转型的大背景下，新型科技产业起到越来越重要的作用。从现状各产业对比可以看出，东莞以电子信息、电气机械的发展为主。

城市定位
粤港澳大湾区**先进制造业中心**
产业发展定位：电子信息、电器机械及设备、纺织服装鞋帽、食品饮料、造纸及纸制品等支柱产业，培育出LED光电、新型平板显示、太阳能光伏等新兴产业集群

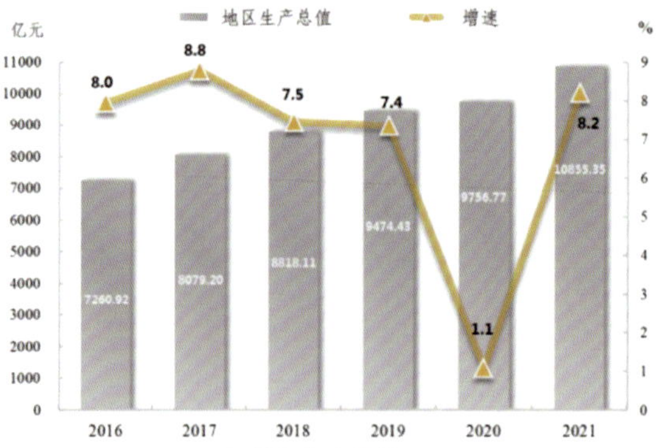

东莞市生产总值

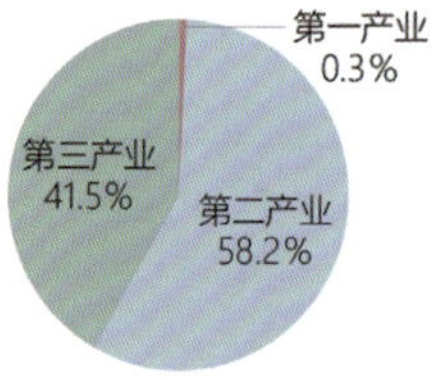

2021年三次产业结构

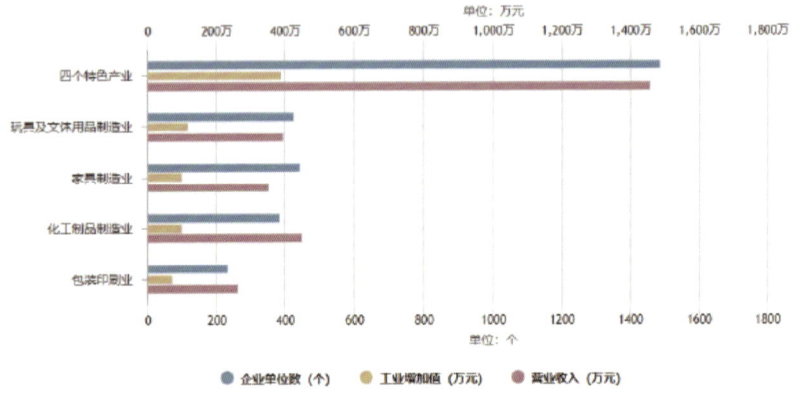

东莞市四个特色产业

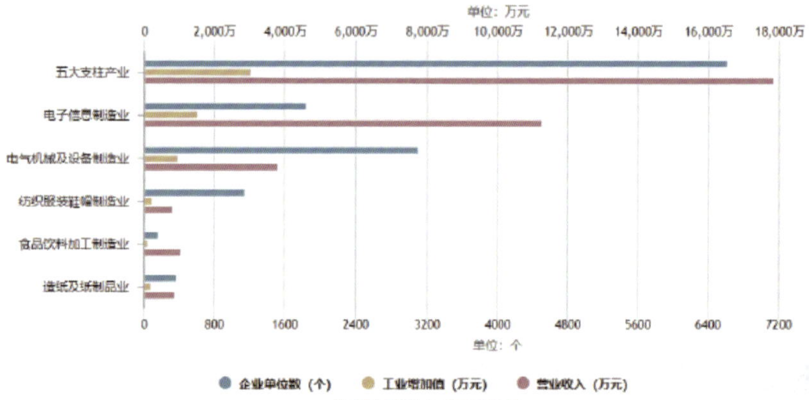

东莞市五大支柱产业

开发潜力

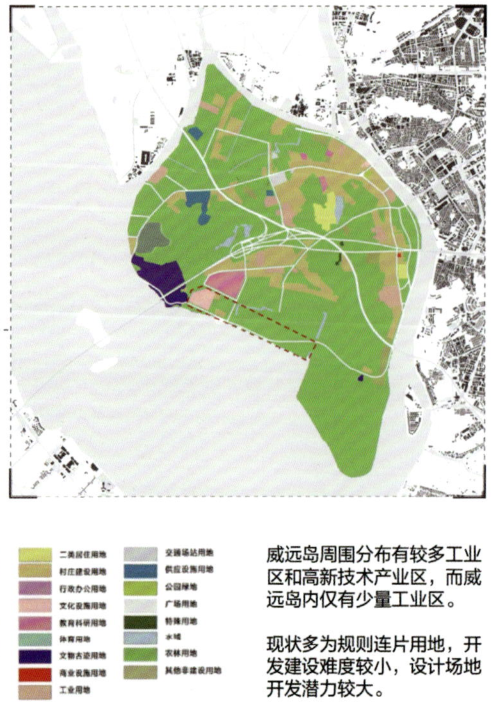

威远岛周围分布有较多工业区和高新技术产业区，而威远岛内仅有少量工业区。

现状多为规则连片用地，开发建设难度较小，设计场地开发潜力较大。

炮台历史

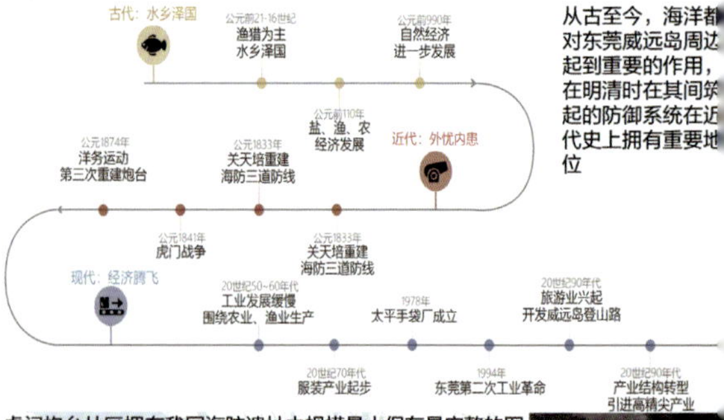

从古至今，海洋都对东莞威远岛周边起到重要的作用，在明清时在其间筑起的防御系统在近代史上拥有重要地位

虎门炮台片区拥有我国海防遗址中规模最大保存最完整的军事防御设施，具有中国近代史开篇地的重大历史价值

各展示园分布在珠江口东西两侧，空间关系上存在资源分散、交通联系较弱、缺乏关联性的问题。

历史时间轴

1669　1835　1839　1923

- 虎门原为浅海滩涂，水沥回环。自汉以来盛产海盐，至唐代，盐业之盛与航运之便使虎门成为广东重要的海盐产地
- 虎门设立了南北两座盐栅
- 清朝康熙政府在虎门利用天然地势修筑炮台
- 朝廷在此屯田养军，招耕募佃，农业生产得到快速发展
- 关天培重建海防三道战线
- 林则徐下令在虎门海滩当众销毁鸦片
- 抗日海战
- 虎门引进中国内地第一家来料加工企业——太平手袋厂，从此揭开引进和利用外来资金的序幕

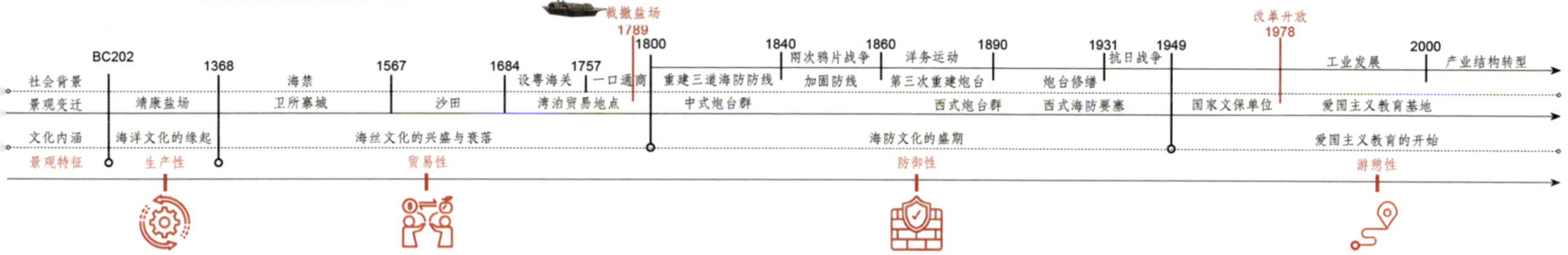

历史与物质交换系统的转译

不同时期人的活动系统 ---- 四种物质交换系统

活动系统类型　人群与活动　空间图示　物质交换系统类型

生产性系统

BC202 - 1368
靖康盐场，食盐产量在宋元至于明初，在广东盐产总量中占据重要的比例

活动
- 晒灰取卤、淋卤、试卤
- 煎晒成盐
- 上山采办柴薪

关键词
砍山煑海

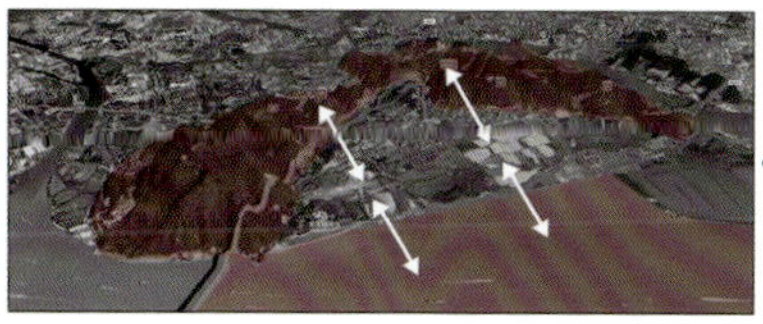

前后物质交换系统

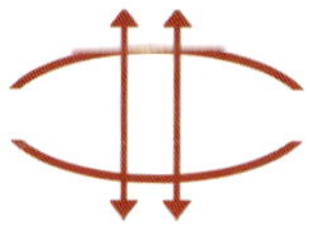

特征
- 指向性
- 根据地理条件，与前和后的区域进行交流

贸易性系统

1368 - 1800
作为海上船只进入广州的必经之道，在明中期兴盛起来的海外贸易中受益

活动
- 商品交易
- 船只停泊

关键词
邊界往來

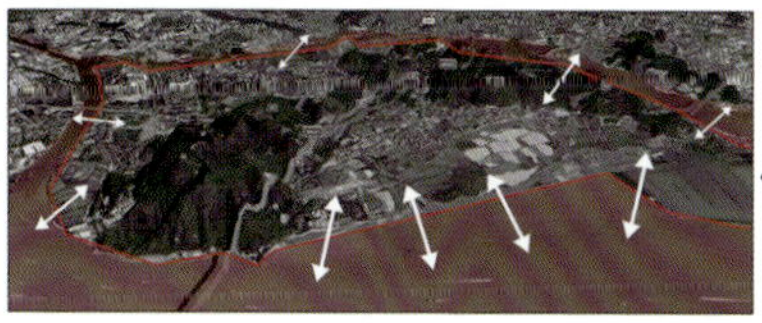

边界发散物质交换系统

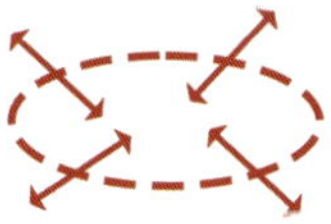

特征
- 发散性
- 在边界区域接收与发散，有强烈的对外交流作用

防御性系统

1800 - 1949
虎门炮台，是中国清代珠江口重要的海防要塞，因山就势，扼守海口

活动
- 军事活动

关键词
高度差異

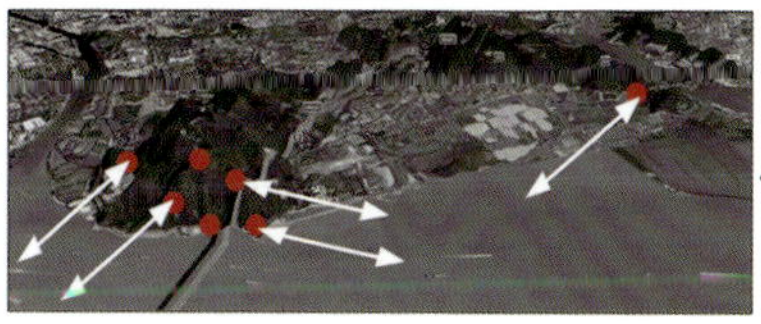

垂直物质交换系统

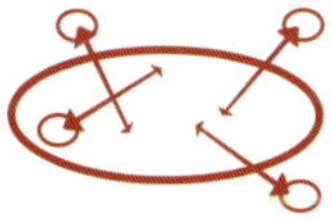

特征
- 高度不同
- 在垂直方向上的距离不同，高低之间区域进行交流

游憩性系统

1949 - NOW
炮台遗址成了以休闲游憩、国防教育为主题的爱国主义教育基地

活动
- 游走，享受风景
- 体验文化，看展

关键词
總體格局

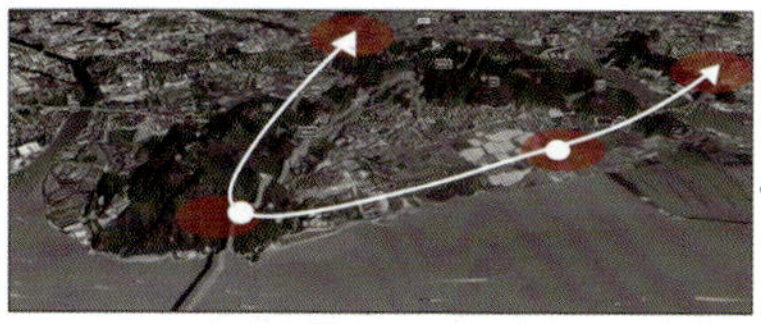

连接物质系统

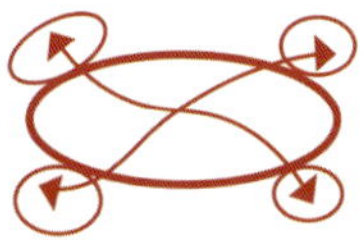

特征
- 包容性
- 根据周边的环境要素，形成与周边的连接

岸线堤防

建成意向

面对季风的环境，防潮防浪是对场地进行建设的重要考虑因素。原有场地的岸线处理较为单一并乏味，通过塑造多级岸线、营造指状岛、种植防浪林等方式，将对自然要素的应对和增加游客游览的趣味性相统一，使市民能更好地接触到珍贵的滨海环境。

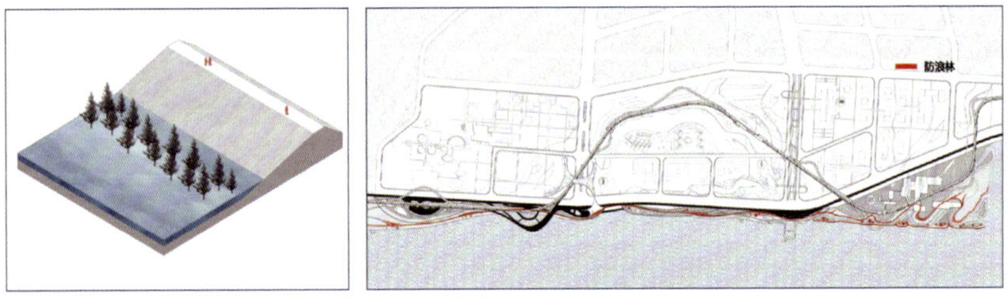

1.近岸防浪林　　近岸局部的海浪冲击点，培育带状防浪林，实现中尺度调控。

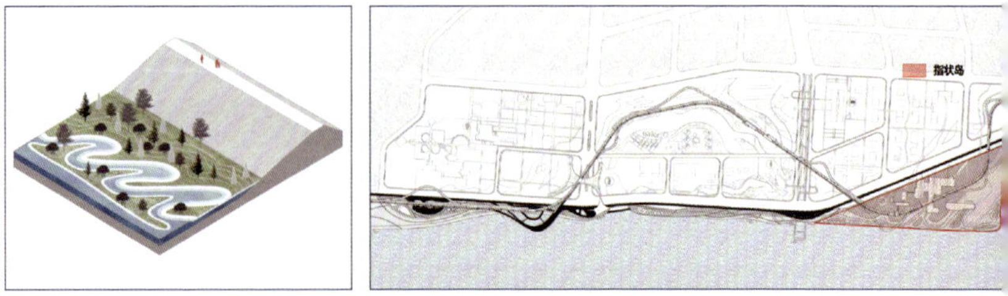

2.指状岛　　塑造指状相扣的地形引进海水，同时避免了季风期上游洪水的冲击。

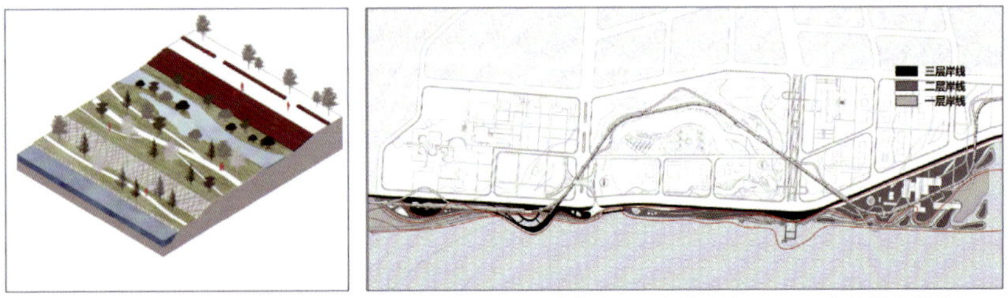

3.三级岸线　　依据不同的水位线创建“公共游乐区、生态护坡区、自然滩涂区”三层主题景观体验区。

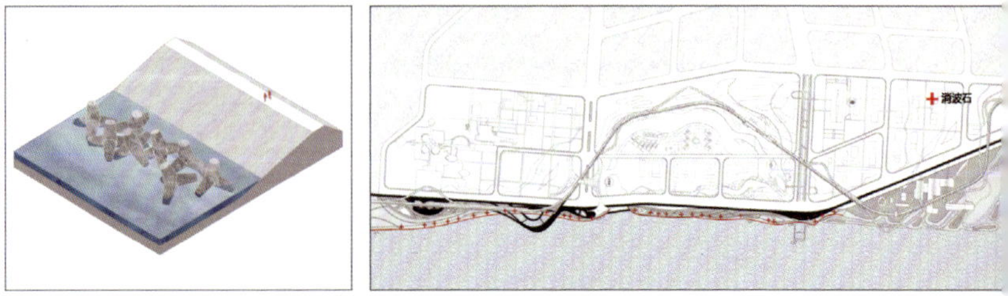

4.消波石　　通过人工投放特殊造型的消波石,实现灵活的应对。

生态修复

建成意向

通过“生态修复”建设，将场地内的红树林根据本身的生长状况分类进行修复，将呵护红树林这种特殊景观与场地的生态蓄洪等水网的处理相结合，调节湿地的生态结构，提高生物多样性。并尽量发挥其景观价值，打造具有特色的红树林生态空间。

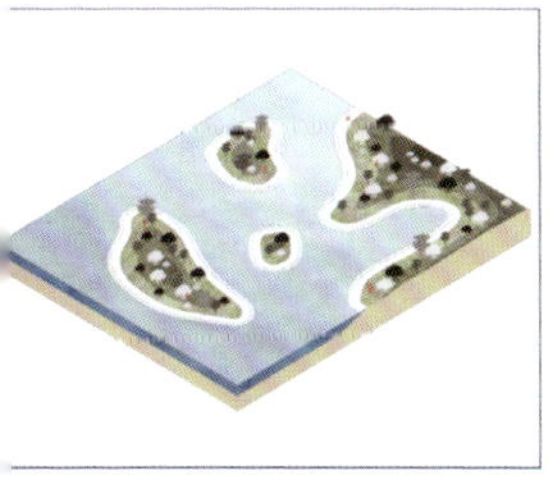

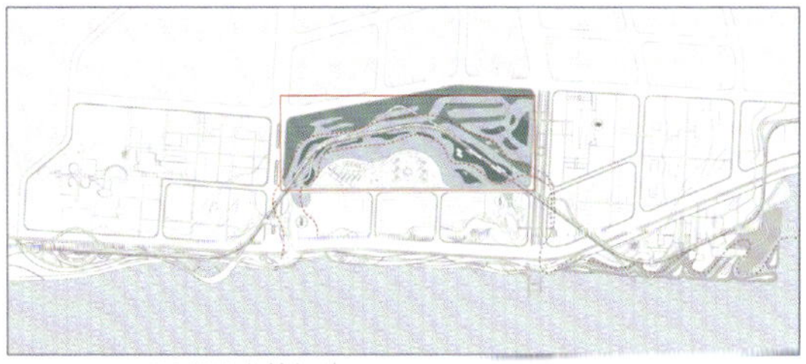

生态岛　就地填挖淤泥，模仿红树林自然斑块状分布的规律堆筑生态岛，提高生物多样性。

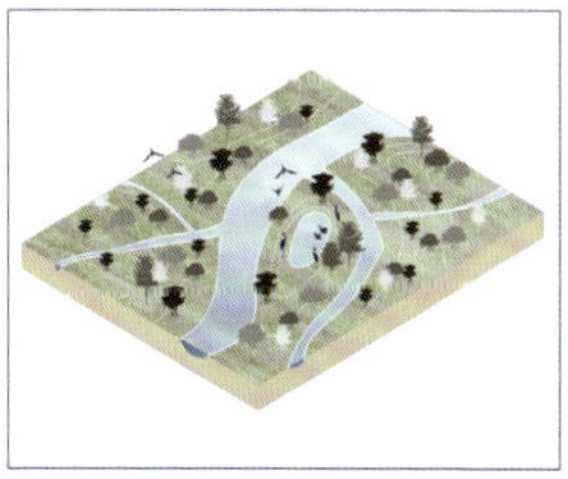

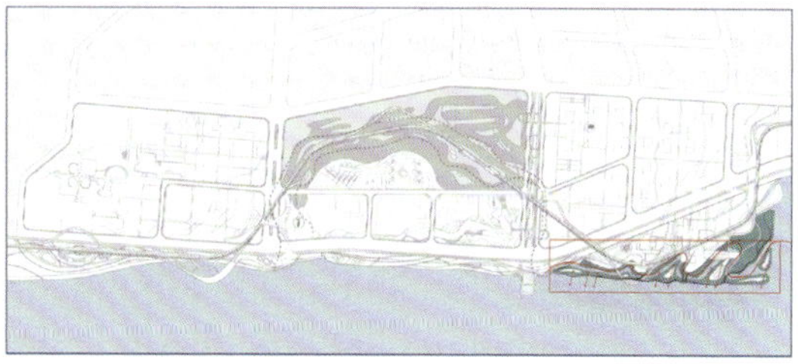

6.潮沟潮池　依据自然规律适当地开挖潮沟，调整湿地生态系统内部结构，促进湿地与外界环境的交流。

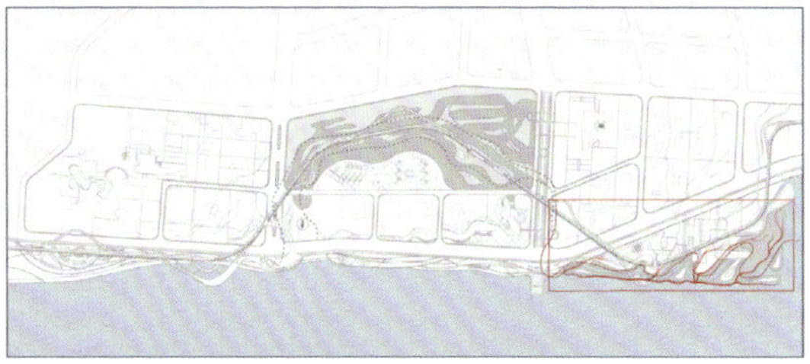

灯芯草　通过使用生物设备灯芯草盒子和堆置岩石的方式加速海滩沉积物的累积。

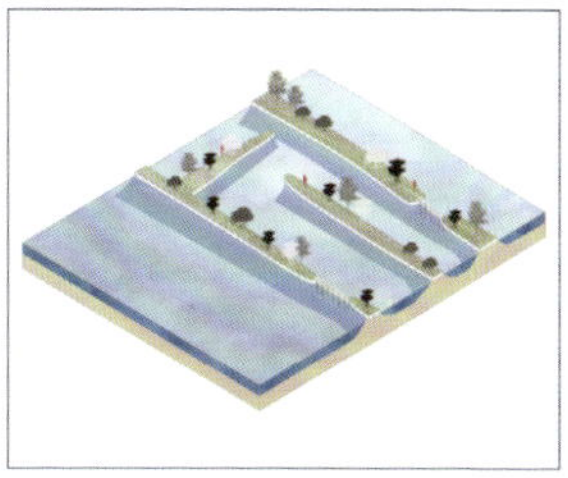

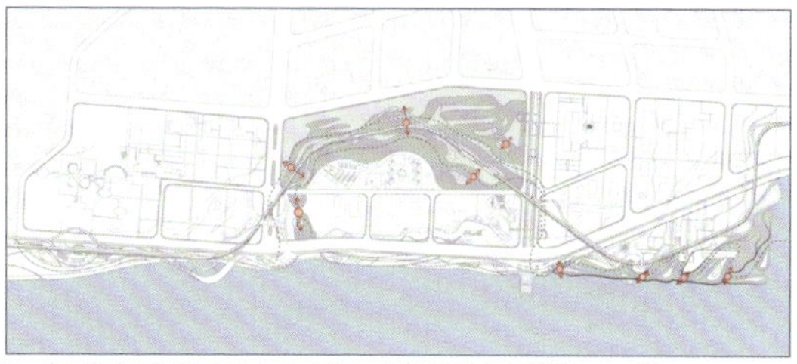

8.引沟　挖沟引水重新引入潮汐流，恢复红树林湿地的水文环境，创造潮汐淹没等级不同的潮滩。

海绵城市

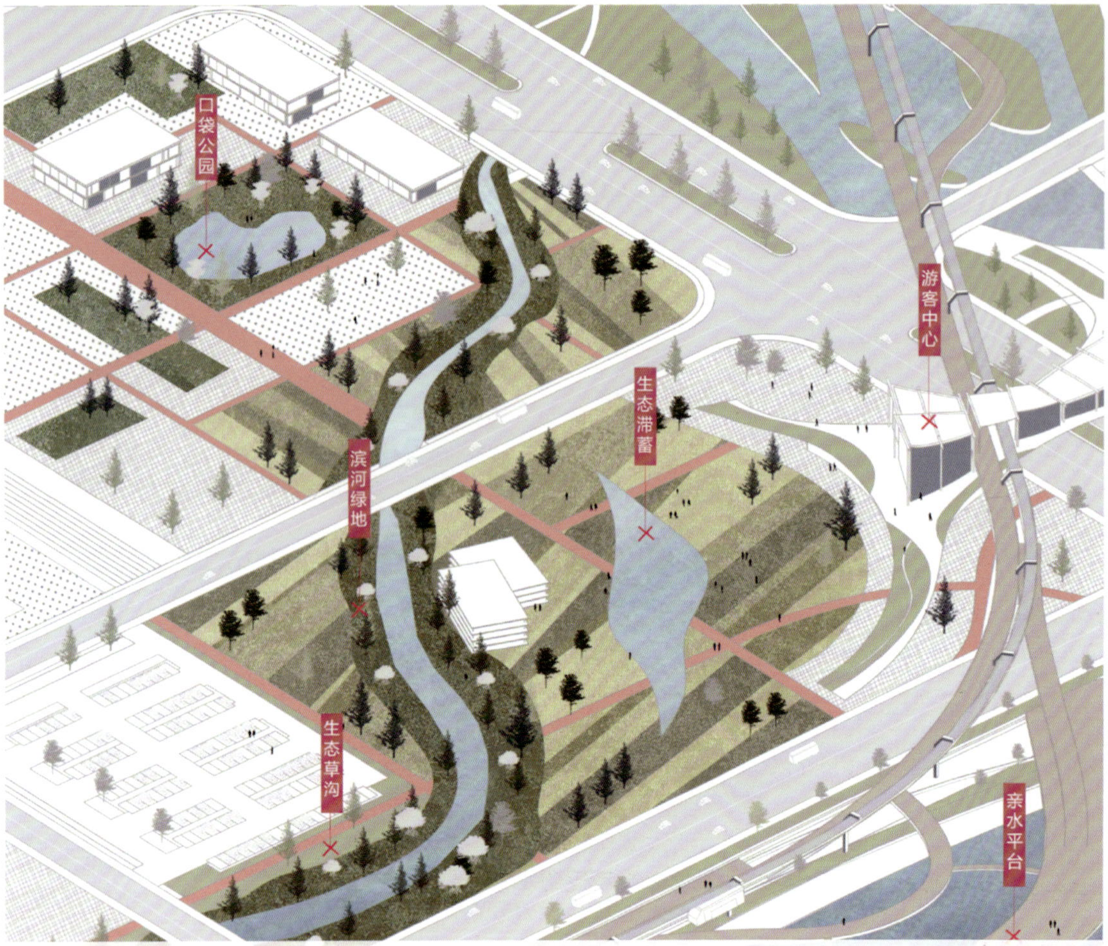

建成意向

场地初始状态时拥有大面积的池塘，并拥有上下围涌的河道，具有丰富的水资源储存，现利用原有的大量自然水资源发展改造过的水网系统，通过口袋公园、滨河绿地等景观要素的加入以及生态池塘的营建让水系统既能发挥对自然环境的调节作用，又能服务于市民日常生活。

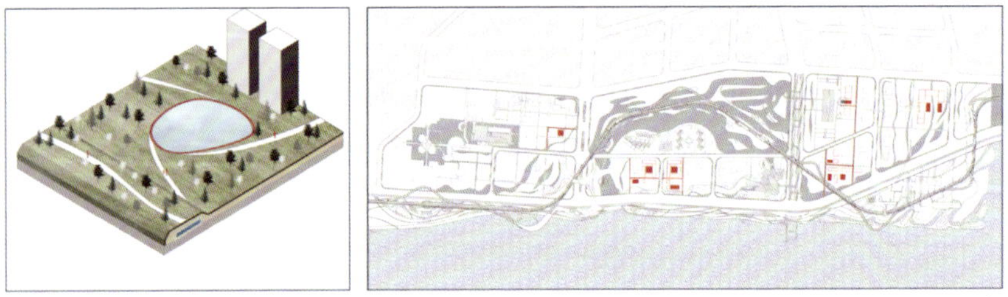

9.口袋公园　利用街头绿地,形成临时积涝公共空间，承担小型蓄积作用，并与大型城市道路衔接。

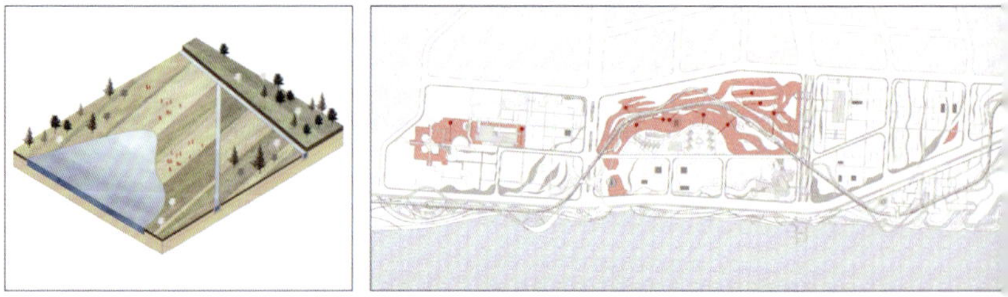

10.生态滞蓄　大面积的池塘与湿地网格蓄积接收生态草沟运输来的洪水，缓解瞬时暴雨，减少海岸线负

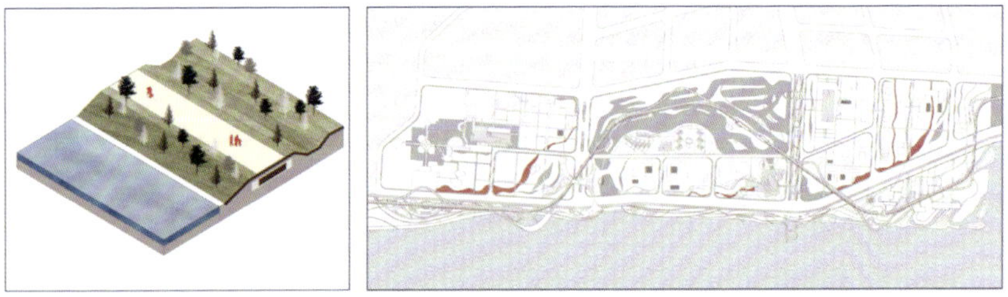

11.生态槽沟　利用大型的城市自然地表并将基础设施纳入其中构建生态草沟，承担分散调蓄作用。

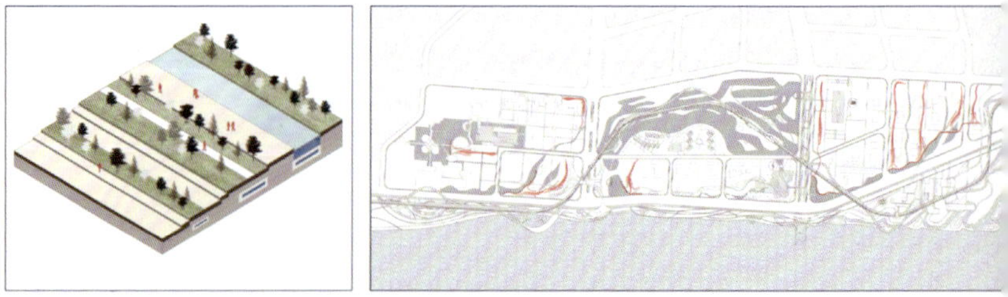

12.滨河绿地　优化的河网形成连续的滨河绿地并接收生态滞蓄带释放的洪水，并最终汇入海洋。

垂直交通

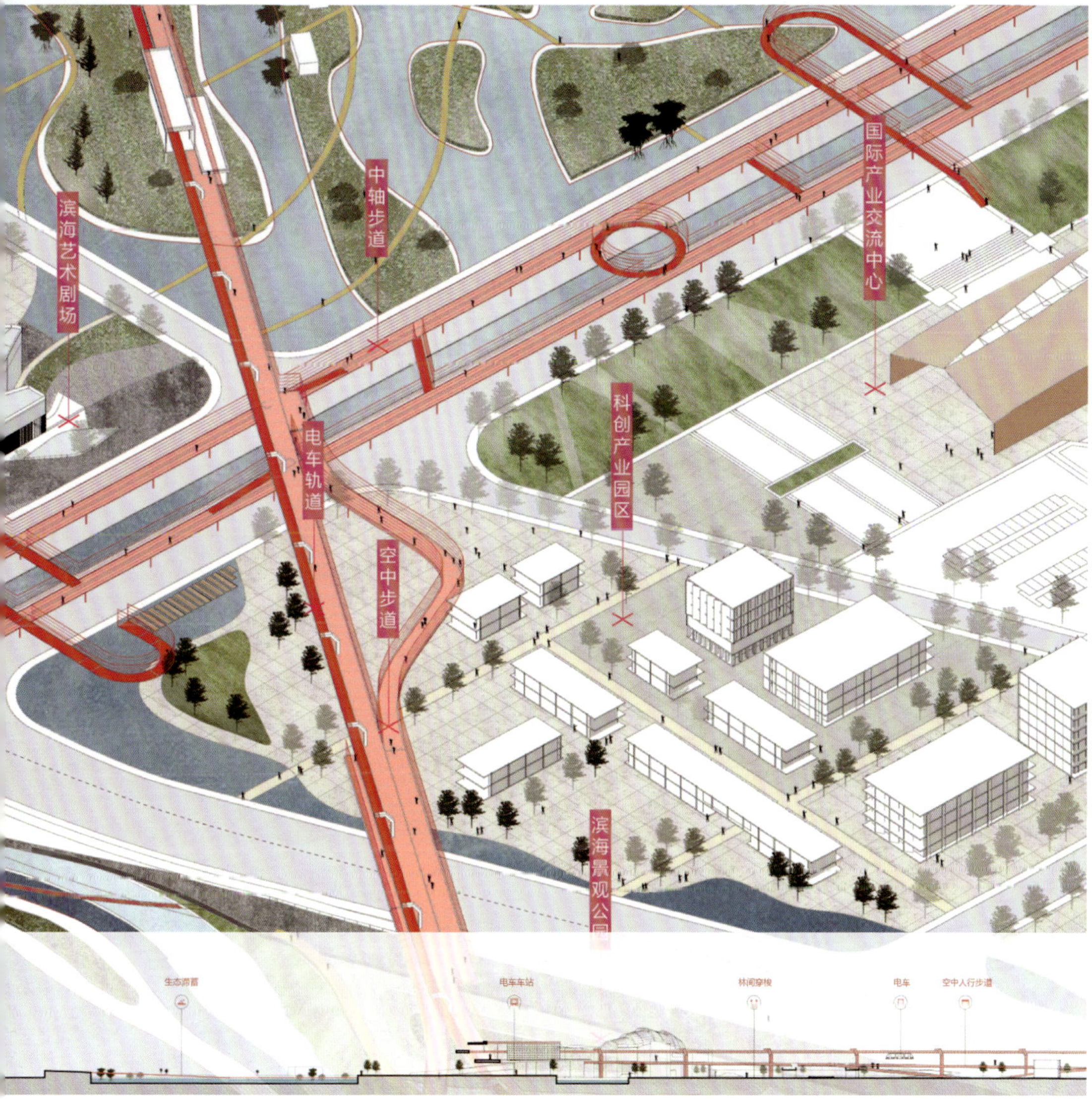

建成意向

针对场地内大量储水的现状，发展垂直体系有利于减少建设占地面积，减轻对场地自然条件的破坏，并且能提高对场地体验的丰富程度。根据场地内水平面、植物和建筑的高度，发展立体中轴、空中电车线路、空中人行线路等，建设多层次的垂直交通体系。

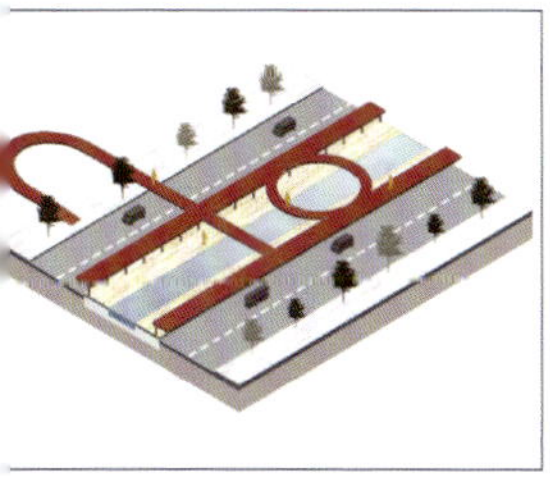

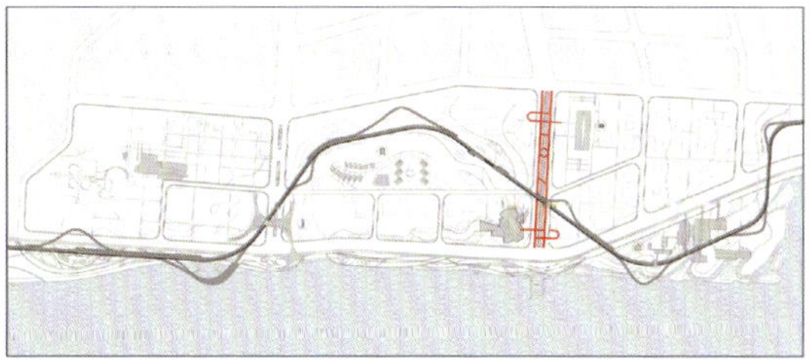

3.立体中轴　在城市中轴构建立体的山海通廊，并且连接到各种公共空间，是垂直交通系统的核心地带。

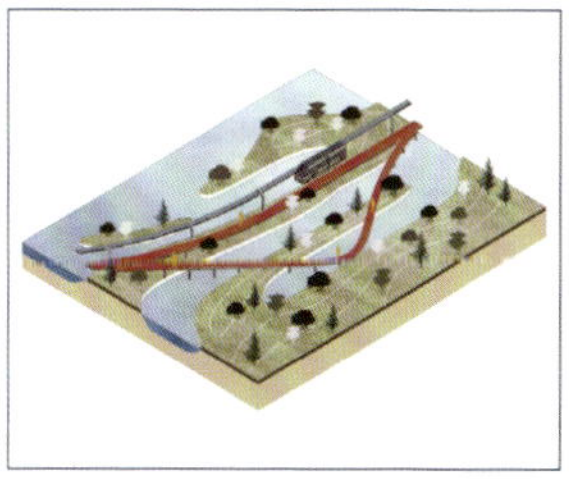

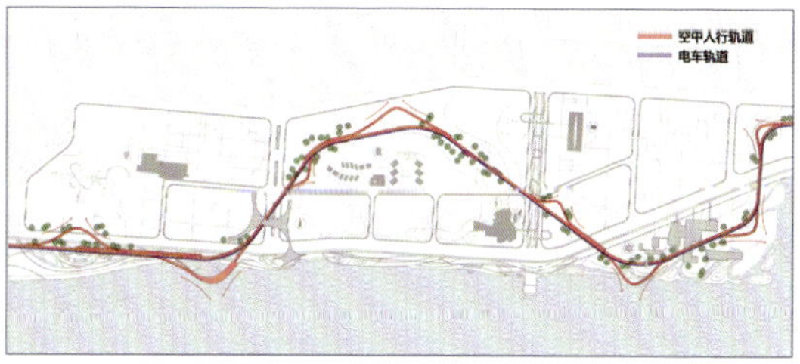

14.林间穿梭　垂直交通系统的行人步道上的体验节点，在不同的高度下设置栈道体验红树林生态景观。

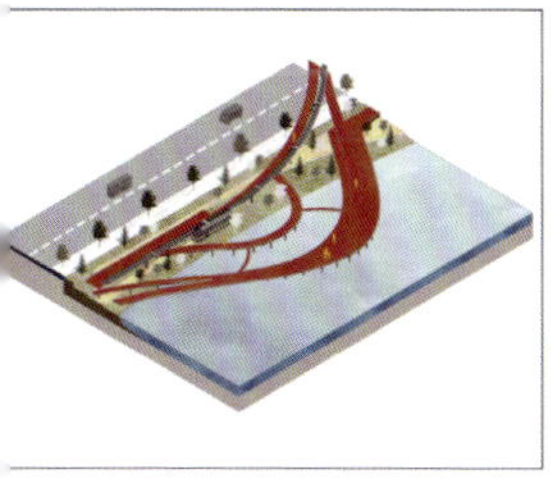

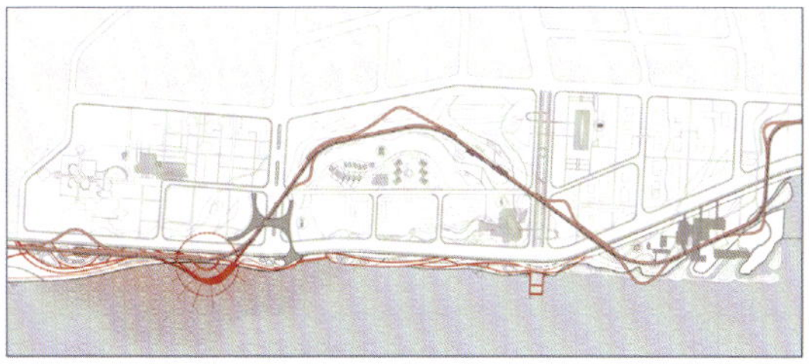

5.亲水平台　滨海的行人步道体验节点，在不同的高度下设置栈道观赏海景。

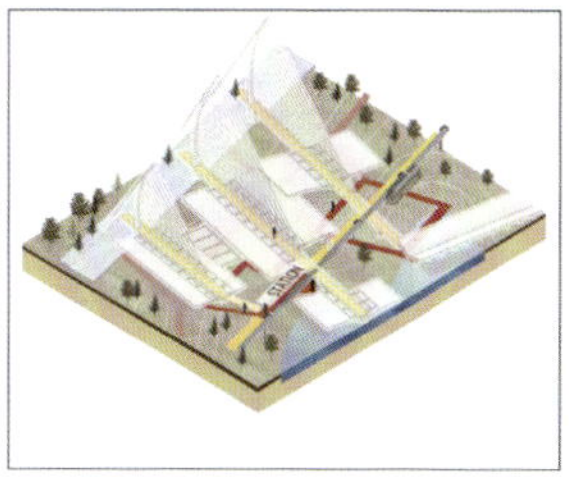

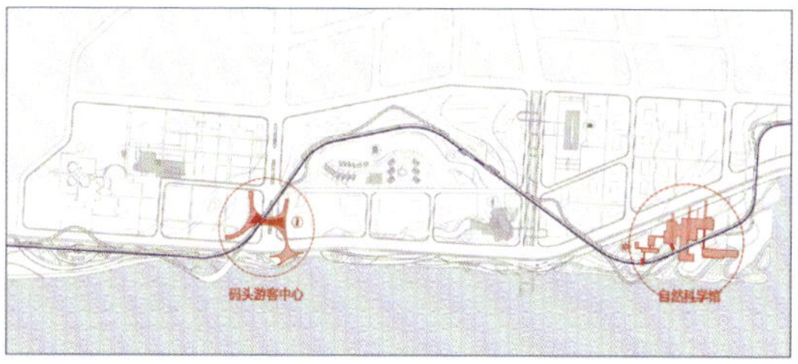

16.建筑站点　垂直交通系统中的电车站点结合建筑设计，实现高效连接到各个重要节点的作用。

总平面图

分区与分层专项

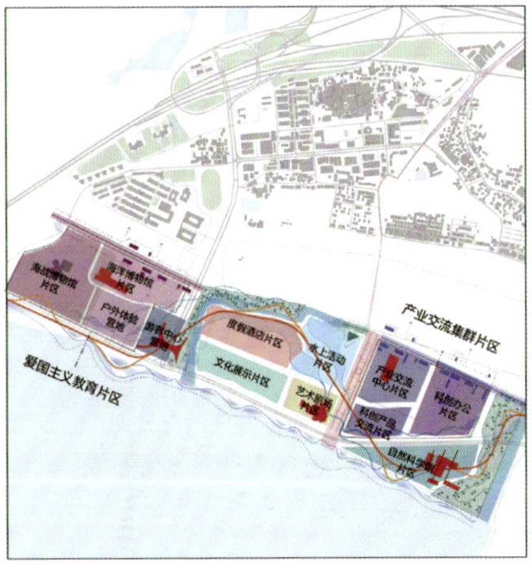

以文化、生态还有科创三个方面为未来发展的主要方向，以两条沟通南北的主要道路为界，将场地划分为三个主要片区。

西边区域主要与原有的海战博物馆呼应，以对历史的回溯与纪念为主，东边区域主要与周边高新技术产业相呼应，设置产业交流片区，中间区域主要为游客提供集散的基础设施，沟通东西版块。

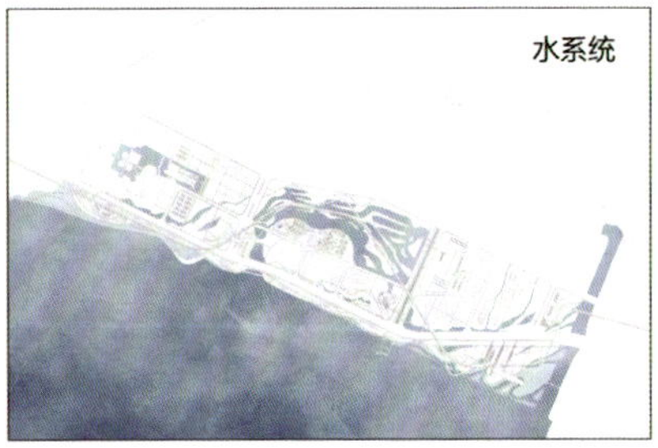

延续原本上下围涌扩大自然水系，形成城市生态修复体系。

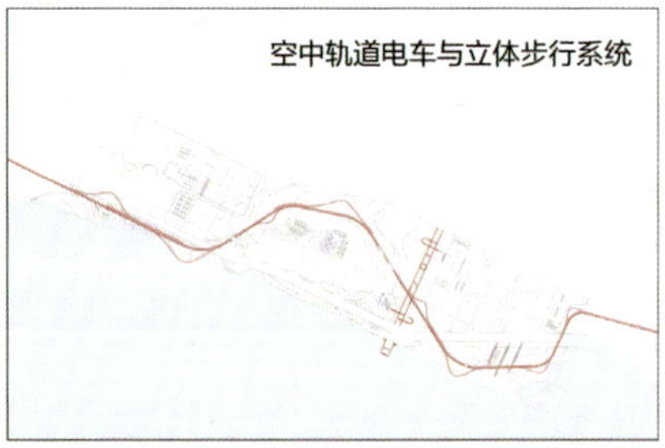

将立体游览体系穿插于湿地系统中，形成多维度景观体验。

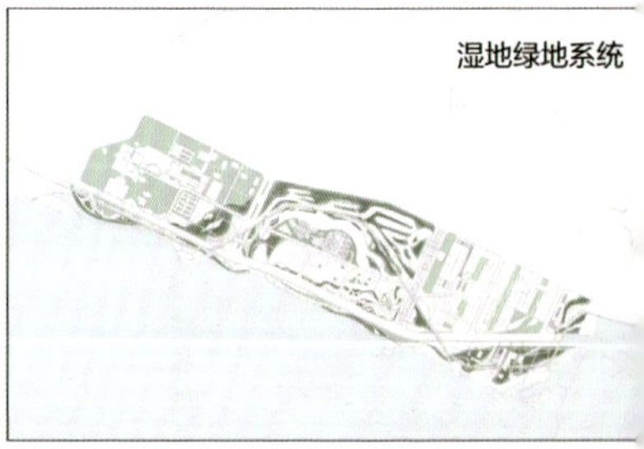

围绕水系分布红树林湿地系统，绿地空间穿插于建筑之中。

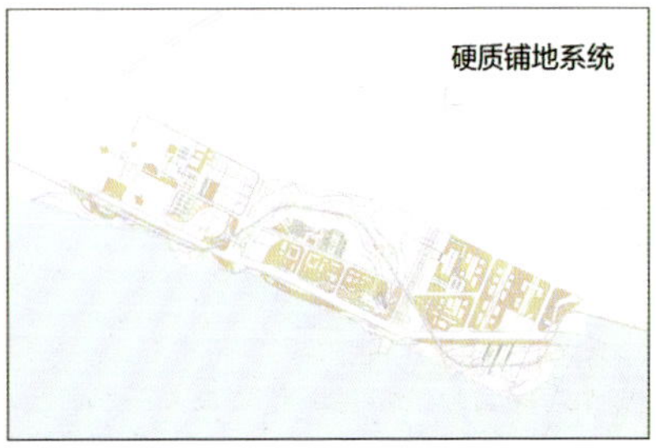

围绕建筑布置硬质铺地，形成多层次的公共活动空间。

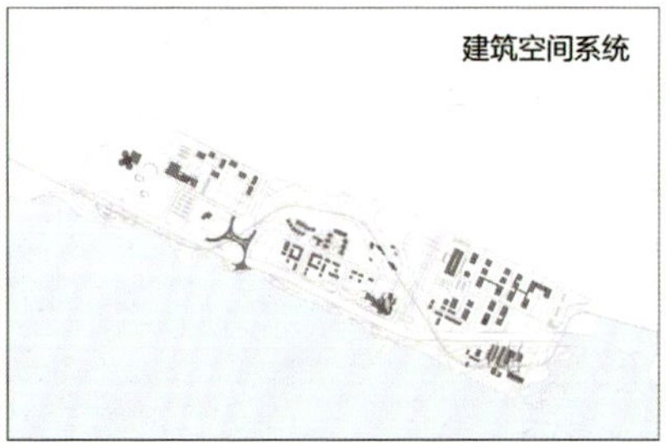

将六个节点建筑分布于场地之中，进而带动周边片区发展。

主次干道与城市道路相连，根据不同体验空间类型布置支路。

物质交换系统转译

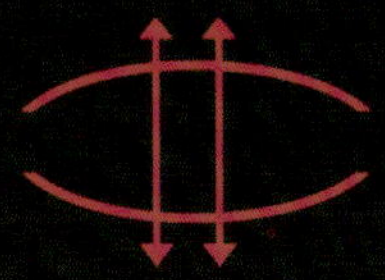

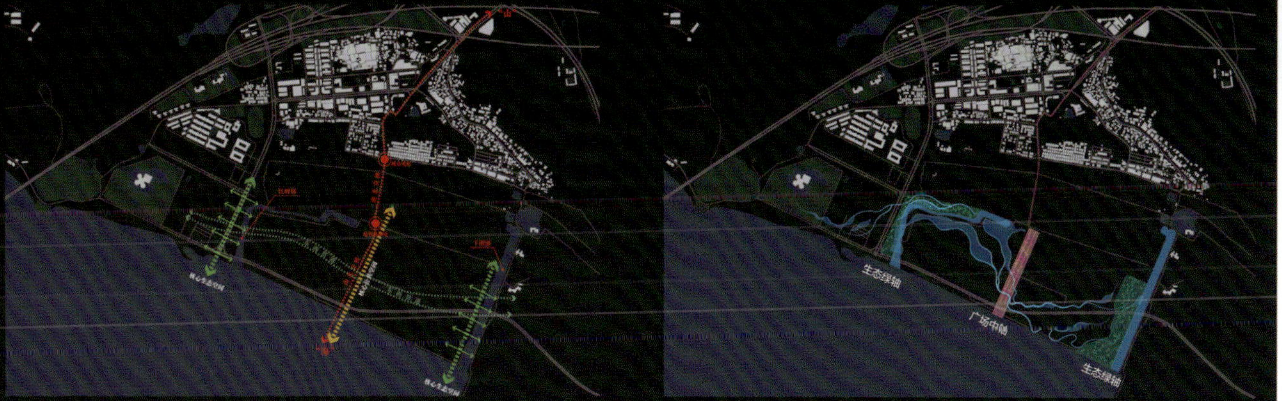

1.生产性系统的转译
核心公共空间

用水系景观串联起三条主轴，将靠近上下围涌和红树林的两侧转化为以景观为主的生态绿轴，将联系城市主干道的中轴转化为可自由游憩的广场中轴。

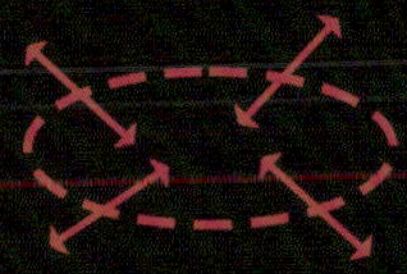

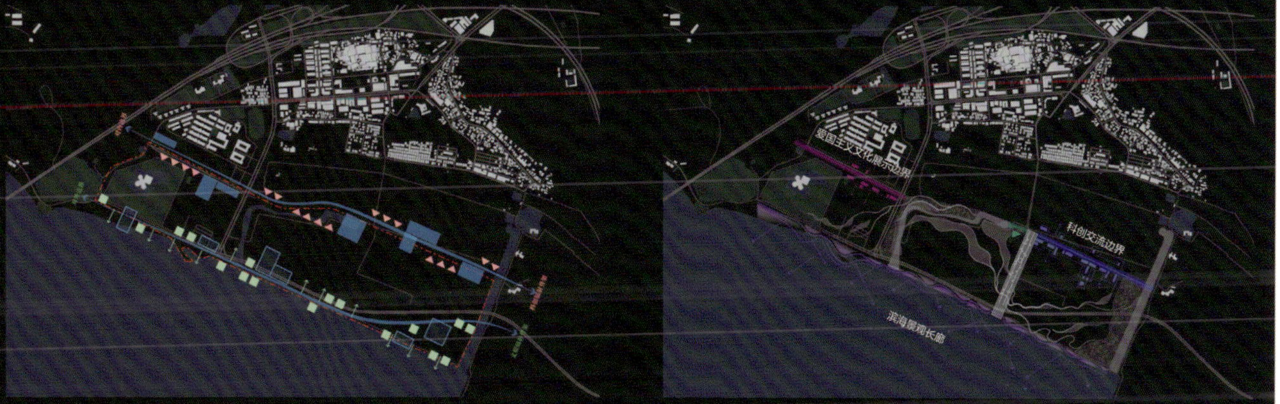

2.贸易型系统的转译
科创交流空间

南北两处边界为场地与外界进行交流的特色边界。南边设置与珠江交界的多层次观景岸线，并结合生态环境进行防潮处理，北边根据不同的分区性质设置不同功能的边界。

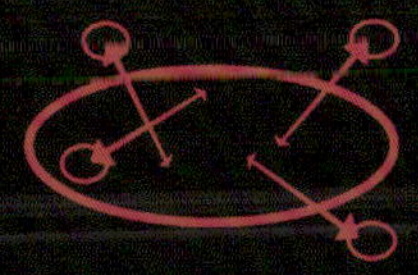

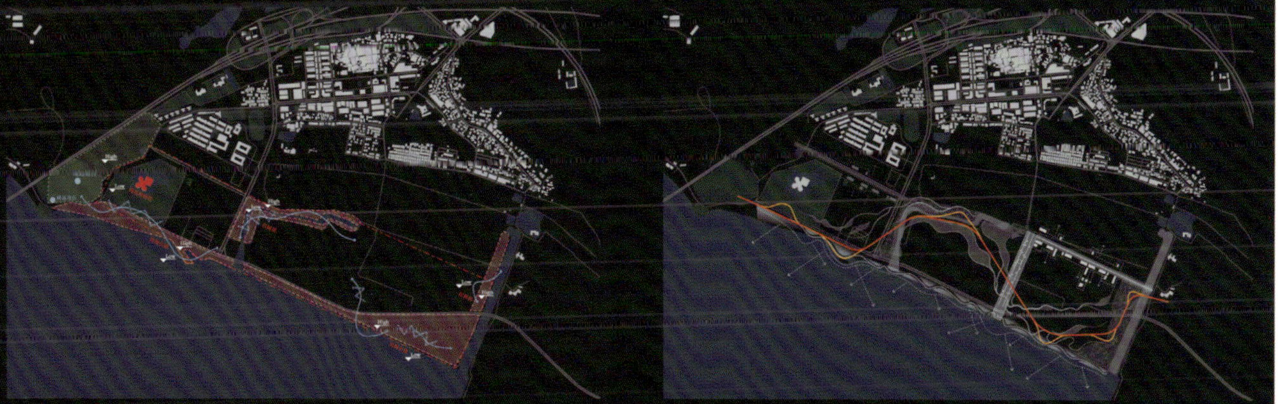

3.防御性系统的转译
立体观景空间

根据景观树林和水的高度确定立体交通系统的不同高度，用立体电车系统和立体核心步道系统从西到东串联起来，形成具有特色的核心立体交通系统。

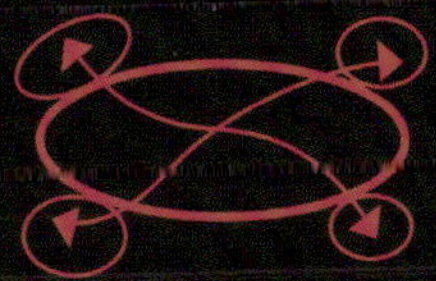

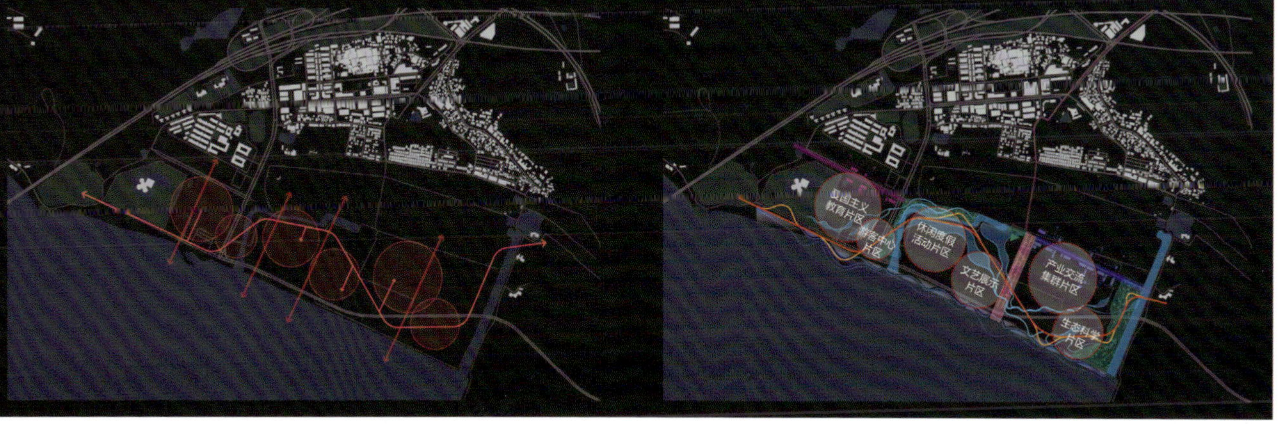

4.游憩系统的转译
特色体验空间

根据前期四个系统的综合性分析，以及场地现有的条件得出不同功能定位,在核心流线旁生长出六个主要片区，使游客在游览过程中能获得非常丰富的体验。

爱国主义教育片区局部一层平面

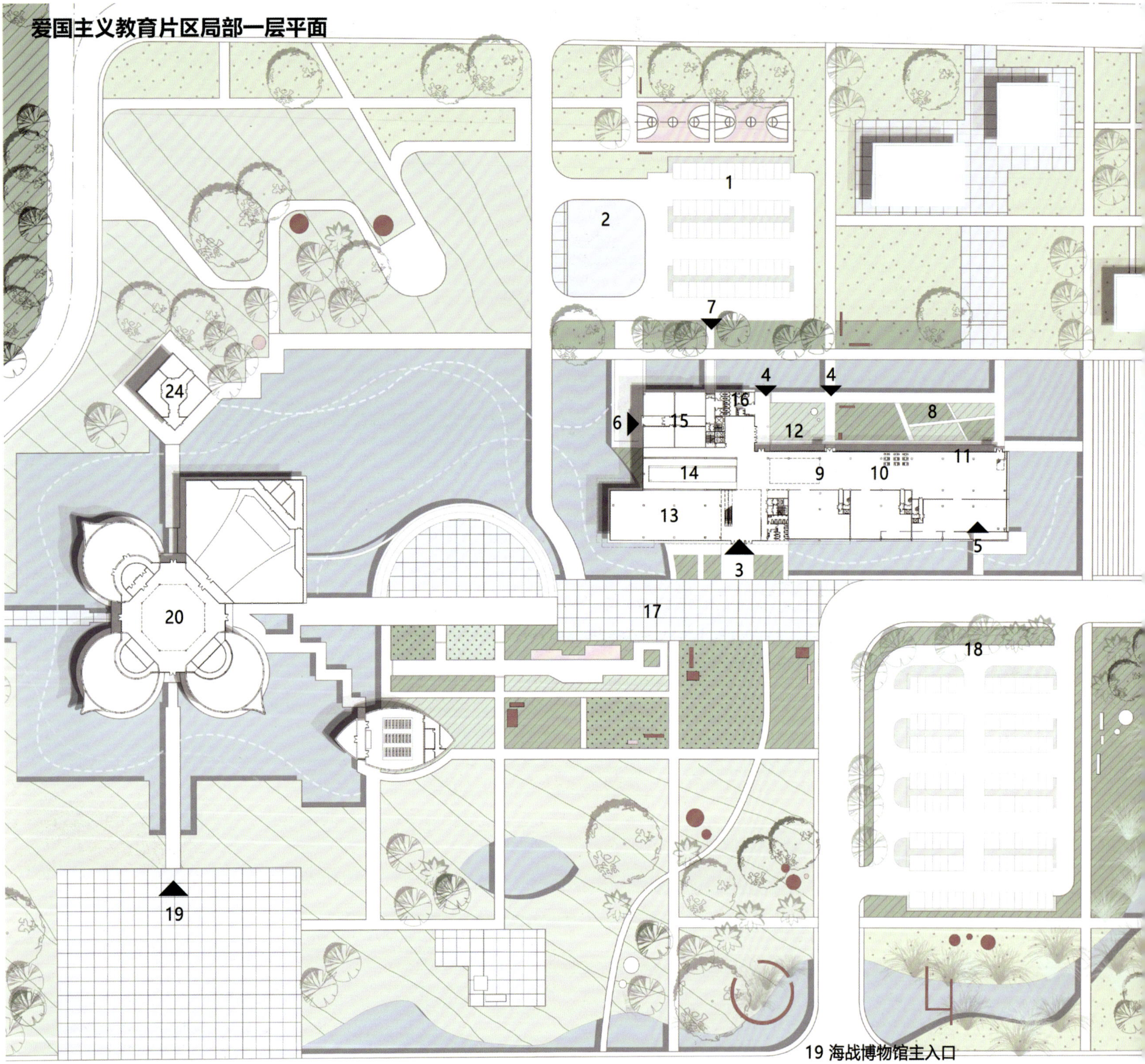

1 工作人员停车场
2 展品货场
3 海洋博物馆主入口
4 海洋博物馆次入口
5 大楼梯入口
6 展品入口
7 工作人员入口
8 学习休闲空间
9-11 海洋博物馆主展厅
12 通高展厅
13 临时展厅
14 仓储式展墙
15 展品仓库
16 海洋博物馆商店
17 鸦片战争纪念广场
18 游客停车场
19 海战博物馆主入口
20 海战博物馆序厅
21 海战博物馆主展厅
22 模拟海战厅
23 小型电影院
24 海战博物馆过厅

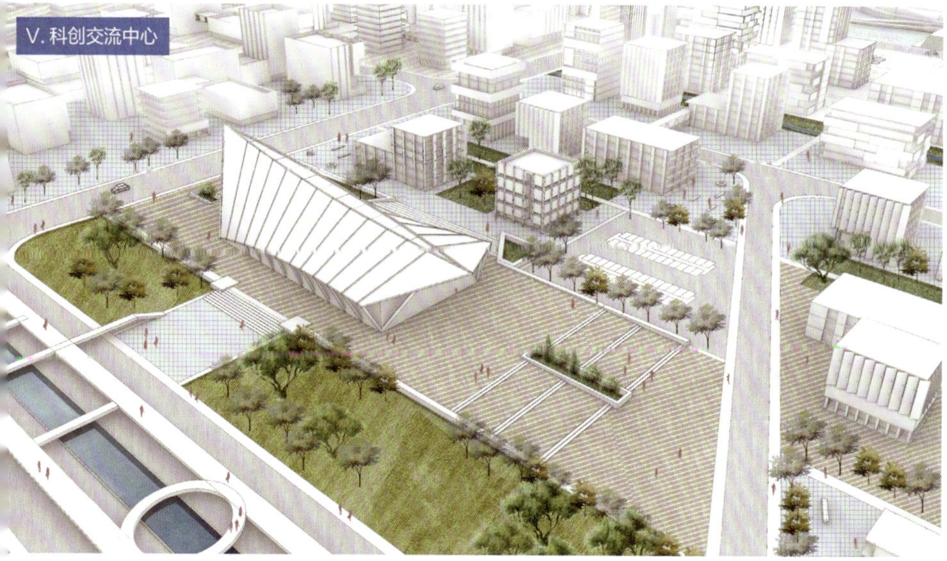

节点示意及场景效果图

位置示意图

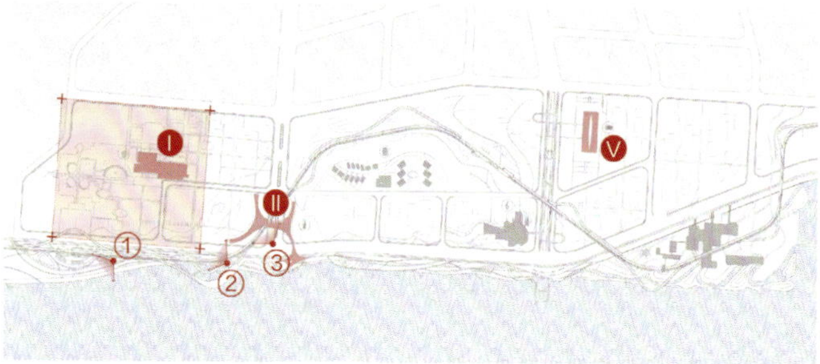

公共空间场景图

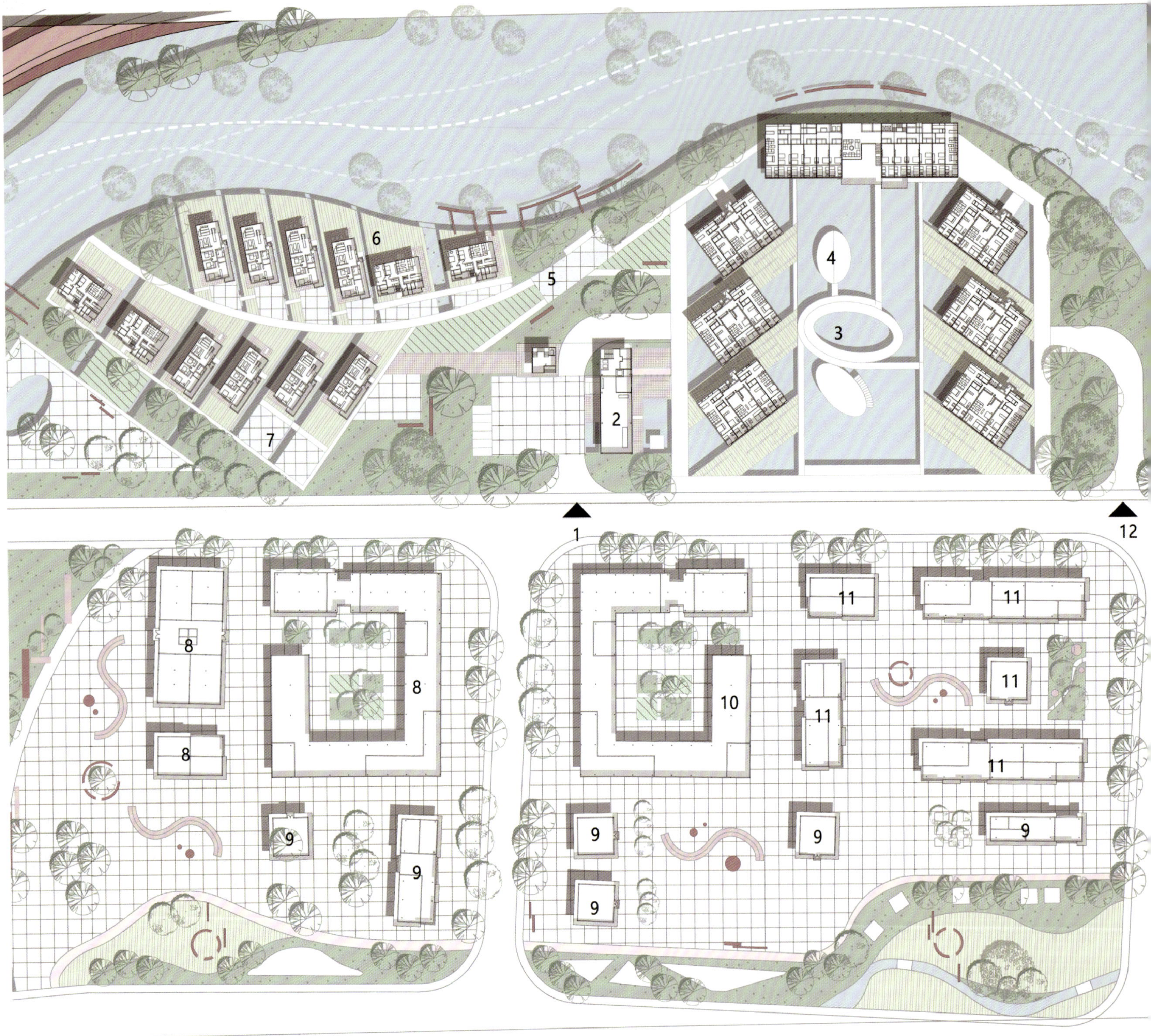

1 酒店主入口
2 酒店大堂
3 海景住房区
4 酒吧
5 观景平台
6 亲水住房区
7 红树林景观住房区
8 文化艺术商铺
9 文化集市
10 艺术展廊
11 艺术工作坊
12 酒店后勤入口

休闲度假片区局部一层平面

0m 10m 40m 100m

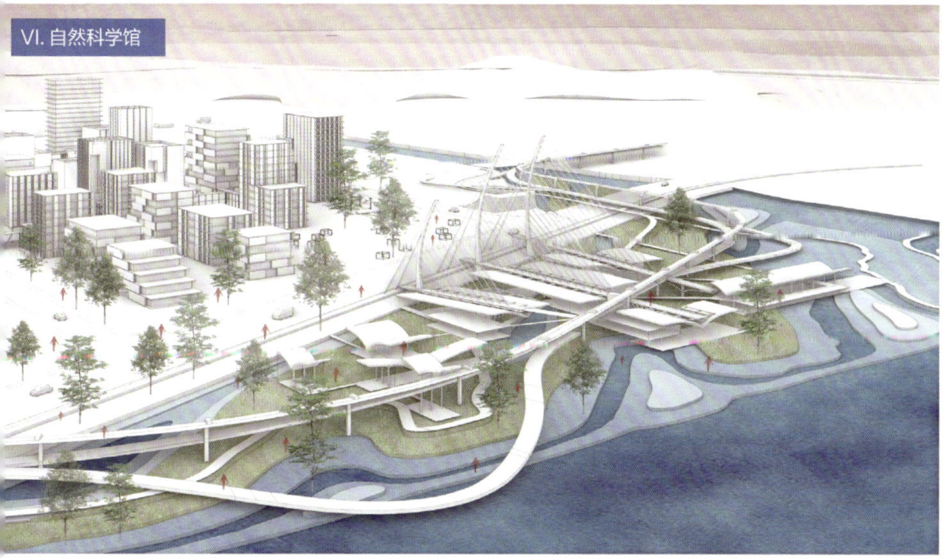

节点示意及场景效果图

位置示意图

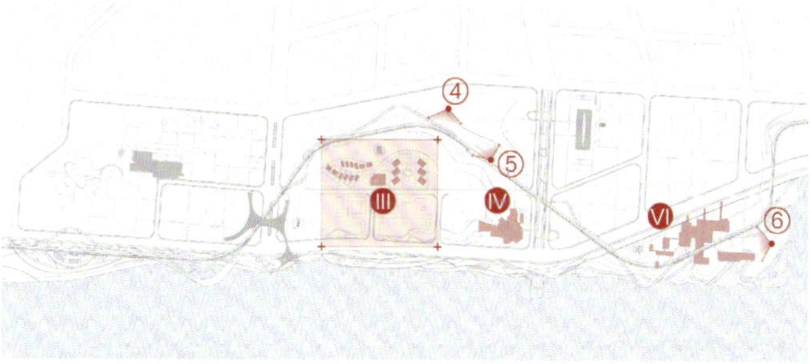

公共空间场景图

广州大学 漆　平

一个有挑战的课题，一个充满变数的时期，一个齐心协力的教学团队，一群满怀激情的学子，一个有担当的广东省规划院，一个难忘的联合毕设。由于各地防控形势的变化，不得不前后五次调整教学计划，使得教学过程充满了不确定性。各教学小组的师生面对不断发生的计划调整，依然尽最大努力作出了完整的、高质量的成果，发挥了各自的特点，展示了大家的才华。

在这种不可控因素大大增加的时候，组织、协调、应变措施尤为重要，大家共同协商，克服各种困难，尽可能通过一些措施弥补教学环节中可能出现的缺憾。教学团队更为团结，配合更为默契，流程更为顺畅。

今年我们迎来了新的成员——华中科技大学，赵逵老师和万谦老师的积极参与为联合毕设带来了新的活力。

七校师生来自五湖四海，我们一直致力于打造一个温暖的团队，一个相互守望的团队，一个默契配合的团队。感谢每一位参与者的奉献，期待明年十周年庆典的欢聚。

教师感言

2022

四川大学 赵　炜

当第十届联合毕业设计启动的时候，才发现积累了这么多年的经验让一切都变得相对顺利。虽然很遗憾地没能到现场踏勘，没能亲身去体验一下海防遗址公园这么一个有历史价值的场所，但各位老师各司其职，按部就班地不断推进各个环节的工作，最终成功地完成了教学活动。今年共有7所学校、20余名指导教师参加，各个学校之间的特点展示得更加充分，观点的碰撞更加激烈了。请到的嘉宾来自不同领域，有着独特的视角，对方案特色的形成有颇多的启迪。最终的7个方案从构思到完成度整体都很好，提出了不少有价值的设计策略。特别有意思的是自2019年与广东省城乡规划设计研究院三所首次在东莞市生态园连片乡村规划设计项目合作之后，今年再度愉快地联手，再度见到老朋友们是非常地开心！希望明年十周年的联合毕业设计会更加圆满！

2022

广州大学 骆尔提

随着5月23日终期答辩圆满举行，2022年的联合毕设降下了帷幕。应该说，今年是十年来联合毕设最为艰难的一年，由于疫情，广州站的前期调研、昆明站的中期工作营和成都站的毕业答辩几乎都被迫改为线上开展。即使在疫情猖獗的2020年和2021年，也没有完全取消三个线下教学环节，而联合毕设的初衷就是加强校际之间的交流和资源的共享，现在看来，甚为遗憾。

从2013年第一次联合毕设至今，已走过了整整十年，不知不觉，我们已经送走了十届毕业生，他们中间很多已成为企业的精英、行业的翘楚。虽然白发悄悄地爬上了我们的双鬓，但每当看到一张张青春的笑脸、看到一个个优秀的方案，心中就会充满着自豪和骄傲，一切都值了。

广州大学 李希琳

2022年，是“南粤杯”7+1联合毕业设计竞赛的第十年。

十年，是一个不容易的数字，尤其是在疫情的连续干扰之下。这十年来离不开广东省城乡规划设计研究院有限责任公司和各所高校、各位老师和同学的支持。在这里，每位专家和老师都在努力为同学们搭建更好的学习平台，拓展更广阔的专业视野，期盼迈向更高的专业水平。作为其中的一员，我深感荣幸。

今年的课题是《鸦片战争海防遗址公园（东莞段）核心地区规划设计》。珠江作为中国第二大流量河流，虎门是水量第二大的出海口。广州是拥有两千多年历史的海上丝绸之路发祥地，而自唐代起虎门便是其海上贸易中的一环，亦是清末鸦片战争的发生地。因而，虎门具有极其重要的自然生态和历史人文价值。作为土生土长的广州人，我很高兴看到同学们可以对广州、东莞、珠江口的自然生态和历史人文有更深入的认识，尝试从更宏大的自然、历史角度去看待城市未来的发展，并相信这次体验一定会在同学们未来的专业道路上留下一丝印记。

厦门大学 王量量

2022年“南粤杯”联合毕业设计迎来了十周年，很荣幸今年从“6+1”变为了“7+1”，华中科技大学加入了联合毕设的大家庭。回顾此次毕设，最大的感受就是题目难度有了大幅度提升，而让指导老师们感到欣慰的是同学们很好地完成了此次挑战，做出的成果比预想的还要精彩。“6+1”联合毕业设计提供了完美的舞台，让六校学子们有了同场竞技，相互学习的机会。借这个机会，我首先要感谢广东省规划院的同仁能够始终不渝地支持这项活动。其次要感谢各位指导老师，大家除了要指导学生毕业设计，还要组织选题、开题、看现场、中期工作营、中期评审、最终答辩等各个环节，各种辛苦不言而喻。当然，我也要感谢我的学生们。对他们来说这必将是一次既辛苦又“开心”的毕业设计，让他们毕生难忘。虽然由于疫情，此次联合毕设很多活动都是在线上举行，但是各位同仁还是克服困难并获得了非常丰厚的成果。希望明年的联合毕业设计更加丰富多彩。

厦门大学 郁珊珊

值此“小满”之日，与各校师生相聚于线上。虽然疫情阻隔了我们见面，但这是个很有意义的日子。疫情影响，给这次联合毕设的调研、汇报带来了重重困难，但我们还是很开心能看到各校师生克服困难，设计出了优秀的作品。感谢每一站主办方的师生们，让我们从调研到中期汇报再到最终答辩能顺利完成。也感谢省规院的同仁们，给了学生们一个非常好的竞技与展示的平台。在这个将满未满的日子，祝规划学子们未来可期，祝“南粤杯”十周年生日快乐！越办越好！

厦门大学 沈洁

这是我第一次参与“南粤杯”联合毕设，很荣幸有机会参与进来，也很幸运第一次就恰好赶上了十周年。在这里，我感受到了组织者的负责和尽心，领略到了各高校老师在自己领域的建树，还有同学们创新的设计能力。开阔眼界，丰富知识，打开思路，对我来说，不仅仅是一次参与，也是一次学习。

城市设计是城市规划工具箱中的重要一环，当城市从高速度发展阶段进入高质量发展阶段之后，城市的“颜值”也变成一种潜在的竞争力。我们要培养的学生，是要学会城市设计的“语言”，分析不同城市的特点，城市设计不是简单建筑群体的空间组合，而是城市本身的“颜值”风格的展现。“南粤杯”联合毕设正提供了这样的平台，让来自不同高校的老师们和同学们，在思想、在设计上的碰撞与交流，在真实项目的任务书中共同学习和进步。

祝“南粤杯”越来越好，越来越精彩。

南昌大学 周志仪

联合毕业设计到今年十周年，值得纪念。虽然有疫情的影响，整个团队还是把各个教学环节做到最佳。感谢广州大学和华南理工大学的师生多次去现场给其他院校拍摄照片和视频，最大限度地弥补不能去现场的遗憾。广东省规划院的同仁还是一如既往地重视这个“小项目”，用踏实的工作作风给年轻学生树立了榜样，树立了规划人的标杆。参加的院校依旧特色鲜明，华中科技大学更是给我们带来全新的思想和切入角度。“十年芳华，初心不变”，期待明年的相聚。

南昌大学 梁步青

2022年不仅是“南粤杯”联合毕业设计竞赛的第十个年头，也是我有幸加入联合毕业设计这个大家庭的一年，是令人难忘的、特殊的一年。联合毕设三个多月的时间转瞬即逝，但收获颇多。在这里，遇到了来自广大、昆工、厦大、川大、华工、华科的老师们和同学们，还有省规院的同仁们以及业内知名的前辈专家们。每一次的汇报与点评都非常地精彩，对我来说都是非常宝贵的教学经历。由于疫情的影响，绝大部分小组没有机会去现场调研，基本采用线上的教学方式，并多次通过“云毕设”的形式，进行交流与思想的碰撞，但是老师和同学们都克服重重困难，付出艰辛努力，最终各组都呈现出优秀的作品。希望同学们在今后的学习和工作中继续努力，勇攀高峰，更上一层楼！

四川大学 王超深

2022年毕业设计已圆满结束，受疫情影响，七校师生与合作单位同仁未能充分面对面地进行方案交流与深入切磋。万幸便捷的互联网将天南海北的团队集聚在赛博空间，被动地伸长耳朵用心去聆听老师和同学们做的精彩报告。由衷感谢中期阶段无私奉献的两位专家，四川大学赵炜教授选择了成都三个典型城市更新案例，言简意赅、深入浅出地分析了其经验与问题，厦门大学王量量副教授对闽派建筑设计中如何考虑安全防御功能进行了系统的讲解，对历史文化遗产遭遇的破坏进行了精辟的总结，着实刺激了工程化符号特征明显的我，不由感叹国家社科基金原本是如此，深深地理解了什么叫厚积薄发。在同学们的方案中，华中科技大学建筑小组的方案与规划学科的相比略显特别，亮点频出，启发巨大，不由感叹。感谢“南粤杯”活动，值得“用心”体会这段快乐的工作经历。

教师感言

2022

昆明理工大学 项振海

时光荏苒，3个月的“南粤杯”7+1联合毕业设计又告一段落。经过联合毕设教学团队精心筛选，确定“鸦片战争海防遗址公园（东莞段）核心地区规划设计”为题，看似一块白地，但蕴含着丰富的要素，包括历史文化（鸦片战争海防遗址国家公园）、滨水（珠江、河涌）、生态（威远岛森林公园）、新区（滨海湾新区）、湾区（粤港澳大湾区）等，对于教学团队和学生都是一次巨大的挑战。7所学校，不同专业、不同时空，从不同的角度解析，都交上了一份精彩的答卷。

感谢广东省城乡规划设计研究院对教学的支持，感谢广州大学漆平老师对联合毕设全过程的把控和费心，感谢各位专家、老师、同学在过程中的付出与辛苦。衷心祝福“南粤杯”7+1联合毕业设计越办越好！

昆明理工大学 陈 桔

昆明理工大学加入“南粤杯”以来已经和各校师生携手同行前往过连州、韶关、梅州、佛山等多个城市，此次由于疫情，没能前往东莞眺望虎门大桥和珠江入海口还是有很大的遗憾！但尽管如此，广东省都是昆工城规专业学子除了云南省以外留下足迹最多的省份，是“南粤杯”搭建起了东西省份之间互联互通的桥梁。在这个过程中，我们不仅得到了联合教学团队的指导，也增进了东部企业与各个高校的相互了解；“南粤杯”丰富了高校建筑类学科实践教学的办学模式，为即将毕业的同学们开启了面向社会的第一课，给了同学们很多生动的、正向的指引。

疫情防控的持续对于联合毕业设计来说也是比较大的考验和挑战，我们联合的工作方式必须要不断调整才能基本实现既定的教学任务和目标，也需要持续探索建筑类教育实践教学环节的运行和保障机制。期待我们共同办好下一次的“南粤杯”，也预祝“南粤杯”十年的圆满！

华南理工大学 *李　昕*

继去年在佛山三龙湾的毕业设计之后，今年我很有幸又参与南粤杯“7+1”联合毕业设计的指导工作中，还赶上“南粤杯”的十年庆典，备感荣幸。作为这个联合毕设的新朋友，我们华南理工大学教师指导团队通过这两年的交流，感受到各位老师严谨治学的工作态度，也感受到不同学校莘莘学子的青春活力。通过本次指导工作我更深切理解到城市设计在整个规划体系中的作用，它不仅是落实下一步控规和空间形态建设的指引，也是各方意见沟通交流的平台，令不同参与主体在不同时间期限内的不同目标能够达成某种共识，更激发其对将来美好生活方式的憧憬，由此积极参与实际场地建设中。在方案中兼具理性逻辑和感性动人，是学生进行城市设计工作必须谨记的。望“南粤杯”越办越好！

华南理工大学 *赵渺希*

虎门是中国近代史开端的重要事件发生地，毕业设计选在此处很有意义。同学们毕业以后（包括继续深造的部分同学）都将走入社会，而现代社会是一个高度市场化的环境，不确定性成为确定的未来，但我以为这本身也是历史的一种必然。在东莞这一“世界工厂”，外部经济环境直接影响了城市空间结构。对于生态导向、市场波动环境下的海防遗址片区城市设计，作业主题切合了当前经济走向，但也为我们的城市设计带来了莫衷一是的现实难题。与同事、同学们的讨论中经常感受到各种不一致的观点，也有各种不易妥协的无奈，但唯一值得坚信的是，大家出于专业理想和规划信念的各种努力都将有所收益，淬火成钢。祝福同学们在更远大的人生旅途中扬帆远行！

华南理工大学 车 乐

“南粤杯”联合毕设，是我们看着七校学生竞争、交流、共享、互通的快乐历程。疫情使得我们不能常在一起，但“同一个题目，同一份努力”又使我们紧密地在一起。华工的学生经历了前期的深入调研优势，中期的校内被打击和质疑的痛楚，执着又艰辛地找准定位，一波三折地确定方案，在中后期又再次被老师们用执业的严格要求优化方案实际可行性，我们看到的是学生们的好学、韧性和快乐的坚持。联合毕设，我们看到各组学生提高的，不止是设计，还有严密的逻辑组织，娓娓道来的汇报能力，执业规划师的综合素养。祝福你们，七校四十二个同学，快乐毕业！

华南理工大学 刘明欣

非常荣幸能够作为指导老师参与本年度的“南粤杯”联合毕设，欣喜学生们在最后的培养环节获得喜人的进步，疫情带来的困难阻碍不了师生共同进步的心。感谢省规划院提供的优质平台，感谢漆平老师的带领，感谢参与联合毕设的老师们辛勤地付出，未来再约再聚！

教师感言 2022

华中科技大学 *万 谦*

作为建筑学专业的教师，第一次与规划专业的师生们合作进行毕业设计，对于城市设计的问题又有了一些新的感受。城市设计问题绝不是一个建筑形态问题，但其最终会以建筑限定的空间形态展示出来。而构成城市形象的建筑会如何成型，与其所在的场地及经营内容密切相关。城市设计的任务就是要在这一系列因果关系中，清楚地理解我们现在的设计工作处在城市发展过程在哪一个阶段，需要解决的设计问题关键在哪一个环节。从这个角度来看，建筑、规划、景观专业在当下的融合，可能比十年前的细化更加重要。

华中科技大学 *赵 逵*

今年六校联合毕业设计，同学们克服疫情重重困难，通过云调研、云答辩，圆满完成了既定任务。虽然无法线下见面，但线上的多次师生交流与专家总结，依然让同学们受益匪浅，特别是建筑、规划、景观跨专业的教师点评，极大拓展了同学们的视野，使建筑专业的同学获得了更广域的全局观念，也使规划专业的同学掌握了项目聚焦落地的更多实操技巧。

毕设时间是短暂的，但同学们的收获却受益终身，在毕设中各校指导老师结下的友谊，更将为未来的校际交流打下良好基础。感谢广州大学和广东省规划院为高校交流搭建的平台，感谢四川大学抓住今年唯一窗口期组织的线下交流，更感谢各校的无私奉献和通力合作，期待六校联合毕设越办越好！

结　语

陈桔

2022年由于疫情等影响，大家终未能前往广东虎门开展现场调研，亲眼目睹威远岛炮台，眺望珠江入海口。因此，我们对2023年的七校联合毕业设计相聚也更有期待，“南粤杯”将在此时迎来十年的圆满。

经过多年教学研究的磨合，“南粤杯”联合毕业设计已经形成了一套开放互联、专业交叉、协同育人的路径和方法。其一，建立了一个“校企联动、多校参与”的联合教学机制。以广东省城乡规划设计研究院为企业支撑平台，形成从早期四校到今天七校共同参与的教学联盟；每年的毕业设计课题来源于企业的生产实践，很接地气，多校师生针对同一个课题、按照统一的实施计划完成全过程的教学活动。这里要感谢漆平老师多年精心的策划和细致入微的日程安排！同时，联合毕业设计强化教学节点控制，重视阶段成果评价和交流，不断提升联合教学的质量。其二，建设了一支“专业交叉、多元协同”的联合教学团队。从早期的四校5名到2022年的七校18名教学一线多专业教师参与联合毕业设计教学，从粤规院总工的率队指导到历年学界、业界特邀嘉宾重要点评环节的参与，已经使“南粤杯”联合毕设拥有了一个稳定的、知识背景多元的、实力明显的教学支撑团队，通过高校多元智慧、社会多方助力，共同推动联合毕业设计教学团队的优化和进步。其三，形成了“开放办学、协同育人”的氛围，带出了一届又一届的青年才俊。粤规院支持“南粤杯”联合毕业设计，践行十年，有企业责任，有社会担当；广州大学等多所高校和教师，携手十年，有敬业精神，有教育情怀！大家携手并进，不分你我，共同培育，共同缔造，共同践行“以学生为中心”，力争为每个参与“南粤杯”毕业设计的学生提供实践交流的机会，让来自五湖四海的同学们都感受到这个大家庭的温暖。同时，多渠道开放和公开展示毕业设计成果、公开出版联合毕业设计作品集，让每个参与、关心和支持“南粤杯”联合毕业的学生都能记得和回忆起当年毕业季付出的努力和汗水，大家携手共同绘制的美好蓝图和愿景。

2022年的最后一页已经翻了过去，这一年有太多的场景和故事。一元复始，冬去春来，万象更新！希望学子们能铭记历史和责任，展望和开拓未来！

后 记

赵炜

2022

本次毕业设计的基地具有国家纪念意义的历史文化内涵，担负粤港澳大湾区协同发展的战略重任，又处于滨海岸线的敏感生态区位，选题非常具有趣味性和挑战性，相较于以往历届，难度是极大的。

在面临各种局限的现实条件下，如何成为东莞高质量创新的引擎，如何协调自然生态环境、历史文化资源以及宜居智慧新城之间的种种矛盾，不是本科毕业生熟能生巧的手段就能解决的具体问题。建设世界一流水准的会议中心及配套设施，与目标中的重大国际交流合作活动，以及愿景中的文化影响力和软实力的提升，更不是顺滑衔接的线性逻辑。叠加无法踏勘现场的因素，使得各校师生团队对基地的理解很难达成高度的共识，就只能八仙过海，各显神通了。

尽管存在种种困难，毕业设计的完成度还是很高，这得感谢广东省规划院大力的支持，各校之间多年形成的默契，以及在不断的争执和追问求索中互相取长补短的良好教学研讨氛围。多维的栖息是理想的安放模式，如何做到？维度越多，其复杂的内在关系就越难把握。在这样一块区位环境和土地资源都成为稀缺品的小岛上，如何平衡理想的未来价值观和发展现实之中的关系？是否还采用新瓶装旧酒的方式，在满眼绿色发展的口号下，尽可能高效地切分和填充每一个地块？需要我们铭记和展望的到底是什么？文化的能级何在，如何实现赋能？文化的外在表现到底是历史符号，美学环境，甚或仅仅是市场噱头？在不确定性成为唯一确定的状况之下，也许弹性应对是最好的方式，那么，如何构建可持续生长的良性空间结构，进而精细化地有序开发利用，必然成为城市设计需要重点表达的内容。城市设计有成熟的系统方法，特别是在尊重既有的山水生态格局，滨海生态岸线，处理未来的新旧、虚实、动静、产城、社区、街块、建筑、设施等诸多关系时，都有特定的标准，这个系统的标准如何制定，才能做到足够的前瞻？如果说这仍然不可避免地是造城，那么为谁而造，我们的考量是否能公正地对待当下的岛民，我们有能力去描绘他们和新住民的未来吗？未来到底是否会按照我们设计的宏伟计划和理想蓝图逐一实现？

实在是难为建筑类专业的同学们，他们用塑造城市和建筑空间的基本手段，辅以本科阶段逐渐积累起来的经济、社会和生态意识，给出了自己的答案——虽然很难说是解决方案，但肯定是不容小觑、有所启发的方案。有很多疑问也许根本就没有标准答案，还希望所有参加教学活动的师生团队不断地共同切磋和探索。